普通高等教育“十四五”系列教材

水科学概论

高宗军 编著

中国水利水电出版社
www.waterpub.com.cn
·北京·

内 容 提 要

本书较为全面地介绍了自然界水的形成、赋存、运动、演化及与人类关系的有关知识，包括自然界的水存在、水性质、水循环和水功用，水与生态环境及人类健康之间的关系，传统水文学研究内容，人类改造利用水的水事活动等，总结了主要水问题和水策略，并展望了水科学未来。

本书可作为通识教育教学用书，也可作为水知识的科普读物。

图书在版编目（CIP）数据

水科学概论 / 高宗军编著. -- 北京 : 中国水利水电出版社, 2022.9
普通高等教育“十四五”系列教材
ISBN 978-7-5226-0975-1

Ⅰ. ①水… Ⅱ. ①高… Ⅲ. ①水文学－概论－高等学校－教材 Ⅳ. ①P33

中国版本图书馆CIP数据核字(2022)第163587号

书　　名	普通高等教育“十四五”系列教材 **水科学概论** SHUIKEXUE GAILUN
作　　者	高宗军　编著
出版发行	中国水利水电出版社 （北京市海淀区玉渊潭南路1号D座　100038） 网址：www.waterpub.com.cn E-mail：sales@mwr.gov.cn 电话：（010）68545888（营销中心）
经　　售	北京科水图书销售有限公司 电话：（010）68545874、63202643 全国各地新华书店和相关出版物销售网点
排　　版	中国水利水电出版社微机排版中心
印　　刷	天津嘉恒印务有限公司
规　　格	184mm×260mm　16开本　13.75印张　335千字
版　　次	2022年9月第1版　2022年9月第1次印刷
印　　数	0001—2000册
定　　价	**42.00**元

前言

水是生命之源。人的生活时刻离不开水。水是地球上最重要的物质形式。水几乎与地球上一切现象都有关联。水就是这样一个既普通又不可替代的存在。然而，就是这样一种普普通通、无处不在、生命时刻依赖的物质，却有太多人们不知道的“秘密”：水的属性、水的组成、水的运动、水的功能、水的作用、水的演化、水的危害、水从哪里来、水到哪里去、水的前生与未来等。

笔者于2003年萌生了回答上述问题的念头，并希望在大学课堂上，面对非水文专业的青年人，利用几十个学时的时间，全面地介绍水的相关知识，遂将成书命名为《水科学概论》。今天看来，书中有些数据老旧，理念也落后了，且尚有很多新知识需要补充，尤其是“绿水青山就是金山银山”“山水林田湖草生命共同体”理念正深入人心，水科学知识的普及显得更为重要了，因受此鼓舞，并得到水的专业出版社——中国水利水电出版社的同行的支持，故又删旧加新，纠谬补漏，重新编撰出版，仍命名为《水科学概论》。

与水文专业的教科书不同，在较短的时间内，如何全面地介绍水科学有关知识是本书面临的最大挑战。所以作者就从自然界的水存在开始，介绍了宇宙特别是太阳系天体的水分布状况（第1章），之后从水的基本性质（第2章）入手，陆续介绍水的功能、水的作用、水在地球上的分布及其循环（第3章），自然界水的物质组成及其演化（第4章），在此基础上介绍水与生命的关系，着重介绍水与人的健康的关系（第5章）。至此人们关心的问题就介绍得差不多了。

接下来即介绍当今的水的学问——水文学的相关内容（第6章），从不同的地球位置分别介绍了水在大气、地表、海洋和地下的有关科学知识；之后介绍水资源与水环境的概念及其评价的内容（第7章）。

最后的两章，先介绍人类在水的开发利用及保护方面的情况，并总结存在的问题与人类的对策措施（第8章），结尾从三个方面阐述了对水科学未来的展望（第9章）。

自然界任何物质都有其自身的本质和运动规律，人们对它们的认识是阶段性和局限性的。水的知识浩瀚如其自身，仅仅靠这么一本小书，就想全面阐述水的所有知识显然是不可能的。但是笔者仍然愿意把与水有关的认识集合起来，编撰成册，供读者浏览，若能使人获益，则是最令人欣慰的。但笔者水平有限，书中难免存在谬误，敬请读者批评指正。

笔者

2021 年元旦

青岛

目录

第1章 水在宇宙

地球因为有水而美丽，生命因而诞生、繁衍、发展。地球以外有没有水呢？这是一个任何非地球中心论者都会自然而然要问的问题。因为他们知道，地球仅仅是太阳系里的一颗行星，与其他7颗行星一样绕着太阳旋转。地球在太阳系里好像并没有特殊地位，在由太阳逐渐向外延伸的太阳系空间，她排在第三位，个头不是最大也不是最小，居于中间的位置。她有一颗卫星——月球，也叫月亮。太阳系的行星中木星最大，其质量是地球的317.8倍；其直径是地球的11.23倍，它的卫星最多，有16颗。但是地球孕育了人类，她是人类的家园。从根本上说，地球之所以成为人类的家园，就是因为地球上温度适宜，并存在着水，水是生命之源。那么在地球以外，我们人类认识的宇宙中，有水存在吗？如果存在，又是以什么样的形式存在呢？有多少呢？

1.1 宇宙中的水

宇宙是物质的世界，是广漠空间和其中存在的各种天体及弥漫物质的总称。它处于不断地运动和发展中，在空间上无边无界，在时间上无始无终。宇宙是多样而又统一的，它的多样性在于物质的表现形态，它的统一性在于其物质性。

人类对宇宙的认识经历了漫长而曲折的过程。随着科技的进步和观测手段的不断改进，人类对周围世界的了解越来越广、越来越多。首先人类在认识地球的基础上认识了月亮，即地月系统；然后从太阳系到银河系，再由银河系扩展到河外星系、星系团直至总星系。人们已经能够接收到距离我们上百亿光年的类星体的信息，所以人类认识的宇宙是非常广大的。在人类认识的如此广漠的宇宙中，除了恒星体以外，星际空间弥漫着极其稀薄的物质叫作星际物质，包括星际气体、星际尘埃和各种各样的星际云等。其中星际气体包括气态原子、分子、电子和离子，经过测定，证实其各元素的丰度与由太阳、恒星和陨石得出的宇宙丰度相似，氢H最多，氦He次之，其他元素很低。研究还发现，大部分星际分子是有机分子，即硫S、碳C、氮N的氢化物和氧化物，有的还是比较复杂的有机物，如次硝酸，各种醇、酸、醛等，其中还有很大一部分是水分子。这就说明，在远离地球乃至太阳系的极其广漠的宇宙中，存在着地球上为之骄傲的水，甚至在落到地球上的陨石空隙中存在着原生的水，称之为宇宙水。可见，水是无所不在的。

1.2 太阳系里的水

太阳系以外的宇宙物质，距离我们实在是太过遥远，我们更加关心的是地球乃至太阳系内的环境状况和物质分布，尤其关心的是在我们身边水的情况是怎样的。迄今人类可以直接到达的天体，最远的也莫过于太阳系边缘的矮行星——冥王星，但是可以通过其他途径判读来自更远天体的信息。下面将把人类迄今所认识的太阳系内除地球以外的天体上的水的存在及分布情况做一简要的总结，同时通过介绍，也能够对这些天体的其他属性有概略的了解。

1.2.1　行星及矮行星上的水

1.2.1.1　水星（Mercury）

水星是距离太阳最近的一颗行星。它没有卫星，它的直径比地球小40%。其表面很像月球，到处是大大小小的陨石坑，最大的是由100km以上的陨石撞击形成的、直径约1500km大小的Caloris盆地。尘埃覆盖着起伏的山峦，断层悬崖高几公里、绵延数百公里。水星自转很慢，自转一圈需要58.6462个地球日。它绕太阳的公转周期为87.969个地球日。它的表面温度介于－173℃和427℃之间。水星的大气少得可怜，它的主要成分为氦（42%）、汽化钠（42%）和氧（15%），似乎不可能存在水，但是在其北极存在一个不同寻常的亮点，据认为是由于其表面或浅部的冰造成的。因为太阳始终在地平线上徘徊，其陨石坑内可能永远见不到阳光，温度可在－161℃以下，所以可能存在冰，是水星上水的存在形式。

1.2.1.2　金星（Venus）

金星是第二颗靠近太阳的行星，它的大小、质量、密度都和地球的非常相似。但是它是太阳系唯一逆向自转的行星，其自转周期为243地球日，比其绕太阳公转周期224.7地球日还要长。金星上的大气层特别厚，其表面大气压力相当于地球海平面的92倍，大气成分以CO_2为主，占到98%，其他成分有N、Ar、CO、HCl、HF等，还有水蒸气。由于大密度大气层的存在，使其表面温度达到465～485℃。金星地形较为平坦，以火山岩分布的平原为主，占其总面积的85%；表面大部分覆盖着一层厚不足1m、密度为1.2～1.9g/cm^{3}的物质，其下主要为平均密度2.2～2.7g/cm^{3}的玄武岩；有10万座以上的小型火山口点缀在金星表面；还有一条南北向穿过赤道的延绵1200km的大裂谷。按照所掌握的情况看，尽管金星表面或浅层没有水，但是金星内部即壳层以下应该和地球内部一样含有水，在火山喷发等活动发生时会逸到表面来。

1.2.1.3　火星（Mars）

火星与金星一样是地球的近邻，按照离太阳由近及远的次序它是太阳系中的第4颗行星。其自转周期24h 37min 22.6s，公转周期为686.98地球日。它有2颗非常小的卫星，长轴分别为15km和25km。火星上的岩石、砂土和天空是红色或粉红色的，这颗行星又常被称作“红色的星球”。由于火星所处于太阳系中的特殊位置，成为人类向外层空间发展的跳板或中转站，火星探测具有战略意义，因此人类对火星的探测计划在不断地实施，对火星的认识在太阳系行星中是最多的和最直接的。

火星比地球小，赤道半径3395km，是地球的53%，体积为地球的15%，质量为地球的10.8%，表面重力加速度为地球的38%。火星表面地形南北差异很大：南半球是类似月球的布满陨石坑的古老高原，而北半球大多由年轻的火山熔岩平原组成。火星上高24km的“奥林匹斯”山可称为是太阳系中最高的山脉。在赤道附近发育巨大的峡谷，最大的延伸5000多km，宽达75km，谷内比周围低6km，发育类似于地球上的陷落和山崩活动迹象。

火星的大气非常稀薄，大气压只有地球的7‰，其主要成分是CO_2，其次有N、Ar、

O等。火星大气中水的比重只有0.03%，因而火星表面异常干燥。其平均气温−55℃，在夏季的白天气温最高为20℃，冬季气温在−100℃以下。温差作用使火星上经常有强风，因而常导致大范围的尘暴。

火星上是否存在生命迄今没有定论，但存在水却是定论。火星上许多地区有被水侵蚀的迹象，说明曾经有过液态的水，而且水还可能曾经很多，它们聚集成大大小小的湖泊，甚至海洋，纵横交错的河床可以证明这一切。但是目前火星表面已经没有了液态水。美国“奥德赛号”火星探测器在火星南半球（南纬60°处）发现了大型水冰层，预测在其北半球也应该存在类似的水冰层，甚至据推算，如果这些水冰层融化的话，可以形成火星表面500m深的水层。长期以来，火星极冠的大小具有随季节变化而变化的现象一直指示出火星可能存在着水冰。2008年7月31日，美国航空航天局科学家宣布，“凤凰号”火星探测器在火星上加热土壤样本时鉴别出有水蒸气产生。2013年3月初，美国宇航局“好奇号”火星车发现火星岩石中存在含水矿物质的可靠证据，2019年10月美国宇航局“好奇号”火星车在火星盖尔陨石坑内发现了富含矿物盐的沉积物，表明曾经存在过盐水湖。2022年5月1日，国家航天局探月与航天工程中心表示，我国的天问一号搭载的“祝融号”火星车在火星表面累计工作342个火星日，累计行驶1921m，正在进行火星探测，让我们期待惊喜。有水且温度适宜（尤其是夏天），火星必将成为未来人类的“新大陆”。如果真有水存在的话，在可预见的20～50年内，火星将成为人类太空旅行的目的地。光明网2022年9月27日科技日报记者陆成宽报道：基于我国“祝融号”火星车低频雷达数据我国科研人员发现，火星车着陆区表面约10m厚的风化层下，存在两套向上变细的沉积层序，其形成或与大约35亿～32亿年以来的多期次水活动相关；如今该区域火表以下0～80m未发现存在液态水的证据，但不排除存在盐冰的可能。

1.2.1.4 木星（Jupiter）

木星是太阳系里的第五颗行星，也是太阳系里最大的行星，其赤道直径为142800km，质量为1.9×10^{27}kg。它的密度较小，似乎是个大气体球；其大气层非常厚，主要成分为氢和氦，以及少量的甲烷、氨，还有水汽和其他化合物。木星为流体表面，具有平行于赤道的亮暗条纹，其低纬度区比高纬度区自转速度小，其赤道处自转周期为9h 50.5min。木星的公转周期为11.86地球年。木星具有类似于地球上的极光。木星有卫星，迄今已经发现它有16颗卫星；与土星一样它也有环，但是比较昏暗，在地球上不容易看到。木星有放电和热辐射现象，表面是否有水尚不清楚。但是科学家们似乎一致地得出结论，在木卫二和木卫三上都存在着巨量的水，只是深埋在卫星表面10km之下。但是这些说法需要科学家在未来的探测中进一步证实。

1.2.1.5 土星（Saturn）

离太阳再远一点的行星就是土星，它是太阳系里第二大行星，也是唯一的密度比水小的行星。其公转周期29.46地球年，与木星一样，其表面自转周期不同，赤道处为10h 14min，而中纬度地带为10h 38min。土星也具有放电和热辐射现象，南北两极有极光。土星有10颗卫星，其中一颗土卫六是太阳系里最大的卫星，其直径为5000km，比水星和冥王星都大。土星大气主要成分是氢，另外有少量的甲烷。土星最大的标志就是它的美丽的光环，是由小的天体物质组成的，据观测其部分为冰。最近，美国亚利桑那大学行星学家成功通过被橙黄色大气所覆盖的不大的“红外线窗口”，看到土星最大卫星——土卫六的表面存在大范围水冰。

1.2.1.6　天王星（Uranus）和海王星（Neptune）

天王星和海王星是距离太阳更远的巨行星，其直径分别为 51800km 和 49500km，自转周期分别是 17h 17min 和 16h 6.7min，公转周期分别是 84.01 地球年和 165 地球年。它们都有光环，表面都有条状色带。天王星大气成分为氢、氦、甲烷等，据推测也应该有水，即在氢分子层以内为冰幔；海王星内部是熔岩、水、液氨和甲烷的混合物，外面的一层是氢、氦、水和甲烷组成的气体混合物。

1.2.1.7　冥王星（Pluto）

它于 1930 年被发现，认为是太阳系最外面的一颗行星。其表面覆盖着大量冰层，整体上由冰水组合而成，2/3 为岩石，1/3 为冰水，可以说是冰水组成的行星；其表面一直处于黑暗状态，没有光照，空气主要为氮气、一氧化碳和甲烷。显然，说明它上面有很多水，但是值得验证。冥王星作为太阳系一颗行星的属性一直保持了 76 年，但是国际天文联会 IAU 于 2006 年 8 月 24 日在捷克布拉格举行的会员大会议决，冥王星被认为不是一颗行星，而是一颗矮行星。其主要原因是体积小，直径只有 2360km，是月球的 2/3。且其附近发现了个头与之比肩的“小行星”等。

从太阳系八大行星及冥王星的有关数据（表 1.1）可以看出，在太阳系各行星上都或多或少地含有水，尤其是在火星上发现了水冰层，极大地鼓舞了人类进一步探索宇宙的兴趣和热情。如果证实火星上的水可以供人类饮用的话，可以设想人类向宇宙进发的进程将大大加快。因为在太阳系空间，大自然设立了一个人类走向遥远太空的加水站。

表 1.1　八大行星及冥王星的有关数据表

行星及矮行星	与太阳的平均距离/天文单位	公转周期	自转周期	直径	质量	密度/(g/cm³)	水的分布情况
水星	0.39	87.969d	58.646d	0.383	0.0554	5.46	北极可能存在水冰
金星	0.72	224.701d	243d	0.949	0.815	5.26	内部及大气中含水
地球	1.00	365.256d	23h 56min 4s	1.000	1.00	5.518	水的行星
火星	1.52	686.980d	24h 37min 22s	0.532	0.1075	3.96	发现有水冰层
木星	5.20	11.86a	9h 50min 30s	11.20	317.94	1.33	大气层中有水
土星	9.56	29.56a	10h 14min	9.41	95.18	0.704	光环物质部分为冰
天王星	19.2	83.95a	10h 49min	4.06	14.63	1.24	内部有水和氨的冰幔
海王星	30.1	163.90a	15h 40min	3.88	17.22	1.66	内部及大气均有水
冥王星	39.4	249a	6d 9h 17min	0.212	0.002	1.5	表面有冰水

注　1. 与太阳平均距离、直径和质量均以地球的为单位，地球与太阳平均距离称作天文单位。
2. 周期单位为地球日（d）或地球年（a）或时（h）、分钟（min）和秒（s）。

1.2.2　行星卫星

行星卫星是指在围绕一颗行星轨道并按闭合轨道做周期性运行的天然天体，人造卫星一般也称为卫星。太阳系里的行星，大都具有自己的卫星，如地球的卫星是月球；有的行星还不止一个卫星（表 1.2），木星有 79 颗，土星有 82 颗。全太阳系目前已经发现并命名的行星的卫星有205颗。随着人们观测手段的提高，还会有新的卫星被发现并记录下来。

表1.2 行星的卫星数量

行星名称	水星	金星	地球	火星	木星	土星	天王星	海王星	总计
卫星数量/个	0	0	1	2	79	82	27	14	205

行星卫星的大小不一，组成成分也千差万别，以下仅介绍前十大卫星。

(1) 第一名：木卫三，直径5262km，是太阳系中最大的卫星。直径大于水星，质量约为水星的一半，是太阳系中已知的唯一拥有磁圈的卫星。据此推算木卫三主要由硅酸盐岩石和冰体构成，星体分层明显，拥有一个富铁的、流动性的内核。

(2) 第二名：土卫六，直径约5150km，是太阳系中唯一拥有大气层的卫星。其大气主要成分是氮，占98.44%，表面大气压力1.5×10^5Pa，相当于地球表面大气压力的1.5倍，表面温度−179.15℃，没有液态水，但有液态的烃流淌在沟谷中。据观察表面具有冰火山，说明其内部具有水。

(3) 第三名：木卫四，直径约4800km，为水星直径的99%，但是质量只有它的1/3，平均密度较小为1.83g/cm^3，由此表明它是由近乎等量的岩石和冰体的水构成的。天文学家通过光谱测定得知木卫四表面物质包括冰、二氧化碳、硅酸盐和各种有机物。

(4) 第四名：木卫一，直径3637.4km，比月球大5%。上面遍布火山和流动的熔岩，地震活动也非常频繁，星罗棋布地散落着超过400座活火山，地表形态塑造周期较短。

(5) 第五名：月球，是我们最熟悉的夜空中的月亮。

(6) 第六名：木卫二，直径约3138km，被认为是一颗富水星球，比我们地球上的水还多，表面有着厚达几十千米的冰盖，下面则是深达上百千米的海洋。

(7) 第七名：海卫一，直径2707km。

(8) 第八名：天卫三，直径1578km，火山爆发现象频繁，其上有大量的水冰，水含量约占星球体积的一半。

(9) 第九名：土卫五，直径约为1519km。据测算，其水含量比天卫三还要多，占到了星体体积的75%左右，它的水含量比我们地球上的总水量还要多。

(10) 第十名：天卫四，直径1514km，和土卫五大小差不多。其水含量也比较多，水冰大约占了星体的一半左右。

1.2.3 小行星、彗星、流星、陨石与陨冰

小行星是指那些围绕太阳运转但体积太小而又不能称之为行星的天体。最大的小行星直径也只有1000km左右（如小行星Ceres），微型小行星则只有鹅卵石一般大小，人们最早发现的4个小行星分别是谷神星、智神星、婚神星和灶神星，它们的直径分别为770km、490km、195km和390km。目前所知的直径超过240km的小行星约有16个。由于体积小，大多数小行星不是球形，而是不规则形状。小行星公转运行轨道不一，绝大多数都集中在火星与木星轨道之间的小行星带，有些小行星的轨道近日点在地球轨道内。有些小行星具有自己的卫星，如智神星。小行星的密度较小，谷神星、智神星和灶神星的密度分别是1.6g/cm^3、2.4g/cm^{3}和2.5g/cm^3，比地球的平均密度（5.2g/cm^3）和地表岩石密度（2.8g/cm^3）都小。小行星表面粗糙，具有含水矿物或冰。

彗星是肉眼不常见的云雾状小天体，它们沿着偏心率很大的椭圆、甚至双曲线轨道绕太阳公转，当它们走近太阳的时候，在后面总拖着一个明亮而长长的尾巴，人们也形象地叫它们“扫帚星”。彗星的运动在行星的摄动下可以加快或减慢，从而使其运行轨道改变。彗星由彗头和彗尾组成，彗头密集发亮的核心叫“彗核”，其周围的雾状包层称为“彗发”。由于组成彗星的物质一半以上是冰，所以它们也常被称作“脏雪团”或“脏雪球”。根据观测，彗星的主要成分为C、H、O、N等物质，其中有水、氨和有机分子。

小行星和彗星与大的行星体接近时，会在强大的引力作用下被俘获或撕裂。进入地球大气层的小行星或彗星固体物质在地球表面以上145～110km高空与大气发生明显摩擦而燃烧发光，这种燃烧发光的星体称为陨星，所产生的光呈一条亮线叫流星，对该发光体而言就称为流星体。彗星瓦解可以形成流星群，天空中会出现“流星雨”现象。如果流星体没有被完全烧毁而坠落到地面，就是陨石。

根据物质组成可将陨石分为铁陨石（陨铁）、石铁陨石（陨铁石）和石陨石（陨石）3类。陨铁占陨石总数的6%，其主要成分为铁镍合金，含铁90%左右，平均密度为7.5～8.0g/cm^3；陨铁石占2%，其成分为铁镍和硅酸盐各占一半，平均密度为5.5～6.0g/cm^3；陨石最多，占总数的92%，其成分主要是硅酸盐，密度为3～3.5g/cm^3。陨石的空隙中有时含有原生的水，通常称之为宇宙水。

还有一种天外来物为陨冰，它是直接的天外来水。1981年4月11日12时多，无锡东门羊皮巷口坠落一块巨冰，60cm大小，乳白色，味涩。经地质矿产部测定，含有Ca、Mg、K、Na、Si、Ni、P、Se等元素，被确认是一块陨冰。在地球上，陨冰比陨石更稀罕，因为不光是夜间降落的陨冰绝大多数会被“埋没终身”，就是白天“下凡”，如不及时发现和妥善保存，也难免会很快化成一洼污水而无从辨认。因而现已正式确凿证明的陨冰并不多。最早确认的陨冰是1955年落于美国的“卡什顿陨冰”；第二块陨冰于1963年降于莫斯科地区某集体农庄，重达5kg。进入21世纪后，关于陨冰的报道不断增加。但是目前对它们的来源仍然存在争议，有人认为它是地球大气层顶部的产物。

1.2.4 奥特星云（Oort Cloud）和开普带（Kuiper Belt）

1950年，科学家简·奥特经过精密计算发现，在冥王星轨道后约30000天文单位至1光年处，可能存在着一个巨大的球形星云（奥特星云），存在着1万亿颗围绕太阳运行的彗星。它可能是许多长周期彗星的源头。

奥特星云可能占据了太阳系相当一部分的质量，也许和木星一样多，或许甚至会超过木星（这仅仅是推测而已，我们至今还不知道那里究竟有多少彗星，也不知道它们有多大）。

所谓开普带，是指跨越海王星轨道的、距太阳大约30～100d文单位的一个圆形区域。现在它被认为是许多短周期彗星的源头，在这个地带里有大量的小型冰雪天体。

1.2.5 月球表面的水

月球，俗称月亮，是地球的卫星，是距离我们最近的固定的天体。月球和太阳一样，是人类认识最早、对地球以及生活在地球上的人类影响最大的天体，我们常用日月来描述生活和时间流逝等，月球靠反射太阳的阳光把光明送给人类。月球又叫太阴，是与太阳相对应的意思。但是月球不仅在夜晚才出现，在白天它也能出现，只是通常由于太阳光强度太大，掩盖了它的存在。它的自转周期与绕地球的公转周期相同，所以它总以一面对着地球。

我国探月工程二期发射的月球探测器嫦娥四号，是人类第一个着陆月球背面的探测器，实现了人类首次月球背面软着陆和巡视勘察。嫦娥四号于 2018 年 12 月 8 日发射升空，于 2018 年 12 月 12 日完成近月制动，被月球捕获，于 2019 年 1 月 3 日在月球背面预选区着陆；于 2019 年 1 月 11 日与玉兔二号完成两器互拍工作。截至 2020 年 10 月 11 日，嫦娥四号着陆器和“玉兔二号”月球车成功自主唤醒，迎来第 23 月昼工作期。嫦娥四号已在月球背面度过 647 个地球日。

月球是我们人类了解最多的地球外天体。它并不是正球体，平均半径 1738.2km，是地球平均半径的 27.252%；向地球、沿轨道和向极方向的半径分别是 a、b、c 的话，$a-c=1.09$km，$a-b=0.31$km，$b-c=0.78$km。月球体积约为地球的 1/49，质量为地球的 1/81.301，密度为 3.341g/cm^3，是地球的 60.5%，月面重力加速度为 1.622m/s^2，月面为地球表面的 1/6。月球的运动很复杂，所以其与地球的距离也在不断地变化，在 356400～406700km。

月球的表面凸凹不平，有月陆、月海、月山和月谷之分，尤以环形构造突出，而且具有月面环形构造的数目与其直径大小成反比的特点。由于月球质量轻，气体的脱离速度只有 2.4km/s，而在太阳加热使气体热运动很容易达到这样的速度，所以月面大气非常稀薄，其密度只相当于地球海平面大气密度的一万亿分之一。它的 1 昼夜相当于 1 个朔望月即 29.53 日，月面温度昼夜温差很大，最高温度可达 130～140℃，最低温度可降至 −173℃。因此总起来说，月面上没有大气和水。根据月震结果，可以将月球内部划分为核、幔、壳结构，月壳为 0～65km，月幔为 65～1000km，在 1000km 以内为月核。月壳、月幔为刚性岩石圈，月核为塑性的。从月球物质组成来看，具有与地球相似的性质，如果按照地球上水的来源为地球自身的观点，那么月球的内部也应该有水的存在。只不过月球质量太小，月表引力不足，加之日照的白天的温度高达 130℃ 以上，水分会轻易溢出月表及月球引力场，散布到宇宙空间。

然而，当地时间 2020 年 10 月 26 日中午，美国国家航空航天局的同温层红外天文观测台“索菲娅”首次证实：月球的向阳面上存在水。观测数据显示，在月球南半球的“克拉维乌斯环形山”探测到了水分子（H_2O），月壤水的浓度为 0.001%～0.004%，相当于每立方米月壤中含有大约 300mL 的水！2020 年 12 月 17 日凌晨，嫦娥五号返回器携带月球样品返回地球。中国科学院地球化学研究所科研团队，通过红外光谱和纳米离子探针分析，发现嫦娥五号样品矿物表层中存在大量的太阳风成因水。

总之，在太阳系里的大小不一、形形色色的天体中，或多或少地都含有水（分）。由此推及更大的银河系或更大的河外星系，宇宙中应该不乏水（分）的存在，人类只要有一天能够驰骋于广大的宇宙中，随时都是可以获得水分补充的。

第2章 水的属性

人类很早就利用水，时刻离不开水。水是万物之源，万物皆复归于水，我国古代的“阴阳五行”学说，是对自然界的认识观，朴素的世界观，它认为水是组成世界的五个基本元素之一。我们的祖先崇尚天人合一，人与天地以及自然界其他物质一样，都遵循五行（水木金火土）相生相克（阴阳）的自然规律，甚至在几千年前的《黄帝内经》中就把这种朴素的唯物主义世界观贯穿于人的生死病老的判断之中。《水经注》里有“天下之多者水也，浮天载地，高下无不至，万物无所不润”。但是多少年来人们都没能够回答这样的问题：水是由什么组成的呢？它具有哪些更多的性质呢？直到 1784 年英国科学家卡文迪许用实验才证明水不是元素，是由两种气体化合而成的产物。1809 年，法国化学家盖吕萨克测定，1 体积氧（O）和 2 体积氢（H）化合，生成 1 体积水蒸气，再后来的科学家才确定出了水的分子式为 H_2O。之后才知道，纯净的水无色、无味、无臭、透明，而自然界中的水都含有溶解物质，所以应该称为水溶液。

正因为人们的日常生活离不开水，所以水是人们最熟悉的物质。众所周知，在不同的条件下，水具有三种形态：固态、液态和气态。在常温常压下水是无色无味透明的液体。物质由液态向固态转化的临界温度称为凝固点，水的凝固点也叫作水的冰点。在 1 个大气压下，水的冰点为 273.15K（0℃）；物质由液态向气态转化的临界点的温度称为沸点，在 1 个大气压下，水的沸点为 373.15K（100℃）。这些仅仅是人类在生活生存的日常环境中所认识的水的一些性质，实际上水还具有许多特殊的性质（表 2.1），然而大多数人对水的这些或其他一些性质并不一定很了解、很清楚，尤其是它们在不同环境下的变化。本章的内容就是试图将有关水的基本性质做简要总结，介绍水的一些不常见的特殊性质，让读者更多地了解水。

表 2.1　水的某些异常性质及其意义

性质	特点	意　义
状态	液固气三态	提供生命介质、流动性
热容	非常大	良好的传热介质，调节环境和有机体的温度
熔解热	非常大	使水处于稳定的液态，调节水温
蒸发热	非常大	对水蒸气的大气物理性质有意义，调节水温
密度	4℃时极大	水体冰冻始于表面，控制水体中温度分布，保护水生生物
表面张力	非常大	生理学控制因素，控制液滴等表面现象
介电常数	非常大	高度溶解离子性物质并使其电离
水合	非常广泛	对污染物是良好溶剂和载带体，改变溶质生物化学性质
离解	非常少	提供中性介质
透明度	大	透过可见光和长波段紫外线，在水体深处可发生光合作用
超临界状态	—	尚不十分清楚，可能对矿产资源的形成起作用

水的功用是指水的功能与作用。水的性质决定了水具有很多功能，无论是从水自身的物质属性、材料属性，还是从其流体性质、热性质，以及作为极性分子所具有的溶解、分解能力，都显示出水的固有的效能，统称为水的功能。水的作用是水的功能的外在表现，是水与环境发生关系时产生的外部效应。水对地球上的无机物质和有机物质都产生极大的影响，既改变着地球，改变着地球上的所有物质，同时水也在被地球及其物质不断地改变着。

2.1 水的结构和构成

2.1.1 水的构成

水是含有两个氢原子和一个氧原子的分子化合物。水分子由一个氧原子和两个氢原子构成。氢有三种天然存在的同位素 [^{1}H,$^{2}H(D)$,$^{3}H(T)$]，氧有六种同位素（^{14}O,^{15}O,^{16}O,^{17}O,^{18}O,^{19}O）。它们的存在比和半衰期见表 2.2。其中,^{3}H 主要由宇宙射线和氮原子在高空碰撞生成的，在地球上的浓度则随条件而迥然不同。此外，由于^{14}O,^{15}O 和^{19}O 的半衰期都很短，所以它们在地球上几乎不存在。天然存在的水是含有这些同位素的混合物，氢氧的同位素与水的主要分子形式见表 2.2 中。由表中可以看出，天然存在的水绝大部分都是$^{1}H_2^{16}O$。

表 2.2　氢氧的同位素与水的主要分子形式

元素/分子种类	同　位　素	存在比	半衰期
氢	轻氢（Protium）$^{1}H(H)$	99.98%	
	重氢（Deuterium）$^{2}H(D)$（俗称氘）	0.0157%	
	超重氢（Tritium）$^{3}H(T)$（俗称氚）	$\sim10^{-18}(T/H)$	12.5 年
氧	^{14}O		
	^{15}O		
	^{16}O	99.759%	
	^{17}O	0.0374%	
	^{18}O	0.1994%	
	^{19}O		
$H_2^{16}O$		99.73%	
$H_2^{18}O$		0.20%	
$H_2^{17}O$		0.037%	
$HD^{16}O$		0.03%	

注　H 为氢；D 为氘；T 为氚；T/H 为氚和氢的比值，～指该比值是变化的。

2.1.2 水的分子结构

2.1.2.1 分子结构

水分子中的氧原子受到四个电子对包围，其中两电子对与两个氢原子共享，形成两个共价键；另外两对是氧原子本身所持有的孤对电子。四个电子对之间由于带负电而互相排

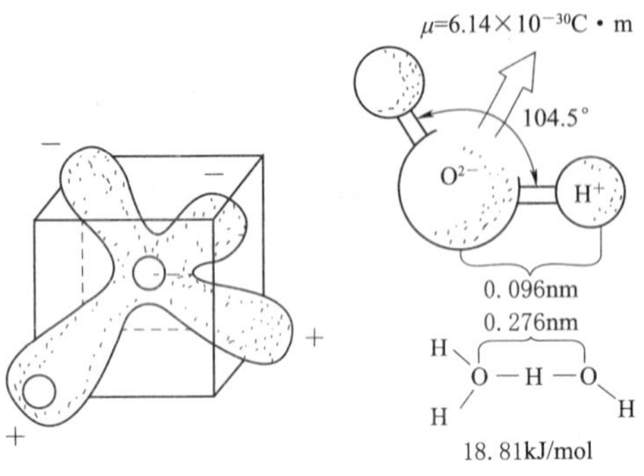

（a）水分子的电子云　（b）氢键的结构参数

图 2.1　水分子结构特点

斥，使它们有呈四面体结构的倾向，但因孤对电子占据的空间较少，与共享电子相比具有更大的斥力，因此使 H—O—H 键角由 109.5°（几何正四面体）缩减到 104.5°。水分子的电偶极矩 $\mu=6.14\times10^{-30}$ C・m。图 2.1（a）展示了水分子中四个电子对所形成的电子云形状。

2.1.2.2　范德华力

对一个水分子来说，它的正电荷中心偏在两个氢原子的一方，而负电荷中心偏在氧原子一方，从而构成极性分子。当水分子相互接近时，异极间的引力大于距离较远的同极间的斥力，这种分子间的相互吸引的静电力称为范德华尔斯引力。

2.1.2.3　水分子缔合——氢键力

氧原子比氢原子的电负性大，水分子中的两个共享电子对趋向于氧而偏离氢，使水分子成为具有很大偶极矩的极性分子。这样，水分子就能通过正、负静电引力与近旁的四个水分子以氢键相联系。分子间氢键力的大小为 18.81kJ/mol，相当于 O—H 共价键的 1/20 左右。图 2.1（b）显示了水分子中氢键的一些结构参数。氢键使水分子发生缔合，缔合的水减弱了水分子的极性，传递离子的能力也降低，故长期静置的水缔合程度大，"活性"严重丧失而成为"死水"。在加热、磁场等作用下，水分子间的氢键将被不同程度地破坏，从而降低了缔合度而活化。因此，物质一般在热水中溶解度大；热水洗涤效果好等，都与水的缔合度降低有关。水的相态转化即是靠了这种氢键力的作用。冰溶化成水或水挥发成汽，都需要外界先供能破坏这些氢键。冰和液态水的结构模型如图 2.2 所示。

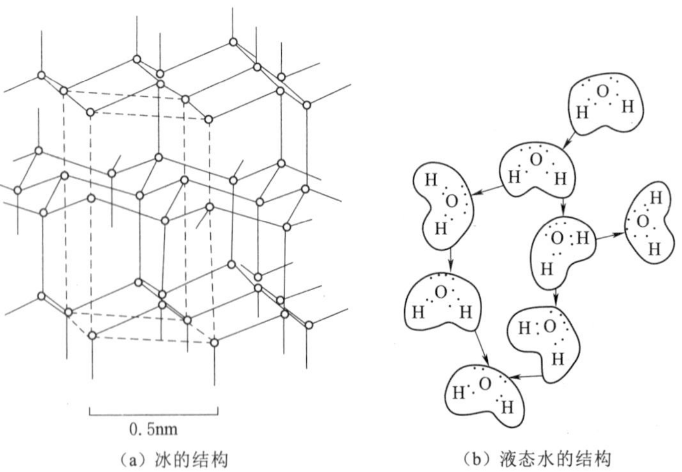

（a）冰的结构　（b）液态水的结构

图 2.2　冰与液态水的结构模型

2.1.3 水的相态

自然界中的水在常温常压下有三种相态，液态、气态和固态，图 2.3 为水的三相图[图中 O 为三相点，OA 为升华线，OB 为融化线（熔化线，冰和水视为固液体），OC 为蒸发线]。其压力-体积-温度三要素轴形成的立体图见图 2.4。

2.1.3.1 液态水

液态的水通常不是以单个水分子的形式存在，而是通过氢键产生缔合分子。即

$$XH_2O \underset{离解}{\overset{缔合}{\rightleftharpoons}} (H_2O)_x + Q$$

水的缔合是放热过程，水的离解则是吸热过程。所以温度升高，水的缔合程度下降，即 $(H_2O)_x$ 的 x 值减小；温度降低，水的缔合度增大，即 $(H_2O)_x$ 的 x 值增大。在高温时，水主要以单分子状态存在，水变为水汽；在低温时（273.15K 以下）水结成冰，全部水分子缔合成一个巨大缔合分子。冰融化成水或水变为水汽，都首先需要外界环境供给能量来破坏这些氢键。这就是为什么固态水（冰）融化成液态水或液态水转变为气态水（水汽）时需要吸收外界的热量的缘故。当然，水在反向转化时会释放出同样的热量。

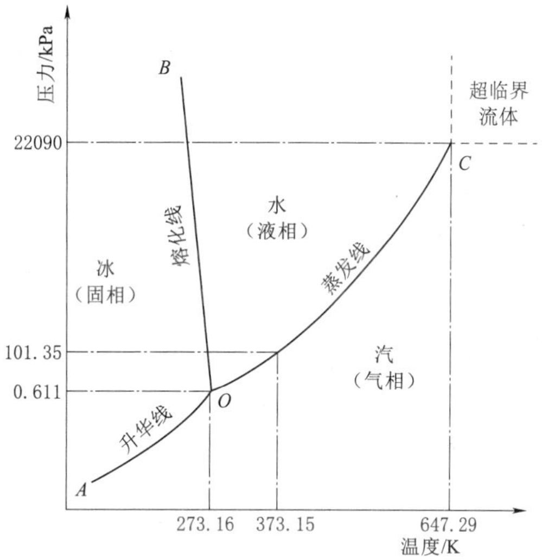

图 2.3 水的三相图

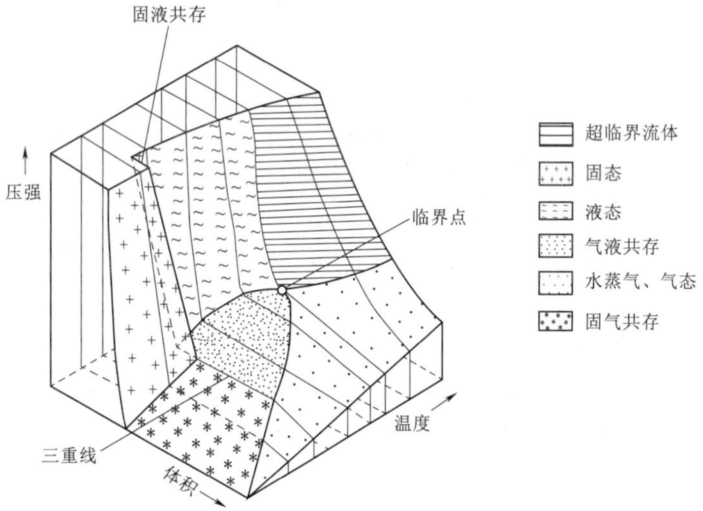

图 2.4 水的压力-体积-温度立体相图

在避免震荡的条件下，将水冷却，则液态水可以在常压下而不冻结，这种现象叫作水的过冷现象；但是稍有扰动水即会冻结。同样在避免震荡的条件下，若将水内的气体排出，则液态水在常压下均匀加热时温度可以达到 100℃以上而不沸腾，这种现象叫作水的

过热现象；但是稍有扰动，液态水就会立即沸腾。

2.1.3.2　气态水

气态水绝大多数以单分子形态存在，所以其在常温常压下密度很小，相当于同温同压下液态水密度的 1/1600 左右。一般，随着压力的增加，水的汽液两态转化的温度逐渐升高，即压力增加，水汽化的温度也随之增加；然而，当水汽的温度达到 374.2℃时，无论压力有多大，都不会使气态水转化为液态水，该温度称作水的临界温度。所以气态水的密度在温度很高、压力足够大时会大于常温常压下的液态水的密度。

2.1.3.3　固态水

固态水（冰）中的每一个水分子都被相邻的四个水分子包围，每个水分子位于变形四面体的顶点，冰由无数个这样的四面体通过氢键互相联结成一个庞大的晶体。由于氢键的方向性要求，水分子不能做到紧密堆积，因此，冰的晶体具有较大的空隙，即水结成冰后，体积增大，密度会比液态水小，所以冰可以浮在水面之上。但是当压力达到 2000 个大气压时，它的密度又会变得比水大，在水中下沉到水底。

水的冰点（冻结温度）和沸点会随着压力的变化而变化。当压力大于 4.5mmHg 继续增加时，水的冰点降低，但是沸点升高。大约压力每升高 130 个大气压，水的冰点就会降低 1℃。这种性质使水呈现液态的范围变大，使大洋深处的水不会冻结，同时使高压下的液态水不容易被蒸发。

2.1.3.4　超临界状态的水

当气压和温度达到一定值（超过 22.1MPa，374.2℃）时，因高温而膨胀的水的密度和因高压而被压缩的水蒸气会形成一种特殊物质——超临界水，是一种超临界流体。人们对超临界水了解得还很少，目前人们通常是利用计算机模拟研究其主要的性质（图 2.4）。据报道，德国不来梅雅各布大学（Jacobs University in Bremen）的地球化学家安德里亚（Andrea Koschinsky）教授和她的研究小组，于 2005 年发现位于大西洋中部山脊有个热液喷口，其水的温度达到了 464℃。日本科学家也开始研究利用超临界水处理污染物降解问题等。

目前一般认为，超临界水作为液体和气体已经没有区别，完全交融在一起，成为一种新的呈现高压高温状态的流体。这种看似气体的液体有很多特殊性质，比如具有极强的氧化能力，将需要处理的物质放入超临界水中，再向其中溶解氧气（可以大量溶解），其氧化性强于高锰酸钾。二是许多物质都可以在其中燃烧，冒出火焰。三是环境友好溶剂。可以溶解很多物质（如油），且在溶解时体积会大大缩小，这是因为超临界水在这时会紧紧裹住油。四是它能够缓慢地溶解腐蚀几乎所有金属，甚至包括黄金（与王水相仿）。五是它的超级催化作用，在超临界水中化学物质反应速度很快，甚至可以达到 100 倍的反应速度。六是黏度低，扩散能力超强。因而超临界水的特性的研究及其应用将是未来水科学的一个重要发展方向。

2.2　水的物理性质

2.2.1　水的密度和容重

物质单位体积的质量称作密度，而单位体积的重量称作容重。对一般物质来说，密度都随温度的增加而降低，因为温度越高，分子间的距离就越大。但水的密度与温度的关系是反常的：在常压下277.15K（相当4℃）时密度最大。大多数物质由液态凝固而变成固态时其密度会随之增高，但水却相反，其结冰（冻结）时反而密度减小。在正常大气压下，水结冰时，体积会突然增大11%左右；与此相对应，冰融化时体积又会突然变小。在一个标准大气压条件下，纯净的水的密度和重度随温度变化情况见表2.3。应该注意的是，同样常压下，冰在0℃时的密度为916.7kg/m³。

表2.3　标准大气压下不同温度时液态水的密度和容重

温度/℃	0	4	10	20	30
密度/(kg/m³)	999.87	1000.0	999.73	998.23	995.67
容重/(N/m³)	9798.73	9800.00	9797.35	9782.65	9757.57
温度/℃	40	50	60	80	100
密度/(kg/m³)	992.24	988.07	983.24	971.83	958.38
容重/(N/m³)	9723.95	9683.09	9635.75	9523.94	9392.12

当冰开始融化成水时，冰的氢键结构中的氢键断裂，晶体结构崩溃，体积缩小而密度增大。如果有更多热能输入体系，将引起：①更多氢键破裂，结构进一步分崩离析，密度进一步增大；②体系温度继续升高，水分子动能增加、振动加剧，而每一分子占据更大体积空间，所以这一因素又使水密度趋于减小。这就是为什么水在1个大气压下4℃（精确地说应该是3.98℃或277.13K）时密度为最大的原因。

根据实验观测，在封闭空间中温度降低时水由液体转化为固体的冻结过程，体积增加（膨胀）所产生的压力可达2500个大气压力。该力为水冻结时的体积膨胀力。这一特性对自然界属性和工农业生产及人们的日常生活有十分重要的意义。岩石裂隙在反复融冻时裂隙逐渐增大就是这个道理。地埋输水塑料管为防冻坏，一般要求一定的埋深（大于冻土层深度）也是这个道理。而水的密度在4℃为最大，温度升高和降低时其密度都减小，尤其是冰的密度低于水的密度的特征，对水生生物越冬生活具有特别重要的意义。

2.2.2　水的热性质

2.2.2.1　比热

一定质量的物质，在不发生化学反应和相变的情况下，温度每升高一度所吸收的热量称为该物质的热容量或热容。单位物质的热容称为比热容，简称比热。不同的物质增加相同的温度，比热越大的物质吸收的热量越多。水的比热在所有液体和固体物质中是最大的，为4.1868J/(K·g)［或1cal/(g·℃)］，而冰和水汽的比热约减为液态水的一半，即2.0934J/(K·g)。所以水被大量地用作工业冷却介质或加热介质。水的高比热是由于水能形成分子间氢键所引起的。因为温度的升高是由于分子运动加剧的结果，而若要使水分子运动加剧，不但要提供能量去克服分子间范德华力的束缚，还要提供额外的能力去克服分子间氢键的束缚。

2.2.2.2　传热性

水的传热性很差。在常压下20℃时，液态水的热导率为0.006J/(s·cm·℃)；冰的热导率0.0226J/(s·cm·℃)；雪的热导率与其密度有关，当雪的密度为100kg/m³时，其热导率为 0.00029J/(s·cm·℃)。

所以冬天植被覆盖一层厚厚的雪，会很好地抵御当地寒冷的侵袭，使生命免遭冻害。也由于这一特性，天然水体封冻时冰体增厚的速度很缓慢，即使在水面长期封冻时，河流深处仍然可能呈现液态，因而对水下生命具有重要意义。水的这一特性对指导农业灌溉也有意义，如进行冬灌能提高地温，防止越冬作物受大气低温的冻害。

2.2.2.3　蒸发热（汽化热）

水从液态转变为气态的过程叫作汽化，水表面的汽化现象叫作蒸发。水的蒸发需要消耗热量，是个吸热过程，单位质量液态水蒸发为气态水所需要的热量称作蒸发热，也叫汽化热。水的汽化热随着温度升高而降低，常温常压下水的汽化热为 44.11kJ/mol（584cal/g），而在 100℃和常压下为 40.66kJ/mol（539cal/g），比其他等电子氢化物都高。当水汽转化为液态水（凝结）时，会放出同样的热量。而且，在氧、氮族和卤素氢化物中，蒸发热都随分子量增加，但水、氨和氟化物的蒸发热则反常地高，尤其是水更高。

液态水的汽化和水汽的凝结都是一个动态过程，当双方达到平衡时，宏观的汽化现象即停止。此时液态水的压强称为饱和蒸气压强，或称作汽化压强。水的汽化压强与温度有关，不同温度条件下水的汽化压强见表 2.4。

表 2.4　　不同温度条件下液态水的汽化压强

水温/℃	0	5	10	15	20	25	30
汽化压强/kPa	0.61	0.87	1.23	1.70	2.34	3.17	4.24
水温/℃	40	50	60	70	80	90	100
汽化压强/kPa	7.38	12.33	19.92	31.16	47.34	70.10	101.33

2.2.2.4　冰（固态水）的溶解热

单位质量的冰在熔点时（0℃）完全溶解为同温度的液态水所需的热量，叫作冰的溶解热。在 0℃和 1 个标准大气压下，冰的溶解热为 6.0025kJ/mol（79.7cal/g）。冰可以直接转化为水汽，称之为升华。水的升华需要热量，是蒸发热和溶解热之和。

2.2.3　水的黏滞性

水是具有黏滞性的。当水处在运动状态时，若水质点之间存在着相对运动，则质点间要产生内摩擦力抵抗其相对运动，这种性质称为水的黏滞性，此内摩擦力又称为黏滞力。黏滞性是水的基本性质之一，只有在相对运动时才显示出来，静止状态不显示黏滞性。

水是一种理想的牛顿流体，符合牛顿内摩擦力定律，即内摩擦力大小与水的性质有关，并与流速梯度及接触面积成正比，而与接触面上的正压力无关。即

$$F=\mu\omega\frac{\mathrm{d}u}{\mathrm{d}y} \quad 或 \quad \tau t=\frac{F}{\omega}=\mu\frac{\mathrm{d}u}{\mathrm{d}y}$$

式中：F 为运动水的内摩擦力；μ 为动力黏滞系数；ω 为接触面积；u 为流速；y 为距离。

μ 值的大小与液体性质有关，其单位为 $\mathrm{N\cdot s/m^2}$ 或 Pa·s。液体的黏滞性也可以用运动黏滞系数 ν 表示：$\nu=\frac{\mu}{\rho}$，其单位是 $\mathrm{m^2/s}$，ρ 为液体的密度。水的运动黏滞系数可以用

经验公式来求得：$\nu=0.01775/(1+0.0337t+0.000221t^2)$，其中 t 为水温，以℃计，ν 以 cm^2/s 计。表 2.5 列出了不同温度下水的 ν 值。说明水的黏滞性随着温度的升高而降低。

表 2.5　　不同温度下水的运动黏滞系数 ν 值

温度/℃	0	2	4	6	8	10	12	14	16
$\nu/(10^{-3}cm^2/s)$	17.75	16.74	15.86	14.73	13.87	13.10	12.39	11.76	11.18
温度/℃	18	20	22	24	26	28	30	35	40
$\nu/(10^{-3}cm^2/s)$	10.62	10.10	9.89	9.19	8.77	8.39	8.03	7.25	6.59
温度/℃	45	50	55	60	65	70	80	90	100
$\nu/(10^{-3}cm^2/s)$	6.03	5.56	5.15	4.78	4.30	4.00	3.47	3.05	2.70

2.2.4　水的表面张力

2.2.4.1　表面张力

所有液体都有力图缩小其表面的趋势，是由于表面张力的作用造成的。表面张力是自由液面上液体分子由于受两侧分子引力不平衡，使自由液面上液体分子受有极其微小的拉力，这种拉力就是表面张力。表面张力仅在液体与其他介质（如气体或固体）分界面附近的液体表面产生，液体内部并不存在，所以它是一种局部受力现象。由于表面张力很小，一般说来对液体的宏观运动不起作用，可以忽略不计，只有在某些特殊情况下，才显示其影响，比如毛细作用。

2.2.4.2　浸润性

物质的表面浸润性是指一种液体保持与一个固体表面接触的能力，这是由分子间的相互作用决定的。水银在玻璃表面不附着，水在石蜡表面也不附着，称为不浸润；对玻璃来说，水银是不浸润液体，对石蜡来说，水是不浸润液体。水银可浸润铜铁等物质，水可浸润玻璃，所以对玻璃来说水是浸润液体。

2.2.4.3　毛细现象

浸润液体在毛细管中上升（如水-玻璃），液面成凹月面型，液体附着在器壁上；不浸润液体在毛细管中下降（如水银-玻璃），液面成凸月面型，液体不附着在器壁上，表面张力使其凸出（图 2.5）。

水与其他液体一样，其表面也存在着使水的表面具有收缩的趋势的力，这种水表面的力叫作水的表面张力。水的表面张力比其他常用溶剂都高（表 2.6），而且在不同温度下水的表面张力变化也很大，表 2.7 说明了这一点。由于表面张力所表现出的水的毛细作用（图 2.5），在自然界的威力是巨大的：地下水的蒸发、土壤水的增减（补给排泄）、大气降水对地下水的补给、植物的水分补给等无不与之有关。

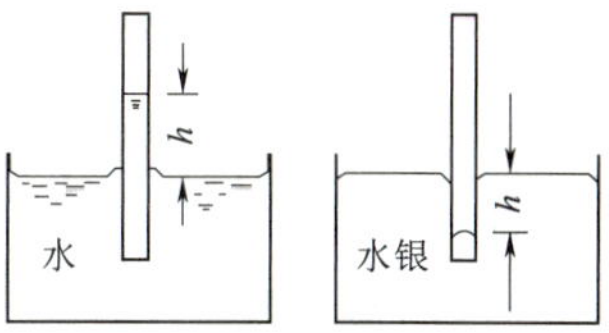

图 2.5　毛细现象示意图
h—毛细上升高度

表 2.6　　水与其他液体的表面张力（20℃）

液体	水	苯	甲醇	乙醇	醋酸	甘油	甲苯	正己烷	正辛烷
表面张力/(mN/m)	72.75	28.88	22.6	22.3	27.6	63.4	28.5	8.4	21.8

表 2.7　　不同温度下水的表面张力

温度	K	273	323	373	473	523	573	623	647
	℃	0	50	100	200	250	300	350	374
表面张力/(mN/m)		75.5	63.1	51.5	29.0	18.9	9.6	1.6	0

2.2.5 水的弹性及压缩性

压强增高时，分子间的距离减小，液体宏观体积减小，这种性质称为液体的压缩性。因为在压力释放时，被压缩的水的体积会相应地增加，所以水的压缩性也叫作水的弹性。在压强不大的条件下，水的压缩性可以忽略，相应水的密度和重度可视为常数。只有当压强变化很大而又非常迅速时，才考虑压缩性。如输水管路中的水击现象，就必须考虑水的压缩性，否则，将会导致错误的结果。声波在水中的传播也是水具有弹性的一种表征，水中声波的传播速度是1483m/s。一般情况下，水看作是不可压缩的液体。

通常用水的体积压缩系数（β）或水的弹性系数（K）描述水的压缩性。水的体积压缩系数的表达式为：$\beta=-(\Delta V/V)/\Delta p$，其中 ΔV 表示体积变化，Δp 表示压强变化，β 的单位为 m^2/N。水的弹性压缩系数 $K=1/\beta$，K 的单位为 Pa。在不同的温度下，水随着压力的变化程度是不同的，表 2.8 中列出了 0～30℃时的不同弹性压缩系数和体积压缩系数。

表 2.8　　不同温度下液态水的弹性压缩系数和体积压缩系数

温度/℃	0	10	20	30
$K/10^9$Pa	1.95	2.03	2.11	2.15
$-\beta/(10^{-10}m^2/N)$	5.13	4.93	4.74	4.65

水的可压缩性很小，在20℃时，$\beta=4.74\times10^{-10}m^2/N$ 或 $K=2.11\times10^9$Pa。尽管这样，有时还会表现得很突出。当水滴以足够大的速度迅速与坚硬物体接触（碰撞）时会发生弹跳。观察发现，在回弹到空中之前，水滴会迅速变形，吸收冲撞的能量，变形的方式取决于下落的速度。如果速度非常慢，水滴的变形也很轻微，运动过程像一个皮球。速度稍快一些，它会变得扁平，像一个围棋子。再快一些，水滴会先变得像一个阶梯式金字塔，然后变得扁平，再聚拢来，变成上尖下圆、拉长了的泪滴的形状，完全弹离表面。如果下落的速度非常之快，水滴接触表面时会变得很扁很平，然后聚拢，弹回空中时的形状像一支大头朝下的垒球棒。此外，水滴接触弹射表面的时间与下落的速度无关，而与水滴的尺寸有关。体积越大，与表面接触的时间越长，一个半径0.1mm的水滴，接触表面的时间不超过0.001s，而半径4mm的水滴接触时间会达到0.1s。

2.2.6 水的光电性质

纯水具有极微弱的导电能力；但是自然界中的水是含有多种电解质的溶液，所以是良好的电导体。自然界中水的导电能力受水中含盐量多少的影响，其含盐量越高，导电能力就越强。

水是一种无色透明的液体，也是光线的良导体。光在水中的传播速度为空气中的75%，所以光会在空气和水的交界面上产生折射，水的折射率为1.33。也正是由于光在水中的传播速度比在空气中的小，当以空气为界面的情况下，在水中的光可以产生全反射。

2.2.7 水的静力学性质

作用在液体上的力可分为两种：表面力和体积力。作用在所研究液体体积表面上的力叫表面力，作用于所研究液体体积内所有质点上的力称为体积力，也叫质量力。质量力大小与质量成正比，在均质液体中与体积也成正比；垂直于液体体积表面的法向力为压力，平行于液体体积表面的力叫切力，如摩擦力。单位面积上的压力和切力分别叫作压强（压应力）和切应力，单位均为 N/m^2，简称 Pa。液态的水是液体，静止状态下压强为静水压强，通常用 p 表示，$p=\lim_{\Delta\omega\to 0}\frac{\Delta P}{\Delta\omega}=\frac{dP}{d\omega}$，其中 P 为静水压力，单位为 N，ω 为作用面积，单位为 m^2。静水压强的两个特点：其方向垂直于被作用面，同一点上各方向的静水压强大小相等。

在静止水中，任一水平面上的压力是相等的。水静止时，水下深度 h 处的静水压强为：$p=p_0+\gamma h$，其中 p_0 为水面上的压强，一般为大气压强，γ 为水的比重。该式叫作水静力学基本方程。

（1）相对压强（p_x）：以当地大气压强作为零点计量的压强；绝对压强（p_{abs}）：以绝对真空状态作为零点计量的压强。显然两者相差一个当地的大气压强，即 $p_{abs}=p_x+p_a$，其中 p_a 为当地大气压强。绝对压强总为正值，相对压强可以为负值，因为水面上的压力可以小于当地大气压强。

（2）测压管高度（h_a）：静止水中任一点至自由水面的水柱高度；测压管水头（h_z）：则是静止水中任一点测压管高度与基于某一基准点（水平）的位置高度（z）的和，即 $h_z=h_a+z$。可以看出，静止水中任一点的测压管水头是相等的恒定值。

2.2.8 重水和它的物理性质

当我们讲到水的物理性质时，应当注意到氢和氧的同位素［^{1}H、^{2}H（氘、D）和^{3}H（氚、T）；^{14}O、^{15}O、^{16}O、^{17}O、^{18}O 和^{19}O］，由它们组合成的水分子可达数十种。通常讲的“纯”水实际是这些不同水分子的混合物。不过由于各种同位素的自然丰度不同，所以含量相差很大。天然水中主要是$^1H_2^{16}O$，另外含 0.2％的$^1H_2^{18}O$，0.04％的$^1H_2^{17}O$，0.03％的^{1}HDO 和 0.005％的 D_2O，D_2O 俗称重水（heavy water）。先前对重水的研究是偏重理论的。但是，核工业的发展以及新技术的建立，重水已成为广泛应用、大量生产的化学物质。因此，人们非常关注重水的特性和生物效应。D_2O 与 H_2O 相比虽多了 2 个中子，但性质却有显著不同。D_2O 的蒸发热、沸点、表面张力、黏度、密度等都比 H_2O 高，这反映 D_2O 分子间力比 H_2O 强。但是 D_2O 的离子积比 H_2O 小得多，表示从 H_2O 上解离出 H^+ 比从 D_2O 上解离出 D^+ 容易。

2.3 水的化学性质

水分子中氧原子具有比氢原子大得多的电负性，所以水分子中的两个共享电子对趋向于氧而偏离氢，于是就在两个孤对电子上集中了更多负电荷，使水分子成为具有很大偶极矩的极性分子。由于这个特点，使水的代表分子极性大小的介电常数和偶极矩这两个物理参数比其他溶剂大（293K 的介电常数为 78.6；在 298K 偶极矩等于 1.76），从而成为自然界中溶解能力很强的溶剂，可以溶解绝大多数生物分子（蛋白质、核酸等）和无机盐。水中还含有大量溶解的空气，水中生物的生活就是依靠溶解在水中的氧气。

2.3.1 水的热稳定性

在常温、常压下水是化学稳定的。水的标准生成热为－285.8kJ/mol，所以水的热稳定性很大，即水的离解度（即对反应 $2H_2O \longrightarrow 2H_2\uparrow + O_2\uparrow$ 而言，是对于化合物的水生成单质的氧气和单质的氢气而言的）很小。随着温度升高，水的离解度增大，1000K 时，水的离解度为 $3\times10^{-5}\%$；在 2000K 的高温下，水的离解度为 0.588%；到 2400K 时，离解度也仅为 2.94%。所以说水具有很高的热稳定性。这是水能在很宽的温度范围内广泛应用的基本条件。

2.3.2 水的电离

水的许多特性都是缘于水的电离。通过对化学纯的水进行测定，水具有极微弱的导电性。说明水是一个弱电解质，它可以产生极微弱的电离，质子从一个水分子转移给另一个水分子，形成氢氧根离子（OH^-）和水合离子或水合氢离子（H_3O^+），水的电离反应式可表示为

$$H_2O + H_2O \rightleftharpoons H_3O^+ + OH^-$$

通常，将水合氢离子（H_3O^+）简写为氢离子（H^+）。

在 295K(22℃) 时，实验测得，1L 纯水中只有 10^{-7}mol 水杯电离，即此时纯水中的 H^+ 离子浓度〔H^+〕和 OH^- 离子浓度〔OH^-〕相等，且均为 10^{-7}mol/L，所以此时水的离子积为 1×10^{-14}。水的电离是吸热的过程，升高温度水的电离增强，因此离子积的大小具有随温度变化而变化的特点（表 2.9），但是为便于统一计算，习惯上取 1×10^{-14} 为纯水的离子积。

表 2.9　不同温度下纯水的离子积

温度/℃	0	18	22	25	50	100
离子积（$\times10^{-14}$）	0.13	0.741	1.00	1.27	5.6	74

2.3.3 水合作用

水中的正、负离子，以静电引力或通过配位键与水分子结合的作用，称为水合作用。水分子是个极性分子，当水分子遇到极性化合物或离子化合物的正负离子时，水的偶极子将和这些化合物的正负端或离子间产生相互吸引，于是发生水合作用，形成具有一定数目的配位水分子的水合离子，如 H_3O^+、$[Fe(H_2O)_6]^+$、$[Zn(H_2O)_4]^+$、$[Cu(H_2O)_4]^+$。水合作用是放热过程，而拆散固体电解质中正、负离子的结合，是要消耗能量的吸热过程，整个溶解的热效应取决于上述两种过程能量变化的代数和。少数含有水化作用很强的离子的电解质溶于水时是放热的，一般电解质溶解都是吸热过程。因此，大多数固体物质在水中的溶解度通常随温度的升高而增加。

水分子的强极性使它能与带电荷的离子以及极性分子发生相互结合的作用。水合作用是任何物质溶于水时必然要发生的过程，只是不同物质的水合作用方式和结果不同。

强电解质溶于水时完全形成水合离子。例如 $CuSO_4\cdot5H_2O$ 结晶中，每一个 Cu^{2+} 与 4

个 H_2O 分子配位结合。另一个水在外界，为晶格 H_2O。

极性分子与水分子之间发生偶极—偶极相互作用而形成水合物。这种作用有时引起电离。如 HF 溶于水时就有一部分电离生成水合的 H^+ 和 F^-。

非极性分子在水分子的极性作用下产生暂时的诱导极性，所以它和水分子间也一样发生偶极—偶极相互作用。这种作用的强弱由溶质分子是否容易被极化决定。例如，在稀有气体中，半径大的氙就比半径小的氦容易形成稳定的水合物。另外，当水合作用很强时，生成的水合物会重组成新化合物。例如二氧化碳的水合物有少部分变成碳酸；氯的水合物可有少部分变成 HClO 和 Cl^-。

表面上有可电离的功能团或极性取代基的蛋白质、核酸、磷脂等生物分子通过这些基团与水结合。不过这些分子除去有这种能与水结合的亲水性基团外，还有难与水结合的疏水性基团。两种不同基团在生物分子中的分布使这些分子趋于形成某种构象（如蛋白质）或某种组装方式（如磷脂构成的生物膜）。例如，许多蛋白质因此而折叠卷曲成球形，亲水基团向外，疏水基团向内，使蛋白质能溶于水。而磷脂则以其亲水头部向外、疏水尾部向内，形成脂双层结构。

2.3.4 水解作用

如前所述，水在某些条件下能够分解成两个离子，带正电的阳离子和带负电的阴离子，带负电的阴离子又称羟基。水不仅能够自身分解，还能使溶解在水中并与水的离子化合而进行置换反应的其他物质进行分解，这一作用叫作水解。

无机盐的水解，可以理解为都是它们与水结合促使水解离。金属离子与电负性的氧结合，水电离掉一个 H^+ 把金属离子变成羟基配位的离子；而弱酸根阴离子与电正性的氢结合，水电离掉一个 OH^- 把酸根离子变成其共轭酸。

非金属卤化物（如 PCl_3）的水解是因为某些元素（如卤素、S、P、N）与羟基或氧原子结合能力大于和卤素的结合能力的缘故，氯化磷的水解反应可写为 $PCl_3+3H_2O \rightleftharpoons H_3PO_3+3HCl$。

由于反应物本身的酸碱性不同，所以水解生成物也不相同，如肥皂的制造是以动植物的脂肪加水分解而进行的。脂肪是复杂的化合物，但如果有触媒之类的特殊物质参加，与水作用时就能分解为脂肪酸和丙三醇（甘油）。脂肪酸（如硬脂酸和油酸酯这样的酸）与苛性硝、苛性钾作用，就会形成肥皂——硬脂酸钠。肥皂用于洗净时，进行如下水解：硬脂酸是弱酸，而苛性碱是强碱，故其生成物呈碱性。硬脂酸是易于亲水的“亲水基”，当它与油污易于相亲的“亲油基”相遇时，使包住油污的亲油基从附着物上解脱出来，从而使污物得以洗净。氯的漂白性质也可以用水解来解释。

此外，水解在工业上应用很广，很多生产中都用到水解作用。从广义上说水解是指水被分解的反应及氧化物与水的反应，这些反应有的为氧化还原反应，有的为非氧化还原反应，例如下列反应：

$$CaO+H_2O = Ca(OH)_2$$

$$2Na+2H_2O = 2NaOH+H_2\uparrow$$

$$Cl_2+H_2O = HCl+HClO$$

狭义水解反应指的是一些盐类或二元化合物的非氧化还原的分解水的反应，如

$$PCl_5 + 4H_2O \rightleftharpoons H_3PO_4 + 5HCl$$

$$Na_2CO_3 + H_2O \rightleftharpoons NaHCO_3 + NaOH$$

$$PbCl_3 + H_2O \rightleftharpoons PbOCl\downarrow + 2HCl$$

2.3.5　水的几个主要化学指标

2.3.5.1　酸碱性（pH）

pH 是水的一个很重要的指标，它指示水的酸碱度，在数值上等于水中 H^+ 浓度的负对数，即 $pH = -\lg[H^+]$。由于中性水（纯水）中 H^+ 浓度和 OH^- 浓度是相等的且为 10^{-7}mol/L，所以通常取 7 为判断水的酸碱性的界线值。当 H^+ 浓度高时，表明水具有酸性，此时 pH<7；当 H^+ 浓度低时，表明水显碱性，此时 pH>7。显然水的 pH 越大，说明水的碱性越强，pH 越小，说明水的酸性越强。人对 pH 的反应非常敏感，身体内大部分物质的 pH 为 6.8，血液和细胞水的 pH 为 7.2～7.3。

2.3.5.2　溶解度和溶度积

溶解度是指一定温度下饱和溶液中的电解质含量，通常用 mg/L 或 g/L 来表示。在一定温度下，难溶电解质饱和溶液中离子浓度（相应化合价方次）的乘积为一个常数，该常数叫作难溶电解质的溶度积。它们都是表征电解质在水中的可溶解程度的指标。如果溶液中电解质含量大于溶解度或电解质的浓度含量使之浓度积大于其溶度积，则会产生该电解质的沉淀。

2.3.5.3　氧化-还原电位

氧化-还原电位（*Eh* 值）是水的氧化还原能力的量度，以电压单位伏特（V）或毫伏特（mV）表示。它是衡量水环境总体氧化和还原能力的综合指标，而不是对水中某一个组分的度量。它与温度有关，对于闭合系统还与组成本系统物质的氧化的和还原的物质的浓度有关。25℃时的表达式为

$$Eh = Eh^0 + (0.058/n)(\lg[\text{氧化}] - \lg[\text{还原}])$$

式中：Eh^0 为系统的正常氧化还原电位；n 为参与作用的电子数；[氧化]、[还原] 分别为系统所有氧化的物质浓度的乘积和所有还原的物质浓度的乘积，其浓度的方次等于它们在系统反应中的系数。

天然水的 *Eh* 值一般在 −200～+600mV。该值为正则具有氧化性，其正值越大氧化性越强，而负值越大，说明水体的还原性越强。

2.3.5.4　水的硬度

水的硬度是指水中含有的钙、镁、锰离子的数量，含量高则硬度大，反之亦然。硬度的单位为 mg/L（以 $CaCO_3$ 计）。水的硬度分为暂时硬度和永久硬度，前者是指水煮沸后能够发生沉淀的量，后者是指水煮沸后不能够沉淀的量。

2.3.5.5　溶解性总固体（TDS）和矿化度

溶解性总固体也叫固体溶解物含量，是指水中溶解的所有固体物的含量，单位为 g/L 或 mg/L。TDS 越低，表示水越纯净。矿化度也称盐度，是自然界水受矿化程度的指标，指水中溶解的化学成分的总量（不包括溶解气体），单位为 g/L 或 mg/L。矿物度在量值上等于溶解性总固体的量，该值数量上等于离子总含量减去重碳酸根含量的一半。

2.3.5.6　生化需氧量（BOD）

生化需氧量指水中有机物经微生物分解所消耗的水中溶解的氧量，以 mg/L 表示。其

值越高，说明水中需氧有机物越多，一般采用5日生化需氧量（BOD_5）指标计量。

2.3.5.7　化学需氧量（COD）

指水中易被强氧化剂氧化的有机物消耗的氧化剂的量，以 mg/L 表示。它是衡量水中有机物相对含量的重要指标，是评价天然水质、污水处理效果的主要指标。

2.4　水的动力学性质

2.4.1　基本概念

2.4.1.1　稳定流、非稳定流

水体运动可分为稳定流与非稳定流两类。若流场中所有空间点上一切运动要素都不随时间改变，这种流动称为稳定流。否则，就叫非稳定流。例如，图2.6中水箱里的水位不稳定时，水流中各点的流速与压强等运动要素随时间而变化，这样的流动就是非稳定流。若设法使箱内水位保持稳定，则水体的运动就称为稳定流。

2.4.1.2　流线

流线是代表某瞬时各空间点处水质点运动方向的曲线，在该曲线上所有各点的瞬时速度矢量均与曲线相切，切线方向就是各点的水流速方向。

2.4.1.3　流管

在流场中画出任一封闭曲线L（不是流线），它所围的面积无限小，经该曲线上各点作流线，这些流线所构成的管状面成为流管（图2.7）。根据流线的特性，在各个时刻，水体质点只能在流管内部或沿流管表面流动，而不能穿过流管。

2.4.1.4　元流

充满在流管中的水流称为元流或微小流束，如图2.7所示。稳定流的流线之间不相交，流管与元流的形状与位置不随时间变化。

2.4.1.5　总流

是由无数个微小流束组成的、有一定大小尺寸的水流整体。如管道中的水流、河渠中的水流都视为总流。

2.4.1.6　过水断面

与元流或总流正交的横断面称为过水断面。过水断面不一定是平面，如流线为彼此平行的直线时，其过水断面必为平面，否则为曲面，如图2.8所示。图中1－1和2－2均为过水断面，1－1为平面，2－2为曲面。

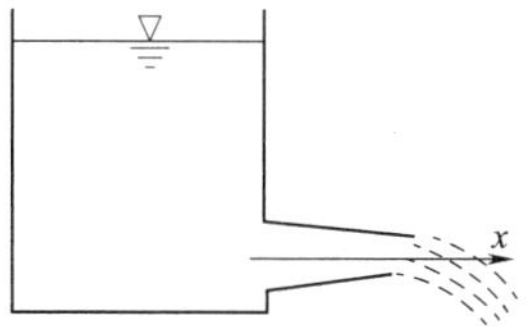

图2.6　水流示意图

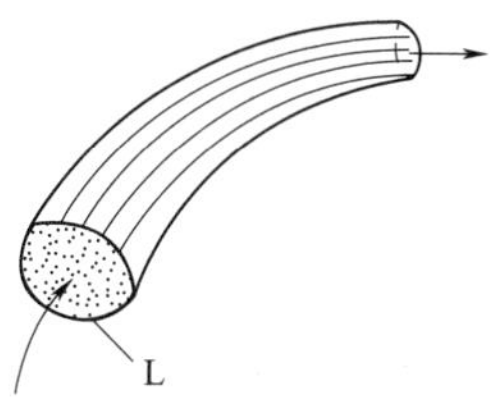

图2.7　流管与元流

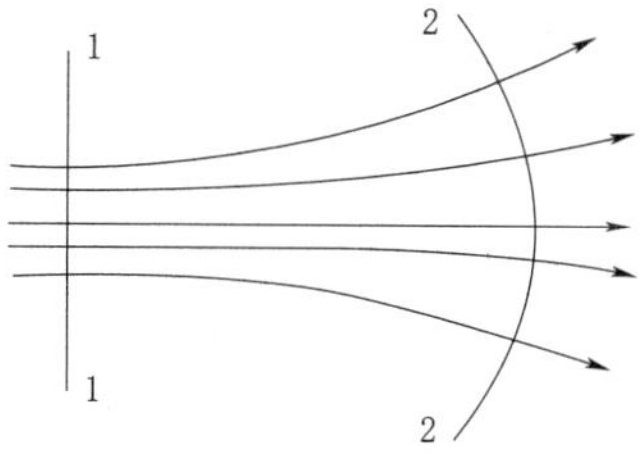

图2.8　过水断面示意图

2.4.1.7 均匀流、非均匀流

当水流的流线为相互平行的直线时，该水流称为均匀流。否则，该水流称为非均匀流。流线互相平行但不是直线（管径不变的弯管中水流）或者流线虽为直线但不互相平行（管径沿程缓慢均匀扩散或收缩的渐变管中水流）都属于非均匀流。

2.4.1.8 一元流、二元流、三元流

若水流中任一点的运动要素与三个空间位置变量有关，这种水流称为三元流。如果水流中任何点的运动要素和两个空间自变量有关，此种水流称为二元流。凡水流中任一点的运动只与一个空间自变量（流程坐标）有关，这种水流称为一元流。微小流束就是一元流。对于总流，若把过水断面上各点的流束用断面平均流束去代替，这时总流也可视为一元流。

2.4.2 稳定一元流的连续性方程

水体一元流的连续性方程是水力学中的一个基本方程，它是质量守恒原理的具体体现。从总流中任取一段，设其进口过水断面面积为 ω_1，出口过水断面面积为 ω_2；再从中任取一束元流，其进口过水断面面积为 $d\omega_1$，流速为 μ_1，出口过水断面面积为 $d\omega_2$，流速为 μ_2。根据质量守恒定律，单位时间内流进 $d\omega_1$ 的质量应该等于流出 $d\omega_2$ 的质量，即

$$\rho_1\mu_1 d\omega_1=\rho_2\mu_2 d\omega_2=\text{常数}$$

对于不可压缩的液体，密度 $\rho_1=\rho_2=$常数，则有

$$\mu_1 d\omega_1=\mu_2 d\omega_2=dQ=\text{常数}$$

这就是一元流的连续性方程。它表明：对于不可压缩流体，元流的流速与其过水断面面积成反比，因而流线密集的地方流速大，而流线稀疏的地方流速小。

总流是无数个元流之总和，将元流的连续性方程在总流过水断面上积分可得总流的连续性方程：

$$\int dQ=\int_{\omega_1}\mu_1 d\omega_1=\int_{\omega_2}\mu_2 d\omega_2$$

引入断面平均流速后成为

$$Q=v_1\omega_1=v_2\omega_2=\text{常数}$$

这就是稳定一元总流的连续性方程，它在形式上与液体元流的连续性方程相似，但是以断面平均流速 v 代替点流速 μ。该式表明，在不可压缩液体稳定总流中，任意两个过水断面所通过的流量相等。即上游断面流进多少流量，下游任何断面也必然流走多少流量。因此，断面大的地方流速小，断面小的地方流速大。

连续性方程是个不涉及任何作用力的运动学方程，所以，它无论对于理想液体或实际液体都适用。不仅适用于稳定流，而且在边界固定的管流中，即使是非稳定流，对于同一时刻的两过水断面仍然适用。

2.4.3 水的动力学方程

在理想液体（不可压缩、没有黏滞性的液体，在运动中对内外均不做功）中任取一段微小流束：进口过水断面面积为 $d\omega_1$，形心距离某基准面的垂直高度为 z_1，流速为 μ_1，动力压强为 p_1；出口过水断面相应的参数为 $d\omega_2$，z_2，μ_2 与 p_2，对于元流同一过水断面上各点的流速与动水压强可认为是相等的。根据能量守恒定律，经过推导可得出：

$$z_1+\frac{p_1}{\gamma}+\frac{\mu_1^2}{2g}=z_2+\frac{p_2}{\gamma}+\frac{\mu_2^2}{2g} \quad 或 \quad z+\frac{p}{\gamma}+\frac{\mu^2}{2g}=常数$$

这就是理想液体一元稳定流沿微小流束的能量方程式，又称为理想液体微小流束的伯努利（Bernoulli）方程。在上式中，z 代表了单位重量液体的位能（势能），p/γ 为单位重量液体的压能（压强势能），$\frac{\mu^2}{2g}$表示单位重量液体的动能。

对于水体而言（假设是不可压缩的），由于存在黏滞性，在运动中要消耗能量来克服内摩擦力做功，所以上式变为：$z_1+\frac{p_1}{\gamma}+\frac{\mu_1^2}{2g}=z_2+\frac{p_2}{\gamma}+\frac{\mu_2^2}{2g}+h'$

其中 h'为损失的能量。由此可以推导出不可压缩水体稳定总流的能量方程为

$$z_1+\frac{p_1}{\gamma}+\frac{\alpha_1 u_1^2}{2g}=z_2+\frac{p_2}{\gamma}+\frac{\alpha_2 u_2^2}{2g}+h$$

该式也叫作伯努利方程。式中，u 为总流的平均流速，α 为动能修正系数，h 为损失的能量，其他意义同前。α 一般大于 1，当流速分布较均匀时取 1.05～1.10，流速分布不均匀时该值变大；而在工程计算时，常取 1。

总流能量方程（伯诺里方程）各项的物理意义：z 表示总流过水断面上某点处单位重量水体所具有的位能；p/γ 是对应点处单位重量水体所具有的压能；$z+p/\gamma$ 表示单位重量水体所具有的势能；对于渐变流断面，此值在过水断面上处处相等；$\alpha u^2/(2g)$ 是过水断面上单位重量水体所具有的平均动能；$z+p/\gamma+\alpha u^2/(2g)$ 表示单位重量水体所具有的总机械能；h 为流动过程中单位重量水体的平均机械能损失。

该方程还具有几何意义：z 是过水断面某点处相对于基准面的位置高程，称为位置水头；p/γ 是对应点处的测压管高度，称压强水头；$z+p/\gamma$ 称为测压管水头，在渐变流过水断面，测压管水头处处相等；$\alpha u^2/(2g)$ 称为平均流速水头；$z+p/\gamma+\alpha u^2/(2g)$ 称为总水头，常用 h 表示；h 习惯上称为水头损失。

2.4.4 层流和紊流的概念

按照水流的运动形态，可以将水流分为层流和紊流。水流质点彼此不混掺，呈现有条不紊的线状流动，称作层流；水流质点在运动过程中轨迹曲折混乱、互相掺混，但是水流总体还是沿着某个方向前进，这种水流称作紊流。两者通常利用临界雷诺（Osborne Reynolds）数 Re 来判断。雷诺数是一个表示惯性力与流体黏滞性阻力大小比值的综合性指标，其大小按照下式求得

$$Re=\frac{uR}{\nu}$$

式中：R 为特征长度，流体流过圆形管道时 R 为管道当量直径，是水力半径的 4 倍，$R=A/L$；A 为过水断面面积；L 为隔水断面固体周界的长度，称为湿周；u 为水流速度；ν 为水的运动黏滞系数。

当水流的雷诺数大于临界雷诺数时为紊流，小于临界雷诺数时为层流。一般临界雷诺数取 575。流速稍快的河水和地下溶洞发育的岩溶水多呈紊流，而流速较慢的地下孔隙水和裂隙水及平原区河水，多呈层流。

2.5　水的功能

水的性质决定了水具有很多功能，无论是从水自身的物质属性、材料属性，还是从其流体性质、热性质，以及作为极性分子所具有的溶解、分解能力，都显示出水的固有的效能，统称为水的功能（图 2.9）。

水的功能：
- 资源（能源）
- 地球营力
- 气候要素
- 生命元素
- 材料
- 运输
- 景观
- 生态环境因子
- 信息载体
- 致灾因子

图 2.9　水的功能

人类对水的需求是与生俱来的，没有水，根本谈不上生命，更何况我们人类。所以水对于人类而言，既是生命元素，又是生存发展的必需品，甚至与空气一样，几乎是无时无刻不需要水。实际上，地球上所有的生命都是离不开水的，因而水是构成生命的元素，是地球生命繁衍、生存的必需的物质，是环境和生态的重要因子。

水是一种流体，在能量差的驱使下可以做空间上的改变，发生运移和交流，由此产生所有流体所具有的功能，如浮运功能，用于发电、做功的流动能，冲刷功能等。

水是极性分子，它几乎能够溶解或分解地球上所有存在形式的物质，并借助其流动性，分散着、有时又是集中着各种物质，从而推动地球上物质的迁移、转换。这种性质与流体性质一起，使水成为地球表面最重要的物质输运或转运介质，进而与重力和热力及生物的生命力结合起来，成为地球上的重要地质营力。当然，对人类的生存和生活需要来说，这种功能也成为制造人类灾难的驱动力，所以水成为地球上重要的致灾因子。

水的上述性质也决定了它是地球上很多信息的传递者，同时人类利用水的这些性质，还可以把水作为特殊材料、特殊物质加以利用，如降温材料、高速运动的水流作为切割材料等，为人类的生存发展和生活的舒适服务。

资源是个很宽泛的概念，因而从广泛的意义上来说，水的所有功能和应用都是其作为资源的某种表现形式。水是一种宝贵的资源，它既可以供人类饮用，也可以对地球上的所有生命进行滋养，地球上缺少了水，就没有了生命。同时，还是一种带来能源的物质，水通过接受太阳辐射能和重力能，在地球上不断地通过蒸发、输运、降水、径流等过程进行水循环。自然界的水可以从地势低处在太阳辐射能推动下向高处迁移，然后在重力的作用下，水再由地势高处向低处运动，从而释放出重力势能，同时搬运着地球上的物质运移，发生空间上的移动和再分配，实现地球物质的循环。人类利用地形上的高差，就可以借助于水的流动性特征进行水力发电。有人将能源与资源分开来讨论，实际上，能源也是资源的一种，如煤炭、石油等都是自然资源，同时由于它们能够通过燃烧（发生化学反应）释放（产生）能量，故而也是能源。由此可以说，水是除了核能以外的一切能源的源泉：化石能源来源于生命，生命来源于水。水作为资源还有很多方面：水可以分解为氢气和氧气；当水中某种元素或物质含量高时可以作为矿产予以开采、提炼，如卤水，铀矿水等；水可以浮运物质、行走船舶等水运工具，世界上所有运河的功能主要是浮运物质；水可以传播能量，如热量，也可以直接输运物质，如河沙以及水化学组分等。水所具有的温度既是一种资源，也是一种不可多得的能源。地热水能源的开发如今是如火如荼，作为一种可再生能源，其开发利用的前景是十分可观的。所以，水作为地球上的物质，以资源来看待时，是多方面的。包括接下来谈到的如地球营力、生命要素、特殊材料、景观等，实际上都是资源的某种表现形式。为了分门别类地加以论述水的这些功能，以下将归纳起来从以下 10 个方面展开来加以讨论。

2.5.1 水是宝贵资源

2.5.1.1 水资源

这里指的水资源是通常所说的水资源，是可以通过工具从自然界里获取，并能够保障人们日常生活需要的，具有相当水质而满足用途规定的一定数量的水量。

1. 生活用水的种类

（1）直接用水。直接用水包括：饮用水、洗漱（包括洗浴及食物清洁、洗涤）用水、洗衣冲厕用水、室内清洁用水、娱乐用水（养鱼养花）等，按照我们国家的规定，城市人均用水 120～180L/d，视气候环境及天气变化情况而有所不同。每年的人均生活用水量居于为 45～65m^3。

（2）间接用水。间接用水包括：

1）生产粮食、蔬菜等所需要的水，即农田灌溉用水、林果业灌溉用水。通常，生产 1kg 小麦需要 1～2m^3 水，生产 1kg 玉米需要 1.5～2.5m^3 水，生产 1kg 大米需要 2～3m^3 水。生产 1kg 蔬菜需要 50kg（约合 0.05m^3）水。

2）牲畜用水：家禽家畜养殖用水、渔业用水等。考虑到家禽家畜的食物及饮水等，生产 1kg 的肉食品需要水资源 10～15m^3。

3）绿化用水：居民地及公共用地的绿化苗木灌溉用水。随着人们生活条件的提高，居住环境的改善，居住用地及公共用地的绿化已经成为常态，其用水量逐年增加。很多城市小区及农村居民房屋集中地区，都采用回收用水进行植被绿化。

4）公共卫生用水：清洁街道、冲刷沟渠、景观应用等用水。公共空间的清洁，特别是很多居民地及旅游点的喷泉景观设施用水，也会消耗部分用水。

2. 我国水资源供给及用水消耗现状

总的来看，作为常规水资源的水的用途广泛，因而供（采）水量巨大，（用）耗水量也巨大。

据统计，我国全国总供用水量为 5500 亿～5600 亿 m^3，其中农业用水量在 3600 亿～3700 亿 m^3，占全国总供水量的 65%左右，其中的农业灌溉用水量 3000 亿～3300 亿 m^3，占全国总用水量的 62%左右；工业用水占总用水量的 22%，生活用水占总用水量的 12%。所以农业灌溉用水量占总用水的 60%以上。如 2018 年全国农业用水总量为 3693 亿 m^3，占全国用水总量的 61.4%。目前我国农业灌溉用水效率不高，高效节水灌溉率仅 25%左右，远低于国际先进水平，因而还存在一定的节水潜力。

我国水资源近 80%来自地表水，近 20%来自地下水，其他水源仅占不足 0.4%。

我国的废水排放总量为 631 亿 m^3，其中工业废水占 61%左右，生活污水占 39%左右。

从耗水量来看，全国用水消耗量为近 3000 亿 m^3，占总用水量的 54%左右；各类用户的耗水率（消耗量占用水的比例）差别较大。如全国平均城镇生活耗水率为 24%，农村生活耗水率为 88%，工业耗水率为 24%，农业耗水率为 64%。

2.5.1.2　矿产资源

资源是生产资料或生活资料的天然来源。自然资源是人类可以从自然界中直接获得用于生产和生活的物质。宽泛地说，能满足人类需要的整个自然界都是自然资源，它包括空气、水、土地、森林、草原、野生生物、各种矿物和能源等。自然资源有的是可再生的，如水；有的则是不可再生的，如煤炭。因而总体看，自然资源是动态的，能够为人类提供生存、发展和享受的物质与空间。矿产泛指一切埋藏在地下或分布于地表的可供人类利用的天然矿物或岩土资源。矿产资源也称为矿藏，是自然界里各种有用且有限的物质的总称。

矿产资源有很多分类，根据成因和形成条件，分为内生矿产、外生矿产和变质矿产；根据物质组成和结构特点，分为无机矿产和有机矿产；根据产出状态，分为固体矿产、液体矿产和气体矿产；根据特性及其主要用途，分为能源矿产、金属矿产、非金属矿产和水气矿产。因而地下水是一种矿产资源，并具有以下几个属性：有用（有价值）、有限、可再生、多类型。

如前所述，地下水是指地面以下各种形式存在的水，由于其在运动过程中会与周围介质场物质（矿物、岩石、有机质等）发生各种作用，因而含有各种物质组分，有时或有的含量高些，有时或有的含量低些，但地下水都会含有流经介质环境中的物质成分，构成实际上的水溶液，即地下水不是纯水。当地下水中的某种或某些物质达到某种需要的时候，就作为普通的矿产资源加以开采和利用。以下就以 4 种地下水为例，简要介绍矿产资源的水。

（1）矿泉水。矿泉水是从地下深处自然涌出的或者是经人工揭露的、未受污染、含有一定量的对人体有益的矿物盐、微量元素或气体的地下水，其化学成分、流量、水温等动态在天然波动范围内相对稳定。矿泉水通常是经历了地下深部循环形成的。目前市场上的包装饮用水主要包括六大类：纯净水、矿泉水、山泉水、矿物质水、风味水和其他天然水，其中矿泉水占 12%的市场份额。

矿泉水又分为饮用天然矿泉水和医疗矿泉水两大类，其水质、检测及监测方法等都有相应的国家标准予以限定。目前饮用矿泉水适用的是 2008 年 12 月国家质量监督检验检疫总局和国家标准化管理委员会发布《饮用天然矿泉水》（GB 8537—2008）和《饮用天然矿泉水检验方法》（GB/T 8538—2008）两个国家标准，前者实施时间为 2009 年 10 月 1 日，后者实施时间为 2009 年 4 月 1 日。医疗矿泉水是对人体具有医疗和保健作用，并且不会对人体造成任何不良影响的矿泉水，必须具有某项或几项水质的指标如微量元素达到一定标准。我国《天然矿泉水地质勘探规范》（GB/T 13727—92）中附有医疗矿泉水水质标准。

（2）卤水。卤水有几种含义。第一种是在烹饪美食过程中，经过各种食用香料调制而成的液状物质，也被常称之为卤汁，用于制作各类卤菜。第二种是“点豆腐”用的盐卤，是氯化镁、硫酸镁和氯化钠的混合物。卤水点豆腐是胶体聚沉的过程，未曾发生化学反应。第三种，也是本书主要揭示的含义，是指自然界里盐类含量较大的液态矿产。聚集于地表的称表卤水或湖卤水，聚集于地面以下者称地下卤水，与石油聚集一起的称石油卤水。按照《水文地质术语》(GB/T 14157—1993)，地下卤水 (underground brine) 是总矿化度大于 50.0g/L 的地下水。

自然界的卤水是制盐的原料，中国四川自贡、山西运城均以盛产卤水闻名，卤水晒盐是人们的日常生活必需品。山东的潍北平原、莱州湾南岸的大片地下卤水分布区，是制盐的主产区，目前是我国北方最大的食盐生产基地。

(3) 地下水中的矿产 (如铀矿)。

地下水中含有大量的矿产。事实上，自然界的矿产资源在形成、富集、成矿时，大都离不开地下水的溶解、迁移、转化、沉积 (成矿)；包括岩浆热液类矿产、变质矿产和几乎所有的沉积矿产，如石油、煤炭等。

在此特别要提到的是一些极其稀有的矿产，如放射性物质 (元素) 铀，它不仅有固态的矿床，很多情况下却是从地下水中提取出来的。

地下水作为自然界里优质的溶剂，含有地球上人类已经发现的所有物质，只是存在的形式可能存在差异。

(4) 地热水。地热水既是地下水，也是一种矿产，它蕴藏着巨大的热能，是地热的主要天然赋存介质。事实上，如果没有地热水，岩土中含有大量的热能 (此时称为干热岩) 时，如果想开发利用这部分热能，水也是很好的输送热能的介质 (物质)。

此外，地热水中往往含有大量的有用元素，也是地热水成为矿产资源的主要属性。

2.5.1.3 水能源

液态的水具有流动性，可以输送热能和各类可溶物质，因而是一种主要的能源。水作为能源表现在以下几个方面。

(1) 水的势能：即位置高度引起的势能差 $E=mgH$。人类通过利用液态水的这种势能差异驱动发电，给人类带来了巨大的清洁能源。我国目前的水力发电量在全世界独占鳌头，无论在水电站建设还是在输电技术等方面，均达到领先的水平。

(2) 水的动能：流水的冲击力具有的动能 $E=1/2mv^2$。如利用势能发电，靠的水的流动性质，把势能通过动能转化为电能；利用河水的流动发明的水车，在我国很早就已经应用。这些都是利用了水的动能。

(3) 水的热能：温度引起的温差 $E=mc(t_2-t_1)$。水的比热系数很大，地热水蕴藏了巨大的能量。

(4) 水的化学能：水分子为极性分子，地球上水的分布广泛，因而水的化学能在地球到处都表现出显著的效果：水的这种性质，使得每年地球表面有几十亿吨的物质被化学搬运成为可能。

水分解产生氢能：$2H_2O = 2H_2 + O_2$，利用水电解迄今还是一个氢能源生产的重要途径。

2.5.2 水是地球重要营力

水是行星地球上的重要营力，有时人们将与地质作用有关的这个营力称之为地质营力，即水可以通过在地球上的往复不止的水循环方式，实现对地球物质的改造、迁移、化解和重组。水既是改造自然的物质要素，运动的水又是改造自然的动力源泉。如岩石的风化作用，就离不开水的参与；由于水的流动性，其向着降低其能量的方向运移过程中，可以形成对地球其他物质的侵蚀、搬运、沉积等地质作用，将地势高处的物质移送到地势低处“储存”起来。这个过程中，可以发生物质的分解、组合等物理的及化学的变化，侵蚀作用就包含了物理的冲刷、化学的溶蚀及生物的助力。除此之外，由于水的重力所形成的势能及动力所形成的动能的双重作用，加上水的润滑作用，使得地球上的固体物质发生块体分离、碰撞等移动，形成地面上的崩塌、滑坡、裂缝、错动、塌陷、沉降，甚至水可以发挥其黏聚力性质的作用，与固体碎屑颗粒一起形成泥石流，将大量的山顶及山坡上的物质被快速地搬运到山下。由于水的极性分子性质，对地球上的几乎所有的物质都具有溶解、“包容”作用，于无形中造成大量物质的输运迁移。比如长江水的矿化度按照200mg/L来计算，那么每年1万亿 m^3 的入海水量中，除了看得见的沙子或细小颗粒外，另有约200万亿g（合2亿t）的物质以我们看不见的形式从整个流域上“搜刮”来“馈送”给了大海。规模宏大的大洋内部及大洋之间的海洋环流和携带着大量水分的大气环流，都在推动着行星地球的浅表物质的重新分布与迁移、转化，都在时刻改造着地球。从这个意义上亦可以看出，地球时刻在变化着！

2.5.3 水是地球上重要的气候要素

气候是某个地区的气象的总称，是大气物理特征的长期平均状态，优良的气候条件，是人类居住、生存生活的重要保障。与天气不同，气候具有一定的稳定性。时间尺度为月、季、年、数年到数百年以上。根据世界气象组织（WMO）的规定，一个标准气候计算时间为30年。气候以冷、暖、干、湿这些特征来衡量，通常由某一时期的平均值和离差值表征。显然，干、湿就是大气含水量的直接指标，而表征气候的冷、暖两个指标，虽然主要是受制于纬度大小，与接收太阳辐射量大小相关，但是在某一个特定地区，也是可以通过干湿程度的长期变化与之相制约的，如中纬度地区的降水量增加，势必改善其生态环境，使植被繁茂，从而会改变其局地气候。大洋水的环流，在不同季节呈现不同的运动方向和不同的强度，这些运动及其变化，都改变着或决定着全球的气候分布与变化。总之，水是决定一个地区气候的重要且主要因素，更是全球气候分布与改变的重要力量。

2.5.4 水是生命元素

水是生命的元素，生命时刻离不开水，这是我们这个星球上的主要特点！有了水，才有了生命。在水的滋养下，加上其他地球上的宝贵的营养物质的共同作用，生命不断地演化，直至产生了我们人类！水一直在精心呵护着地球上的每一个生命，包括每个人！甚至自然界里的某些特殊环境中的水，因其具有某些特殊性质，主要是所具有的一些特殊的元素造成的，还具有一定医疗功能，如医疗矿泉水，一些含有特殊组分如放射性物质的矿泉水，就对皮肤病征具有显著的治疗效果。

2.5.5 水是地球上的特殊材料

水是地球上一种特殊的材料。众所周知，水是一种最优价值的冷却降温材料，火电厂、核电厂等发电厂冷却降温都离不开水，救火灭火的最好材料也是水，这都源于水是大气表面最好吸热材料。近年来，快速运动的水作为切割工具材料，如水刀、水枪、水钻，目前已经大量而广泛地被使用。水是清洁环境的最好材料，不仅可以清洗衣物、家具等人类日常用品，也是大自然的最好的清洁材料，人工或降水都对城乡街道以及大自然被污染了的河道、沟谷等进行清洗、冲刷。在自然界里，水还是很好的润滑剂，起到天然润滑作用，如滑坡等斜坡物质的运动，尤其是在结冰后期的冻融交替过程，能够使得巨大的岩土在低角度斜坡上发生滑移、蠕动。同时，水还是良好的计时工具材料，如滴漏等。

2.5.6 水具有强大的运输功能

水的运输功能体现在其作为流体所具有的浮力形成的浮运功能及本身的流动性所形成的输运能力上。水也是地球表面的物质，所以其运输功能首先是自身发生位置的迁移，大气热运动使得水汽漂洋过海、飞扬万里，同时可以实现能量传递，如大气水、地热水，浅层地热能等利用水的特性冬天采暖、夏天采凉；水的动能（流速能、运动能）冲刷、搬运固体物质，化学溶解于水中的物质顺流发生迁移。最重要的，还有水的浮运能力，人们很早就懂得了水的浮运能力，凿木成舟、舟船制作等，实践了水的浮运能力。东汉时的曹冲称象的故事，也说明了当时人们对水的浮力的认识。

2.5.7 水构成地球上美丽的景观

水又是一种景观，无论是湖水、池水、海水还是河水，只要与周边的风景相互配合，就是一处美好的风景。所谓山光水色，不就是说的山水景物风光无限吗？泉城济南有天下第一泉美誉的趵突泉，还有珍珠泉、五龙泉、黑虎泉等 72 名泉，山西有晋祠、娘子关等名泉，杭州有马跑泉，甘肃敦煌有著名的月牙泉，等等。这些名泉闻名遐迩，多少年来成为人们竞相追逐的风景宝地。北京皇家花园颐和园的昆明湖，皇宫大院里的北、中、南海，还有王公贵族家里的池塘水色，西湖美景名扬天下；天下的瀑布更是文人墨客们赋诗唱词的绝佳去处，如飞流直下的庐山瀑布，磅礴雄壮的壶口瀑布等；随处一潭池水都是一处无限的风景，因而水是景观。当然，景观也是一种资源，但是作为景观，并不是利用水的概念所升华的资源，而是由充满人眼的美好景色所呈现出的观赏价值。人是依靠水而生存的动物，因而天然地人们就喜欢靠近水，内心渴盼着以水为伴、与水为邻，有了水的护佑，人生才会有意义，有诗意，有情怀，有安全感和幸福感。

2.5.8 水是最重要的生态环境因子

生态指生物在一定的自然环境下生存和发展的状态，也指生物的生理特性和生活习性。简单地说，生态就是指一切生物的生存状态，以及它们之间和它与环境之间环环相扣、紧密联系的关系。水既滋养了生命，也构成了生命，是生命体的重要组成部分，因而必然地也成为构成生态的重要因子。

2.5.9 水是主要的信息载体

水的另一个重要功能是信息载体，源于它的流动性。无论是固态的冰、液态的水（溶液）还是气态的汽，在自然界里它们都具有流动性。在流动的过程中，就会把它所经历的环境的特征保留在其内在的性质里，即留下了痕迹，同时传递了信息！这些信息包括温度，物质组成，物理及化学、生物条件。比如流经铁矿藏区的水，必然会使得其铁含量较之其他地区的要高，反之亦然。特别强调的一点是，人们在 20 世纪六七十年代，发现构造活动引起的地震发生前，其地下水中的氡气含量增加。运用这个方法，加上其他有效的方法一起预报成功了很多起地震。遗憾的是，迄今人类尚未掌握准确预报地震的方法，如某日某时将在某地（很小的范围内）发生多少级别的地震，现在还达不到这个程度，目前只能预报到月或者周的精度，空间上也只能预报到几百平方公里甚至几千、几万平方公里范围内。

总的来看，水的这些功能都可以归纳到资源里面去，能源是资源，材料是资源，景观是资源，运输的能力及生态环境的保障能力都是资源，信息载体也是资源，是一种信息资源，能够改变气候和构成生命，因而水是地球上极为宝贵的物质，尤其是数量仅仅占到2.5%的地球陆地上的淡水资源，既十分有限，又容易造成危害（污染），值得地球上的人类好好地珍惜和保护！

2.5.10　水是地球上主要的致灾因子

水在发挥地球营力的作用，使得地球物质在改造、迁移、化解和重组时，有时对我们人类的生命及正常的生活造成伤害或构成威胁，此时我们就称之为自然灾害，如冰雹、强降水引发的洪水、滑坡、泥石流、地震、地面塌陷等，前两者称之为气象灾害，后四种称之为地质灾害！上述这些过程都有水的参与，因而水是一种致灾因子。更有甚者，海啸、湖水喷发等直接由水引起的灾害，如同洪水、胜过洪水，给人类带来的灾难是深重的。

2.6　水的作用

水的作用是水的功能的外在表现，是水与环境发生关系时产生的外部效应（图2.10）。水对地球上的无机物质和有机物质都产生极大的影响，既改变着地球，改变着地球上的所有物质，同时水也在被地球及其物质不断地改变着。

水的作用：
- 滋生　灌溉
- 润滑
- 阻滞
- 化能　调热　吸放热
- 输送　搬运
- 会聚　堆积　沉积　沉淀
- 分散　分解　化溶解　脱盐气
- 混合　凝散　涨缩　浓缩稀释
- 稳定　固定　压实
- 冲刷　洗涤　切割　潜蚀
- 悬浮　浮运　浮托
- 更新　循环　演化　催化
- 美化　观赏　景观
- 人文　精神　文化

图 2.10　水的作用示意图

与水的功能相比，水的作用更为多样、广泛。作为地球上的特殊材料，既可以滋养生命，又能够改变万物，所以水的作用是不可以估量、无法数尽的。以下仅从十几个方面简要做一总结。

2.6.1　水的滋生作用

水的滋生作用是指水对生命的滋养作用。水是地球上一切生命的本源和主要组成部分，因而水可以滋生万物（生命万物）。尤其水在人类日常生活中的作用是不可替代的，也是人类了解最广泛的和最普遍的，首先是饮用、洗漱、洗菜、刷锅洗碗等这些基本生活用水，其次是可以保障人类赖以生存的食物供给。没有了水，就没有了地球上的生命，也就没有了人类未来。其中灌溉就是为了满足人类的食物需求而进行的农业活动，它解决了农作物用水供给不足的问题，确保了农作物的产量。

2.6.2　水的润滑与阻滞作用

水具有润滑作用。动物的活动源于机体间的移动，水的润滑作用很重要，如人类的骨骼的活动。自然界里的物体之间通常也是由于水的加入而变得滑润起来，比如滑坡、岩土的蠕动等，当有水的参与时，会变得容易。当这些现象干扰或破坏人类的正常生活的时候，就会形成灾害，人们就希望减少水的润滑作用，所以就截水、防水渗入以减少或避免灾害。

水也有阻滞作用，源于其黏滞性。几乎所有靠水作为介质发生移动的物质，都会受到水的阻滞作用。水中的生物、船舶等人造水运设备，无不受到水的阻滞作用的影响。甚至，地磁能、弹性能、热能等这些能力的传播，也会受到水的阻滞作用的影响。

2.6.3 水的化能作用

水是自然界能量转化的重要媒介。水具有吸放热性质，加之其具有的三相转化的快速性，使之成为良好的化能物质，并起着强大的化能作用。蒸发、升华可以吸热，因而水可以降温、灭火；由此水可以将太阳能转化为势能，再通过水的流动性驱动水驱设备，如水车、水力发电等，把势能转变为电能；植被、动物以蒸腾水分的过程散发热量，保持体温。同时可以直接利用水的热能取暖、变温；利用水的热转换，把热能转化为方便利用的电能，目前的地热水资源的开发利用、地热发电，就是水的化能作用的最具体表现。

2.6.4 水的输送作用

水的输送作用是极其强大的。地球上的水，靠着其基于太阳辐射能驱动下的流动性，将地球上的浅表的物质，源源不断地由地势高处向地势低处搬运。由水搬运的物质包括：岩石及其颗粒（碎屑）、生命体及其残留物、呈化合物或离子状态及胶体等微观状态的各种微观物体等，当然也在移动着热能。地球上的水循环、绝大部分除水以外的物质的循环都是靠着水的输送、搬运作用得以实现，由此造成高山变低、洼地抬高，高山大川消逝得无影无踪，一片片平原沃土不断地伸展。

河流在输送着沙土、有机质，由高处移至低处；海洋的环流把有机质、热能、细小的颗粒搬运着发生大规模的迁徙；动植物乃至人类的体内，水把各种营养物质不断地输送到身体的各个部位，再将废物不断地输送到体外；地球上有水的地方，就存在水的运动，水的运动就存在着物质的迁移甚至转化。

2.6.5 水的会聚作用

水具有将其他物质会聚的作用，且该作用无比强大。水的输送的物质总会在半途或者终点，在条件适宜的情况下，将物质从水中推卸下来会聚在一起，形成物质的堆积。平原是江河湖泊将携带的泥沙及化学物质沉积下来形成的，因而沉积作用是巨大的；在地下，地下水携带者主要是化学物质在条件适宜的情况下沉淀下来会聚在一起，形成化学沉积，多数情况下就形成了某个或某些元素的聚集体，因而成矿。当然这些作用，都是会聚作用，在地球的浅表层，生物一直参与了所有的会聚事件，所以很多亦可称之为生物堆积（沉积）。

实际上，物理的堆积（沉积）和化学的沉淀（堆积）都是物质的会聚作用，只是有的颗粒大有的颗粒小、甚至到微观尺度的小而已。

2.6.6 水的分散作用

与会聚作用正好相反，水具有很强的分散作用。发生在地表的岩石的风化作用，就在水的参与下，将整体的岩石分解成一粒粒（片片）碎粒（碎片），可溶的物质化解成水中的离子或化合物，一点点地带走，造成了事实上的物质的分离、分解和分散。

特别地，水的脱气、脱盐作用，也使得本在一起的物质发生分离。推而广之，则是水中物质的转化都是物质分散作用的结果。

2.6.7 水的混合作用

水既可以成为物体（物质）之间的黏合剂，也可以充做分散剂，从而实现水的混合作用。不同化学物质之间的混合靠着水作为媒介是很容易实现的，不同的回灌物体之间的混合也是这样，比如泥石流、海底的浊流，都是由水将不同密度和性状不同的物质混合在一起形成的。

当然，水也可以起分散的作用。黏土、沙土等遇水分散，微观上很多可溶的物质遇水也分散到水里，然后才可以在水流作用下发生迁移和转化。由此看到，水与其他物质混合可以起到浓缩和稀释的作用。

对于一些特殊材料，遇水就会出现膨胀，高岭石、伊利石、蒙脱石等膨润矿物构成的岩土就具有这种性质。对于生物，水也具有这种涨缩作用，植被遇水则盛，失水则萎。植物的营养液供应及动物们的血液循环，无不靠着水分的滋养，营养物质掺混到水里才发生的。

2.6.8 水的稳定作用

与润滑作用相对应的就是稳定作用。当水结成冰，就对一些固体物质起到固定作用，尽管是临时的。当若干个细小的颗粒相遇时，靠着水的黏合力就能够黏合在一起。

水封油库是水的稳定作用的主要体现。利用水油不混溶的特点，将原油周围利用人为可以控制的恒定水头的地下水作为水墙将原油封存住，既安全又高效。

生命活动的体征的很多因素都是靠体内水的稳定作用起的效果。

2.6.9 水的冲刷作用

水的冲刷作用是显著的，包括对地球表面物质的冲刷和人工构筑物的冲刷，对污染了的脏乱的地面环境而言，冲刷意味着洗涤、清洁。实际上地下水也具有这种冲刷作用，它可以把溶解于水或混合于水中的物质，随着径流由一处带到另一处，实现对渗透介质的冲刷的同时，完成物质的迁移——当然具有会聚和分散两种作用形式。

冲刷可以切割地面，当然也可以潜蚀地下空间，从而在地面形成冲沟、在地下形成潜穴，尤其是在可溶岩分布地区就可以形成巨大的溶洞。

2.6.10 水的悬浮作用

水的悬浮作用主要体现在漂浮物及其移动。一切船舶都是利用了水的悬浮作用实现的。事实上潜水的物体也无不遭受着这种悬浮作用。在这里特别强调的是，地下空间也遭受着周围地下水的悬浮作用，因而在考虑建筑物稳定性的时候，地下水的悬浮作用是不容忽视的。

船舶用于浮运货物，解决了巨大物资远距离供应问题。地下物质在地下水的悬浮作用下稳定的状态，在地下水消失以后就会失稳而出现移动，波及地面就会引起地面塌陷，这就是在可溶岩岩溶发育的松散物覆盖区，当岩溶水大量开采后出现地面塌陷的主因。

2.6.11 水的更新作用

水循环使得地球上的水不断地发生迁徙，相对于任何固定的地球位置而言，都具有更新的效果，因而可称之为水的更新作用。

另外，正如前述水的光合作用，要吸收水分，同时也要放出水分，这样的过程使得空气中的氧气得到了更新，当然也会使得由植被蒸腾出来的水得到更新，在此特别强调。

2.6.12 水的美化作用

这里讲的是自然的视觉感，综合水的各种作用，使得自然界看起来愈加美丽。有山有水才是景；有水则绿，无水则荒；绿水青山就是金山银山，都将自然美归结于水的美化。

水的美化还潜藏于亿万生命之中。山水林田湖草生命共同体理念的提出，更加体现出水的灵魂作用。没有水，林田湖草不复存在，就会令人恐惧和不安，也会威胁到人的生存。

除了上述功能与作用外，水还具有文化功能与文化的作用，将在第5章叙述。

2.7 水的自净作用与环境容量的概念

自然界中的水体如江河或其他水域，接纳了含有一定量污染物质的污水（包括工业废水）以后，经过扩散、稀释、沉淀、氧化、受微生物的作用而分解等，使水体可基本上或完全恢复到原来的状态的过程称为水体自净。这种现象也称为污染的自净现象，有时简称自然净化。污染水体的自净能力是很强的，但却是有限的，如果排入水体的污染物数量超过某一界限时，将造成水体的永久性污染，这一界限称为水体的自净容量或水环境容量。

2.7.1 物理净化

环境自净的发生机理之一。物理净化的作用有稀释、扩散、淋滤、挥发、沉降等。如大气中的烟尘可由气流的扩散、降水的淋滤、重力的沉降等得到净化，污染的水体通过物理吸附、沉淀和水流的稀释扩散等作用得到净化，土壤中的污染物如酚、氰、汞等能通过挥发作用逐渐降低其含量。物理净化能力取决于环境的物理条件和污染物的物理性质。物理条件如温度、风速、雨量等，物理性质指其比重、形态，粒度等。污染环境的地形，地貌、水文条件以及水体中所含黏土的物质多少，也有重要的影响。

2.7.2 化学净化

环境自净的发生机理之一。环境自净的化学反应有氧化、还原、化合、分解、吸附、凝聚、交换、络合等作用。例如，某些有机污染物经过氧化还原作用生成水与二氧化碳等，铜、铅，锌、镉，汞等重金属离子与硫离子化合生成难溶解的硫化物沉淀，铁、锰、铝的水合物，黏土矿物，腐殖酸等对重金属离子有化学吸附作用和凝聚作用，土壤和沉积物中的代换作用也可以起到化学净化的作用。影响化学净化的环境因素有酸碱度，氧化还原电势、温度和化学组分，以及污染物本身的形态和化学性质等。

2.7.3 生物净化

生物净化是环境自净的发生机理之一。生物类群通过代谢作用（异化作用和同化作用）使环境中的污染物数量减少，浓度下降，毒性减轻以至消失的现象。植物能吸收土壤中的酚、氰，在体内转化为酚糖甙和氰糖甙，球衣菌可以把氰、酚分解为二氧化碳和水，绿色植物可以吸收二氧化碳、放出氧气，凤眼莲可以吸收水中的镉、汞、砷等。有机污染物的净化主要依靠微生物的降解作用。在适宜的温度、空气、养分等条件下，需氧微生物大量繁殖，能将水中各种有机物迅速分解、氧化，转化成为二氧化碳、水、氨和硫酸根、磷酸盐等。厌氧微生物、硫磺细菌等也有重要的生物净化能力。

2.7.4 稀释作用

稀释作用是环境自净中物理净化的作用之一。流入河流、湖泊、海洋的污水，或渗入地下的污水，由于未被污染的地表水流或地下水流的加入，可以大大降低水中污染物的浓度，逐渐达到水体净化的目的。稀释作用的好坏程度，取决于掺入水的水质、水量及其物理化学性质。

2.7.5 机械过滤

机械过滤是地下水的自然净化方式之一。被污染的地下水通过多孔介质含水层的机械过滤，可以除去其中悬浮的污染物和细菌等。

2.7.6 淀析作用

地下水的自然净化方式之一。污染物被微生物分解后所形成的各化学分带内，若干种无机物质在地下水 pH 值为 6～8 的情况下被沉淀出来。具有 Eh 值为负值的还原带大部重金属离子发生沉淀，只有重金属的硫化物存在，如硫化铁就存在于还原带。在过渡带与氧化带，二价铁与锰的氢氧化物沉淀出来，其不易溶解的元素与化合物如铜、铅、锌、砷、钨、钒、氟化物、磷酸盐等则从地下水中共同沉淀出来。

2.7.7 吸附作用

地下水自然净化作用之一，由砾石、砂、黏土、有机物质及氢氧化物、微生物黏泥等组成的含水透水层具有对某些化学物质的吸附作用。因此含透水层中的地下水通过吸附与离子交换作用会产生较显著的自净效果。实践证明，黏土、砂与砾石及腐殖物质的吸附容量经过一段时间后就将竭尽，但氢氧化物与细菌黏泥却不断从有机物的分解中产生，可持续为吸附作用提供新的活性表面，因此后者的吸附能力明显地大于前者。

（1）吸附容量：吸附容量是指单位吸附剂所吸附的吸附质的量，单位是 mg/g。若吸附剂为胶体，则其吸附容量为胶体所吸附的离子总量，通常以每 100g 胶体中所含的离子的毫摩尔数表示。

（2）胶体吸附作用：自然环境的各个组成部分如风化壳、土壤、底泥及部分天然水中都含有丰富的胶体，由于胶体具有巨大的比表面和表面能并带有大量电荷，因而它能有力地吸附各种极性分子、离子等，这种作用称为胶体吸附作用。

（3）离子交换吸附：微小颗粒或胶体吸附的离子与其他胶体或溶液中离子之间的交换的现象称为离子交换吸附。由于环境中的大部分微小颗粒表面或胶体带负电荷，所以在自然界中易被吸附的主要是各种阳离子。在吸附过程中，胶体每吸附一部分阳离子，就会同时释放出等量的其他阳离子，因而这种吸附叫作离子交换吸附，有时称作阳离子交替吸附。离子交换吸附是可逆的。

（4）极性吸附：又称离子吸附，即物理化学吸附，为胶体对介质中各种离子的吸附。这种现象的发生与胶体微粒带有电荷有关。它服从于质量作用定律。水中离子浓度越大，受带异电的胶体的吸附作用越强，而离子的化合价越高，吸附的能力就越强。在同价离子中，被吸附的能力随原子量和离子半径的增加而加大。

（5）非极性吸附：又称物理吸附，是一种物理作用，是胶体从溶液中吸附物质的整个分子。这种作用的发生与胶体具有巨大的比表面和表面能有关。比表面指物体的裸露表面积与物体的重量之比值。比表面越大，表面能就越大，物理吸附作用也就越强。

2.7.8 水环境容量

指在满足水环境质量要求条件下，水体能够容纳污染物的最大负荷量，因此又称作水体负荷量或纳污能力。通常认为，水环境容量是在不影响某一水体正常使用的前提下，满足社会经济可持续发展和保持水生态系统健康的基础上，参照人类环境目标要求，允许某一水域所能容纳的某种污染物的最大负荷量，它反映的是保持水体生态系统平衡的综合能力。该容量包括稀释容量和自净容量。

第3章 地球上水的分布及循环

3.1 地球及其圈层构造

3.1.1 地球的行星性质和表面形态

地球是我们人类的家园。她是太阳系自中心向外的第三颗行星，与其他行星一样绕太阳沿着一个椭圆轨道公转，轨道椭圆的偏心率为0.017。在每年的冬至日地球与太阳的距离最近，位于近日点；每年的夏至日地球与太阳的距离最远，称为远日点。地球到太阳的平均距离约为1.496×10^{8}km，通常把这个数据称为1个天文单位。显然地球绕太阳公转速度是变化的，在近日点快、在远日点慢，地球绕太阳公转的平均角速度为59′08″/d，平均线速度为30km/s，公转一周的时间为365.256d。地球绕着自己的极轴自转的角速度约为7.292×10^{-5}弧度，即15°/h（或者15′/min、15″/s），在赤道处的线速度为465m/s，自转一周的时间为23h 56min 4s。根据实际监测资料证实，地球自转速度具有长期减慢、周期变化和不规则变化的特点。长期减慢的结果是，每日的时间增长$1\sim2\times10^{-5}$s/a。规则变化是在几十年或更长的时间内约有每年不到$\pm5\times10^{-10}$s的相对变化，在几年到10年的时间内约有不到$\pm8\times10^{-9}$s的相对变化。不规则变化是相当剧烈的，在几周到几个月时间内约有每年不到$\pm5\times10^{-8}$s的相对变化。迄今对这些变化的成因是不明的，但是它们对地球的气候以及其他特征的影响是巨大的和深远的。地球自转速度长期减慢，可能是由于地球的潮汐摩擦；短期的周期变化与气候等可能有关系，但是快速的短时不规则变化的起因目前是不清楚的。根据地质资料，在3.7亿年前的泥盆纪中期，每年的地球日为400d左右，与天文观测结果相符。

地球绕日公转的轨道面叫作黄道面，它与地球赤道面的夹角是23°26′。地球的天然卫星月球绕地球的公转轨道面为白道面。黄道面和白道面之间的夹角为5°09′。在地球和月球各自的公转过程中，它们并非严格地沿着各自的轨道面运动，而是上下摆动地前进，甚至还要受到其他行星体的影响。地球的自转极轴也不是固定不变的，它在日月的共同影响下产生运动，每26000年左右地球的极轴在黄道面上做一周的运动叫作岁差，而其中发生的时间尺度较小的周期性运动称为章动；地球的自转轴对于地球本体而言也在运动，叫作极移，即两极在地球表面的位置发生的运动。地球磁极的类似的运动是明显的，称为地球磁场的极移。

随着人类对地球认识的加深，人们对地球形状与大小的认识也越来越准确。地球表面是非常崎岖不平的，我们通常所说的地球形状是指大地水准面所圈闭的形状，所谓大地水准面是指由平均海平面所构成并延伸通过陆地的封闭曲面。地球的整体形状十分接近于一个扁率非常小的旋转椭球体（即扁球体）。其赤道半径略长、两极半径略短，极轴相当于扁球体的旋转轴。如果再进一步描述，地球真实形状略呈梨形，其南半球略粗、短，南极向内下凹约30m；北半球略细、长，北极约向上凸出10m。根据国际大地测量与地球物理联合会 1980 年公布的数据，地球形状和大小参数为：

赤道半径：6378.137km

两极半径：6356.752km

平均半径：6371.012km

扁率：1/298.257

赤道周长：40075.7km

子午线周长：40008.08km

表面积：$5.101\times10^{8}km^{2}$

体积：$10832\times10^{8}km^{3}$

地球表面分为陆地和海洋两大部分。其中陆地面积为 $1.49\times10^{8}km^{2}$，占地球表面积的 29.2%；海洋面积为 $3.61\times10^{8}km^{2}$，占地球表面积的 70.8%。陆地和海洋在地球表面的分布极不均匀，65%以上的陆地集中在北半球。各大陆的轮廓有某些相似性，所有大陆的北端宽、南端窄，大致呈倒三角形，并多在北端与其他大陆相连。三大洋则在南纬 50°～60°间相互沟通。

地球表面起伏不平，陆地和海底都是如此。地表的最高点珠穆朗玛峰海拔 8848.86m（2020 年测量），最低点位于太平洋西侧的马里亚纳海沟，海底在海面以下 11034m，因此地表最大垂直起伏约 20km。对于大地水准面而言，陆地的平均高度为 875m，海洋的平均深度为 3729m。地球表面陆地和海洋（底）都有大小不等的各种地貌单元组成：陆地上有山地、高原、丘陵和平原，海底地形由大陆边缘、大洋中脊和大洋盆地三种大的地面单元组成，大陆边缘可分为大陆架、大陆坡、大陆基和岛弧。大洋中脊是大洋板块的形成区域；岛弧是大洋板块（地壳）向大陆地壳下俯冲的区域，而高山区多是由于板块碰撞形成的。

3.1.2 地球的圈层构造

除了很个别的情况外，单单从上述行星性质和固体表面形态来认识地球是不全面的，因为地球表面的性质对于人类的生存和发展更为直接和重要。比如裹在地球固体表面以外的连续分布的厚厚的大气，它也是地球的主体。单独的地球本体部分不叫地球，至少是不完整的地球，地球还应该包括诸如大气、生命等许多内容。所以在研究地球上的水的时候，必须站在“大地球”的角度来认识她，才能使思路更加清晰和正确。基于这一点，就可以根据主要性质上的差异，进行地球圈层的划分。把地球固体表面作为基准面，可将地球分为内部圈层和外部圈层两大类。生命和水是分布在这两大类地球圈层的接触部位，并向各自的纵深方向有所深入。这样可以把地球分为许多圈层（表 3.1，图 3.1），以下将围绕这些圈层做简单介绍。

3.1.2.1 地球内部圈层的划分

人类获取知识、认识事物的科学途径有两种，一是直接接触事物或者通过某种手段获得样本，二是通过获取相应的信息间接完成。人类深入地球内部获取直接样本的方法，除了通过挖掘工程在采矿矿坑进行以外，还有广泛应用的钻探方法。随着科技进步，目前人们已经能够较轻松地钻至 5000m 甚至更深的深度，以获取那个深度的样本实物，但是

表 3.1 **地球圈层构造划分表**

圈层名称				D/km	状态	备注
外部圈层	大气层	散逸层		800	气态	水文水圈和生物圈
		暖层		85		
		中间层		55		
		平流层		18		
		对流层		0		
内部圈层	地壳	地壳		33	固态（岩石圈）	
	地幔	上地幔		60～100		地质水圈
			低速层	200～250	软流圈（部分熔融）	
				980	固态	
		下地幔		2900	固态	
	地核	外核		4170	液态	
		过渡层		5155	过渡带	
		内核		6371	固态	

注 *D* 为该圈层底界面与地球表面的平均距离。

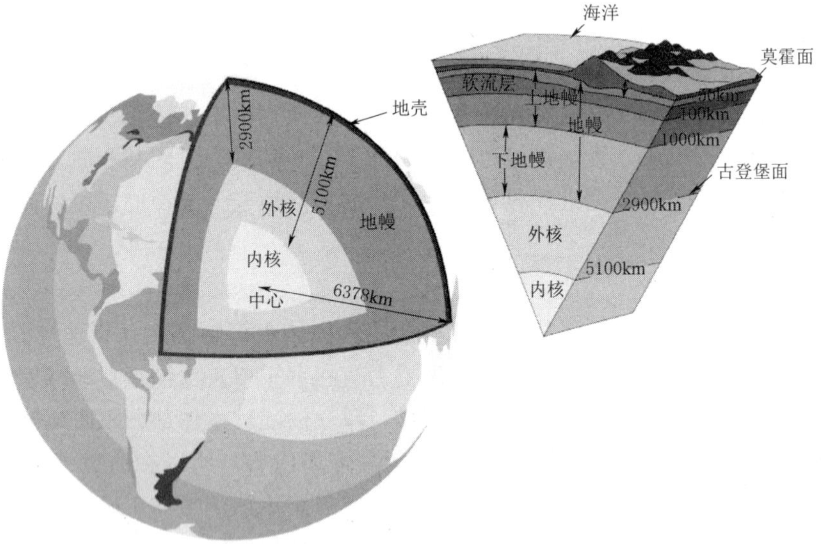

图 3.1 地球的圈层构造示意图

超过 10km 的钻井只有苏联施工过。因而迄今为止，人类可以直接获取物质样本的深度对地球而言是微乎其微的，对地球内部情况的知识都是通过间接的手段获得的。在这方面，地球的弹性、重力、电磁性质是人们可以获得的地球的信息，其中以弹性更为突出。通过对地震波传播速度、地震波的折射反射特征等，推求出了不同深度的密度、压力、重力和温度等指标，成为进行地球内部圈层结构划分的主要依据。

地震波的传播速度总体上是随深度而递增变化的。但其中出现 2 个明显的一级波速不连续界面、1 个明显的低速带和几个次一级的波速不连续面，即莫霍面和古登堡面，地球的内部构造可以根据这两个地震波速的不连续面划分为地壳、地幔和地核三个主要圈层。

(1) 莫霍面：该不连续面出现的深度在大陆之下平均为 33km，在大洋之下平均为 7km。在该界面附近，纵波的速度从 7.0km/s 突然增加到 8.1km/s 左右；横波的速度也从 4.2km/s 突然增加到 4.4km/s。莫霍面以上的地球表层称为地壳。

(2) 古登堡面：位于地下 2885km 的深处。在此不连续面上下，纵波速度由 13.64km/s 突然降低为 7.98km/s，横波速度由 7.23km/s 向下突然消失。并且在该不连续面上地震波出现极明显的反射、折射现象。古登堡面以下到地心之间的地球部分称为地核。

3.1.2.2 地球的内部圈层物质组成

(1) 地壳：地壳是固体地球最外的一层，其表面在陆地上通常可以直接暴露出来，在有水体的地方，特别是海洋区域则被水所覆盖。地壳由固体岩石构成，莫霍面的深度很不一致。大陆地壳的厚度较大，年轻山脉区约 75km，平原区约 20km；海洋地壳的厚度较小，平均约 7km。整个地壳的体积只有地球体积的 0.8%，质量约占地球质量的 0.4%。地壳主要是由硅矿物组成的岩石构成的，可分为上下地壳：上地壳叫硅铝层，主要成分为氧、硅、铝等轻元素，其平均密度 2.7g/cm^3，主要岩石为酸性的岩浆岩和变质岩（SiO_2 含量大于 65%），如花岗岩、片麻岩等，平均厚度约 10km，只有在大陆存在，所以该层地壳不连续；下地壳叫硅镁层，主要成分是 O、Al、Fe 和 Mg，平均密度 3.0g/cm^3，主要岩石为基性岩（SiO_2 含量在 45%～52%之间），如玄武岩，大陆和大洋下面都有这一层，呈连续分布。

(2) 地幔：地幔占地球体积 83%，占地球质量 67.6%，平均密度 4.5g/cm^3。根据地震波速的变化情况可以把地幔分为上地幔和下地幔。上地幔从莫霍面至大约 670km 的深度，平均密度 3.5g/cm^3，主要成分应为 MgO、FeO 和 SiO_2 等，主要岩石应是超基性岩（SiO_2 含量小于 45%），如橄榄岩。该层地震波低速带的有些区域不传播横波，表明那里为液态，可能是岩浆的发源地。下地幔在 670～2885km 的深度范围内，平均密度 5.1g/cm^3，主要成分仍是 MgO、FeO 和 SiO_2，其中铁的含量略有增加。

(3) 地核：从古登堡面到地心占地球体积 16.2%，占地球质量 32%。根据地震波速的变化可以分为两层，中间为过渡带。外核的平均密度 10.7g/cm^3，由于地震波纵波速度急剧降低，横波不能通过，说明主要成分为液态物质铁和镍。内核的平均密度 13.5g/cm^3，并测得纵波和横波，说明物质呈固态，主要成分应为固体的铁。

(4) 软流圈和岩石圈：地壳和上地幔顶部以下存在一个明显的地震波低速带，它在地球中所构成的圈层被称为软流圈，软流圈之上的地球部分被称为岩石圈，包括地壳和地幔顶部。低速带出现的深度一般介于 60～250km 之间。在低速带内，地震波速度比上层减小 5%～10%。低速带的上、下没有明显的界面，波速的变化是渐变的；同时，低速带的埋深在横向上是起伏不平的，厚度在不同地区也有较大变化。横波的低速带是全球性普遍发育的，纵波的低速带在某些地区可以缺失或处于较深部位。板块构造理论所定义的板块运动，就是指岩石圈板块在软流圈上的运动。

3.1.2.3 地球的外部圈层

地球外部圈层有人称之为地球外部圈层系统，由五个大致成层分布的自然子系统组成。按照性质可以分成三类，即三个无机子系统：大气圈、水圈、岩石圈；一个类有机子系统：土壤圈和一个有机子系统：生物圈。

前面已经把岩石圈作为地球的内部圈层处理，土壤虽然富含有机质，但是它的主要成分应该还是以无机的成分为主的，且成为构成地壳的部分，因而这种五个子系统的划分方法在讨论水时是不适宜的。在这里，地球的外部圈层只讨论大气层的分层，因为水圈、生物圈是横跨地球内外圈层的与人类生存生活有密切关系的圈层，所以要在下面单独拿出来讨论。

大气圈是由分布在行星地球周围的一层薄薄的气体混合物组成，这些气体通常称为大气，它的总质量约为 5.3×10^{21}g，占地球总质量的百万分之一。在垂直方向上，由于地心引力的作用，大气质量的 99%以上聚集在离地表 30km 的高度内，到 2000km 高度以上，大气极其稀薄，逐渐向星际空间过渡，无明显上界。在水平方向上，大气的空间尺度以南、北极之间的距离表示，具有 20000km 的量级。由于大气具有相当大的可压缩性，较小的比热和密度，使大气易于流动，也极不稳定。尽管太阳能量的输入是相对稳定的，但是大气的运动状态却是丰富多彩的。

大气是重要的环境要素之一，它不断地与岩石圈、水圈和生物圈进行着物质、能量传递的大循环和多种小循环。同时，洁净的空气也是一种极宝贵的资源。根据空气的温度、成分及其物理性质的垂直方向的变化，一般自下而上将大气层划分为：对流层、平流层、中间层、暖（流）层（电离层）、散逸层（外层）等。

对流层位于大气圈的下部，其下界面是地表，上界因纬度和季节不同略有变化，赤道附近为 16～18km，中纬度为 10～12km，极地附近为 8～9km。对流层的厚度相对于整个大气圈的总厚度很薄，但其空气重量约占整个大气圈总重量的 95%。该圈层空气上冷下暖，产生活跃的对流，故称对流层。主要的天气现象如风、雨、霜、雪、冰雹等都发生在该层里，大气的污染也主要发生在这里。其上的平流层，具有臭氧层屏蔽保护作用。人们一般又将 50km 高度以内的大气层称为低层大气，它的组成比较稳定而均一，它与高层大气的组成差别较大。大气的这种分层结构，对地球上的生物起着保护作用。它在外层空间吸收了大量的宇宙线和太阳发射出来的电磁波，只使波长为 330～2500nm 和 0.01～40m 的电磁波穿过大气层而到达地面，除去了有害人体的紫外辐射部分（波长小于 330nm）。并且，它吸收了从太阳来的红外辐射，同时还吸收了从地球表面发射向外层的红外辐射能量，起着保持地球热平衡稳定的作用等。

现代大气的化学组成包括恒定的、可变的和不定的三部分，其主要成分列于表 3.2。①恒定的组分是混合气体，其中氮占 78.09%，氧占 20.95%，氩占 0.93%，三者约占空气总重量的 99.97%。微量的氖、氦、氪、氢、氙、氨、甲烷、臭氧等含量甚低，又称为稀有气体。②可变的组分有二氧化碳、水蒸气等。水蒸气含量为 4%以下，二氧化碳含量为 0.03%左右，有资料认为，近年来二氧化碳含量已达 0.035%。③不定组分有尘埃、硫化氢、硫氧化物、氮氧化物等。

3.1.2.4　地球的土壤圈和生物圈

（1）土壤圈：覆盖于陆地表面和浅水域底部、具有肥力的疏松土层构成土壤圈，它呈不连续分布，厚度不等。土壤圈属于岩石圈的一很小部分，但是由于处于大气圈、水圈、岩石圈和生物圈的交界面（或交叉带）上，是植物、动物与微生物生活的重要环境和大气、水、岩石、生物之间进行物质与能量循环、转化、交换的中心场所。

表 3.2　　地球大气的主要成分

气　体	体积分数/10^{-6}	气　体	体积分数/10^{-6}
氮（N_2）	780900	氪（Kr）	1.0
氧（O_2）	209500	一氧化氮（NO）	0.5
氩（Ar）	9300	氢（H_2）	0.5
二氧化碳（CO_2）	315	氙（Xe）	0.08
氖（Ne）	18	二氧化氮（NO_2）	0.02
氦（He）	5.2	臭氧（O_3）	0.01～0.04

（2）生物圈：地球上所有植物、动物和微生物等生命有机体及其占据的空间构成生物圈，呈不连续分布。组成生物圈的有机物质总质量约为 1.6×10^{18} g，约占地球总质量的 4×10^{-7}%。生物圈主要分布范围大约从海洋底部和陆地土壤层到地表以上大气圈中 8km 处，但是在陆地土壤层以下和大气层 8km 以上仍然有生物存在，其中地表以上 100m 至以下 200m 之间是生物圈的核心部分。地球上生命有多少？据估计至少有 5×10^{6} 种生物，而实际存在的生物物种很可能大大高于这个数目，达到 3×10^{7} 种，其中已鉴定的有大约 1.7×10^{6} 种。在人类活动的巨大扰动下，生物物种的数量正在以惊人的速度减少。据估计，从 20 世纪 70 年代末到 90 年代末，已有 0.5×10^{6}～1×10^{6} 个物种灭绝。不同生物类群物种数量的估计值和其中已经鉴定的物种数量列于表 3.3。

表 3.3　　地球上不同生物类群的物种数量

生物类群	估计种数/种	鉴定种数/种	生物类群	估计种数/种	鉴定种数/种
鸟类	9000	8715	无脊椎动物	4400000	1300000
爬行动物	6000	5115	维管植物	280000	250000
两栖动物	3500	3125	无维管植物	200000	150000
鱼类	23000	21000	总计	4925800	1742125

3.1.2.5　人类圈

从生物学角度来说，人属于动物界脊椎动物门哺乳动物纲灵长目人科人属人种。这里的人种是物种的概念，世界各地的人都属于一个物种，即现代人。通常所说的黄种人、白种人、黑人和棕色人等是指种族的概念。

由于人类具有主观能动性，能够在认识自然的基础上，通过社会性的物质生产和消费过程，显著地改造自然，影响其进化方向、强度和速度，所以人类活动已经成为导致地表系统变化的驱动力之一，由此可以划分出人类圈，它是地表系统的最新圈层，是生物圈进化的产物。由于人类活动范围内至地表以下 12.5km 的岩石圈深部，外至太阳系空间，所以人类圈比生物圈大，尽管人类属于生物的一种。

人类圈的基本组成是地球上的人群及其文化，即人类自身和作为人类四肢延伸的人造工具和人类创造的各种物品（器件世界），以及作为人类大脑活动的产物（精神世界）。人类圈只有同地表其他圈层不断进行物质和能量的交换，获取负熵流才能生存和发展，因而它是一个具有耗散结构的开放系统。根据热力学的原理，当一个系统从环境中获得负熵流时，必然会引起环境总熵的增长。人类的生产和消费活动依靠的是从环境中输入负熵，同样会引起环境的熵增，即环境退化。然而，太阳辐射能在地球表层形成的负熵流在人类圈中流通转化，还形成了高质量的能量，最终转化为信息储存下来，产生了人类文化。因此，地球表层的演化，不仅表现为自由能（内能与热量的差值）的积累，而且表现为信息的积累。人类圈可以通过这种信息流进行自我控制，并将这种自控和对于环境的调控结合起来，协调人与环境的关系，以促进地球尤其是地表系统的进化。

人类圈最基本的状态变量是人口数量，随着人类文明的进步，全球人口呈现加速增长的趋势（表3.4），人口倍增时间越来越短，截至2021年11月13日，全球230个国家人口总数为75.97亿人。人口的迅速增长必然会引起自然资源消耗量的增加和环境压力的加剧。因此从长远来看，控制人口的增长是协调人与环境关系、实现可持续发展的重要战略措施。由表3.4可见，进入21世纪世界人口增长变缓。

表3.4　全球人口的发展情况

时　间	人口数/亿人	人口倍增时间/a	人口增加10亿人的时间/a
7000BC—6000BC	0.05～0.1		7830～8830
公元元年	2.30～3.27	约1650	
1650年	4.70～5.45		
1830年	10	约200	
1900年	15.50～17.62	约100	约100
1930年	20.15		
1950年	25.13	约46	约30
1960年	30.27		
1970年	36.78		约16
1976年	40.44		
1980年	44.15	约50	约12
1985年	48.45		
1988年	50.73		
2000年	61.16		约22
2020年	75.85		
2021年11月13日	75.97		

3.2　地球上水的分布及其起源

3.2.1　地球上水圈的分类

地球上到处都有水，是一个富水的行星。从地球的外层空间直到地球内部的地幔甚至地核，在地球的各个圈层都有水的存在，只不过存在的形式不同罢了。所以广义地说，整个地球构成一个统一的水圈。依据水的存在形式和参与循环的速度等，可以把地球水圈划分为地质水圈和水文水圈两种（表3.5）。

3.2.1.1 地质水圈

地球深层圈水分布于地壳下部直到下地幔这一范围内，在地壳下部深 15～35km 处，地温达 400℃以上，压力也很大，这里的水不可能以普通液态水或气态水形式存在，而成为被压密的气水溶液。有人测算，未经去气作用的地幔物质含 5%～7%的水，按照地幔总重量 4×10^{24}g 计，其中熔融物质占 25%，则地幔软流层中所含的水分总量约相当于现代海洋水总量的 35～50 倍。在极高的温压下，这里的水被认为可电离为 H^+ 及 OH^-，甚至进一步电离为 H^+ 及 O^{2-}。当软流层的岩浆沿通道上升，温压降低时，氢、氧离子将结合为自由态的水而析出。

地壳岩石中具有矿物结合水。矿物结合水是指矿物结晶内部及其间的水，如沸石水、结晶水、结构水等。三基矾石（$Al_4[(OH)_{10}SO_4]\cdot 36H_2O$）含矿物结合水占重量的 65%，正长石为 17%，黑云母为 48%，等等。整个地壳矿物组成中矿物结合水含量可以达到 $4.2\times10^8 km^3$，它们在一定温度下可以从矿物中释出成为自由态的水。

地球深层圈中特殊高压高温下的离解状态的水，以及地壳或岩石圈矿物内部的结合水，均是以非自由态存在的水，不能够参与地球表面的水文循环，故可以叫作地质水圈。

3.2.1.2 水文水圈

从地球大气圈到地壳上半部分布有大气水、地表水、地下水以及生物体中的水。这些水均以自由态 H_2O 分子形式存在，以液态为主，也呈气态与固态存在，参与地球表面的水文循环，所以构成水文水圈，就是经常所说的水圈。该层圈中水的总体积约为 $13.86\times10^8 km^3$。若将这些水均匀平铺在地球体表面，水深约为 2718m。但其中咸水约占 97.47%，淡水只占 2.53%（表 3.5，图 3.2）。

表 3.5　　地球水文水圈中水的分布

水 体	水		咸 水		淡 水	
	储量/10^3km^3	占比/%	储量/10^3km^3	占比/%	储量/10^3km^3	占比/%
海洋	1338000.0	96.54	1338000.0	99.04		
冰川与永久积雪	24064.1	1.74			24064.1	68.7697
地下水	23400.0	1.69	12870.0	0.95	10530.0	30.0606
水冻层中冰	300.0	0.022			300	0.8564
湖泊水	176.4	0.013	85.4	0.006	91	0.2598
土壤水	16.5	0.0012			16.5	0.0171
大气水	12.9	0.0009			12.9	0.0378
沼泽水	11.5	0.0008			11.47	0.0337
河流水	2.12	0.0002			2.12	0.0061
生物水	1.12	0.0001			1.12	0.0032
总计	1385984.6	100	1350955.4	100	35029.21	100

注　此表数据只考虑参与地球水文循环的水，即水文水圈中的水，未计入地质水圈的水。

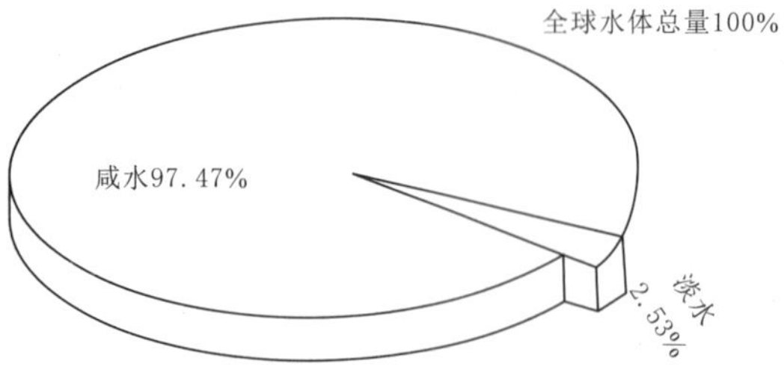

图 3.2 地球上水分布情况简图

3.2.2 地球上水的起源

这里主要指地球表面参与水文循环的水文水圈中的水。对水的起源的认识，目前存在大约有 30 种学说。这里简述几种主要学说。一种学说认为在地球形成之前的初始物质中存在一种 H_2O 分子的原始星云，类似于现在平均含水 0.5%的陨石，地球形成后降到地球上，从而使地球上有了水。另一种学说认为在地球形成后才形成水的原始元素（H 和 O）。H 与 O 在适宜的条件下化合生成羟基（OH），羟基再经过复杂的变化形成水（H_2O）。

荷兰的天文学家奥特认为，地球上水的主要来源是我们这颗行星的内部的岩石圈和上地幔。这些岩石在一定的温度和适宜的条件下（如火山爆发）脱水，从而形成了地球的水。也有人认为岩石在熔化中完全混合时，含有硅酸盐 75%，含水 25%。在地球形成初期，火山爆发频繁，从而加快了地球水的形成。由于地球内部的高温，岩浆活动不会中断，因而地球表面的水还在增加。有研究资料表明，大洋面近 1000 年内上升了 1.3m。不过，洋面的升降可能是局部的形态，全球的情况要视洋面的面积有无变化，但近几十年洋面快速升高可能主要是全球气候变暖造成的。

地球开始是由太阳星云分化出来的星际物质聚合而成的，它的基本组成有氢气和氦气以及一些尘埃。固体尘埃聚集结合形成地球的内核，外面围绕着大量气体。地球刚形成时，结构松散，质量不大，引力也小，温度很低。后来，地球不断接受周边固体尘埃，或者这些固体尘埃不断地落到地球上，使之块头（质量与体积）不断增大。一方面，由于物质的降落撞击的能量的转化，一方面随着地球不断增大，靠近地心的地核放射性物质产生能量，又不易散溢出来，致使地球内部温度不断升高，有些物质慢慢变暖变热直至熔化，较重的物质，如铁、镍等聚集在中心部位形成地核，较轻的物质被挤出地核到达地幔甚至地壳，久而久之，自然地最轻的物质浮于地表。地球表面温度因向周围空间散射热能而逐渐降低，地表及其浅部开始形成坚硬的地壳。但因地球内部温度逐渐增高，固体物质逐渐熔融，在重力均衡作用下产生分异，逐渐形成如今的圈层结构。逐渐地，低熔点的物质在地幔形成岩浆房，承受着地表及其浅部的巨大压力。当冷却的地表物质的密度增大的同时，温度降低使之出现斑裂或薄弱带，下部炽热的液态的、受到压力的岩浆由此薄弱地带不断涌出地表，致使地表火山活动就会此起彼伏，从而推动地球表层坚硬壳体（最初的板块）发生水平或垂向上的相互的运动。随着火山不断地爆发，喷发出大量的气体中就含有水分，在日照及周围天体的摄动下，受热差异驱动及潮汐力作用，地球表面大气运动形成原始的风，并在温凉的区域形成雨或雪。由于地球物质不断接受太阳系运行轨道附近小天体的“掉落”得到补充增多，质量不断增大，地球内部物质就不断地得到压实、重力均衡分异作用，使得地球在体积不致急剧增大的情况下，地表引力会随之增加，运动的气体（含水蒸气）已无法摆脱地球的引力，从而围绕着地球构成了原始地球大气。原始大气由多种成分组成，水蒸气便是其中之一。

空中的水蒸气达到饱和时便冷却成云，变成雨，落到地面上，聚集在低洼处，逐渐积累成湖泊和河流，最后汇集到地表最低区域形成海洋。

综上所述，笔者以为，地球上的水既有自生的，也有外来的。宇宙中的物质，以氢（H）和氦（He）为最多，是构成恒星的主要元素。理论上说，只要有氢（H）和氧（O）存在，就有生成水的可能，所以需要氧（O）出现！太阳系里的行星及其他天体（行星的卫星、彗星、小行星）上都有水，月球、水星、金星、火星的表面没有水，但是根据太阳系行星物质的一致性来看，各行星内部岩石中都是含有水的，掉到地球上的陨石中，几乎都含有水！更有能够生成水的氢（H）和氧（O）元素，如同地壳的物质组成一样。只要天体引力足够大，能够吸引水分子且避免水分子逃逸，则这个天体上就应该有水！金星上大气里有汽—水蒸气。所以，地球上的水，有自生的，出自地球的内部，由岩浆中“析出”来的：岩浆活动，都有水出来；尤其是那些喷发剧烈、甚至是爆炸式的火山，都是由于岩浆中分化出巨量的各种气体（包括汽）的缘故。据测算，如今每年由地球内部通过火山等通道排向地球表面的水量高达 2 亿 m^3。当然，地球上的水也有外来的，小行星、彗星等带有水的天体，被地球吸引过来，掉落在地球表面，就增加了地球上的水；甚至，还有“陨冰”以水的形式直接掉落下来，彗星经过地球附近时，也可以有部分散落的彗星水进入地球大气层。

地球上的水在开始形成时，不论湖泊或海洋，其水量应该都不是很多，随着地球内部产生的水蒸气不断被送入大气层，地面水量也不断增加，经历几十亿年的地球演变过程，最后终于形成现在的江河湖海。由目前的板块构造理论知道，地球上的大陆是在不断漂移的，因而海洋与陆地的面积是在不断变化着的。起初的地球表面应该不像今天这样海陆相分，当很多个天体碰撞结合在一起形成最初的地球的时候，甚至在地球周围小的天体被全部吸纳、兼并，只剩下如今看到的月球作为唯一卫星的时候，地球表面应该会在万有引力即重力的作用下保持一个基本平稳（坦）的圆球面，地表的起伏不大。有水的话，应该是低洼处储水，较高处无水。当地球内部的岩浆不断地涌出形成此起彼伏的火山活动时，逐渐形成了地形起伏的差异，通过重力的分异作用，逐渐将密度较小的所谓硅铝陆壳永远地舍弃在了地表，并在内部热量的驱使下的岩浆活动，使得陆地不断地积聚起来形成大陆。当然，大陆下面出现岩浆上涌的时候，比如出现新的板块分离处，则大陆即被分割开来。如此往复，直至形成了现代的板块，才有了集聚大量水的海洋，陆地才渐渐地凸显出来，逐渐形成如今的海陆面貌。

总之，地球上的水主要指地球表面及大气和浅层岩土空隙中的水构成了地球的水文水圈，这些水主要是地球内生的，只有部分是外来的。地球目前的陆海地貌格局，是经过了几十亿年的演化，特别是产生了生命以后，空气中的二氧化碳被逐渐地以岩石（碳酸盐岩）、煤炭、石油、天然气等形式逐渐地被封存了起来，形成了地球的气候环境，才逐渐形成的。

3.3 地球上的水循环

地球各个圈层中的水相互联系、相互转化的过程统称为地球水的水循环，又叫作自然界的水循环。按其循环途径的长短、循环速度的快慢以及涉及层圈的范围，可分为水文循环和地质循环两类。

3.3.1　地质循环

地球浅层圈和深层圈之间水的相互转化过程称为水的地质循环，参与地质循环的水构成地质水圈。它们不能够参与地球表面水文循环，在现有技术条件下不能够为人类所利用。上地幔高温熔融的塑性物质（软流圈）大规模对流，被认为是地球板块运动的驱动力。上地幔熔融物质进入地壳或喷出地表时，所挟带的水分也随之上升、分异，转化为地球浅层圈的水。这种由地幔熔岩物质直接分异出来的水称为初生水。有人根据观测结果推算出全球所有岛弧火山喷发作用、水热作用和喷气作用，每年溢出地表的初生水约为 2×10^8 t。含有大量水的板块俯冲沉入地幔，使地幔得到浅层圈水的补充。

自然界水的地质循环还发生在成岩作用、变质作用、风化作用等地质过程中。在这些地质作用过程中，不仅有分子态的水（H_2O）进入矿物（成为矿物结合水）或从矿物中脱出，同时还常常伴有水分子的分解与合成。例如，区域变质作用时，黏土矿物与碳酸盐岩重结晶时，即分解出 H^+ 和 OH^- 及其他组分。在形成新的铝硅酸盐岩石的同时，H^+ 和 OH^- 合成为 H_2O，形成再生水。风化作用中也有水的参与，如长石的风化过程：

$$\underset{\text{(钾长石)}}{4KAlSi_3O_8} + 6H_2O = \underset{\text{黏土矿物(高岭土)}}{Al(Si_4O_{10})(OH)_8} + \underset{\text{(胶体)}}{8SiO_2} + \underset{\text{(溶液)}}{4K^+ + 4OH^-}$$

3.3.2　水文循环

如果没有特指，一般所说的地球上的水循环即是指的水文循环（图 3.3）。水文循环是发生于以自由态水分子形式存在的大气水、地表水、生物水和地壳岩石空隙中的地下水之间的水循环。水文循环的速度较快，途径较短，转换交替比较迅速。水文循环分为小循环与大循环。海洋与大陆之间的水分交换为大循环。海洋或大陆内部的水分交换称为小循环。

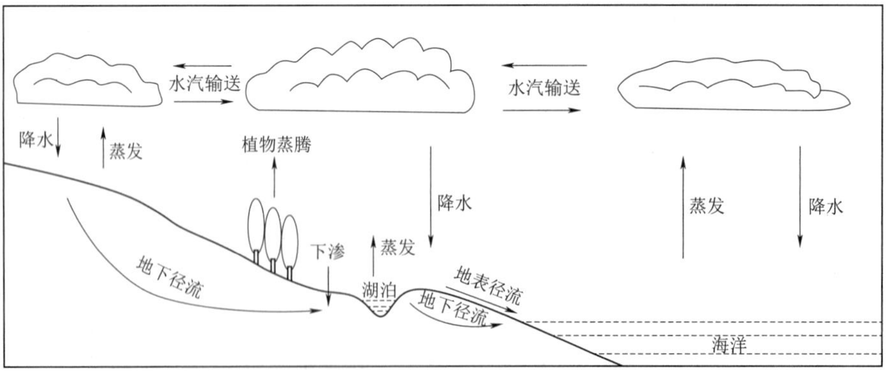

图 3.3　地球上的水循环示意图

水文循环是在太阳辐射和重力共同作用下，以蒸发、降水和径流等方式周而复始进行的。平均每年有 577000km^3 的水通过蒸发进入大气，通过降水又返回海洋和陆地。地表水、包气带水及饱水带中浅层水通过蒸发和植物蒸腾而变为水蒸气进入大气圈。水汽随风飘移，在适宜条件下形成降水。落到陆地的降水，部分汇集于江河湖沼形成地表水，部分渗入地下。渗入地下的水，部分滞留于包气带中（其中的土壤水为植物提供了生长所需的水分），其余部分渗入饱水带岩土空隙之中，成为地下水。地表水与地下水有的重新蒸发返回大气圈，有的通过地表径流或地下径流返回海洋。总之，水循环的水量是均衡的，在一定区域内比较长的时间尺度上水循环的量基本是稳定的。表 3.6～表 3.8 为全球水量平衡表及我国主要流域水量平衡表。

表 3.6　　全球水量平衡表（陆地分内外流统计）

分区		面积/$10^6 km^2$	水量/$10^3 km^3$		
			降水	径流	蒸发
海洋		361	458	−47	505
陆地		149	119	47	72
其中	外流区	119	110	47	63
	内流区	30	9		9
全球		510	577		577

表 3.7　　全球水量平衡表（陆地按洲统计）

区域	水量/$10^3 km^3$		
	降水	蒸发	径流
欧洲	8.29	5.32	2.97
亚洲	39.9	18.1	14.1
非洲	92.2	17.7	4.6
北美洲	18.3	10.1	8.18
南美洲	28.4	16.2	12.2
大洋洲	7.08	4.57	2.51
南极洲	2.31	0	2.31
全球陆地	119	72	47
全球海洋	458	505	−47
全球	577	577	

表 3.8　　中国主要流域水量平衡表

流域名称	流域面积/km^2	降水量/mm	径流量/mm	蒸发量/mm
松花江	549665	525	145	380
黄　河	752443	492	76	416
淮　河	261504	929	191	738
长　江	1807199	1055	542	513
珠　江	452616	1438	772	666
雅鲁藏布江	246000	699	474	225

地球浅表部分的水如此往复不已地循环转化，是维持生命、特别是陆地生命繁衍与人类社会发展的必要前提。没有了太阳能与重力共同驱使下的大气环流和水循环，地球陆地上的水将在重力作用下逐渐地流向低洼的大海，使得陆地上失去支撑生命活动的水。因而水循环的作用是不可替代和不可或缺的，对陆地而言，一方面，水通过不断转化使水质得以净化；另一方面，水通过不断循环使水量得以重新再生。水作为资源不断更新再生，可以保证在其再生速度水平上的永续利用。大气水总量虽然小，但是循环更新一次只要8～10d，每年平均更换约40次。河水的更新期是12～16d，海洋水全部更新一次需要2500～3000a，地下水根据其不同赋存和埋藏条件，更新的周期由几天、几个月到若干年甚至若干万年不等（表3.9）。

表3.9　　地球不同类型水的更新周期

水体类型	更新周期	水体类型	更新周期
永久积雪	9700a	湖泊水	17a
海水	2500～3000a	沼泽水	5a
山岳冰川	1600a	土壤水	1a
地下水	$0\sim n\times10^4$a	河流	12～16d
永久冻土带地下水	$0\sim n\times10^4$a	大气水	8～10d

注　n为大于0的一个数。

不管地球上的水如何运动和更新，地球上的水从总体上来看是平衡的，它遵循着质量守恒定律。地球上的水在海洋与陆地之间不断地循环，径流与蒸发的代数和等于降水量，从全球角度来看，降水量等于蒸发量。如果细加分析，它暗含了这样一个真理：地球上的水数量基本上是恒定的，它具有一定的承载力。人类没有能力改变这种客观存在，人类所能做到的是，在开发利用水资源时，不要超过其限度，因此人类应该十分珍惜水这种宝贵的资源。

地球上水文循环的最显著特点是，从全球看，海水的蒸发量大于海洋上的大气降水量，陆地的总蒸发量小于其上的总降水量，它们的差值是相等的，这个差值也是陆地通过地表的河流、地下的径流返回到大海的水量。换句话说，由大海蒸发的水汽，经大气环流，输送到陆地的大气水量，与陆地上的水汽输送到大海的大气水量的差，也是这个水量。

3.4 海水循环

海水是不断地运动着的。不仅是小规模的潮汐、海浪等近距离的移动，还有大规模的远距离、甚至是超远距离的迁徙运动。洋流，也称海流、海洋环流，又称大洋环流，是类似于陆地上的河流那样，长年累月地沿着比较固定的路线、以相对稳定的流速流动着的海水体，是海水的主要运动形式。海水从一个海域呈水平或垂直地向另一个海域大规模地非周期性地运动，海水都在做着这样的运动。与河流的两岸是陆地不同，除沿陆地岸边的洋流一侧具有固定的陆地外，大部分的洋流两侧仍是海水，即在不同洋流分布的海域，不同洋流的方向及速度是不同的。由于洋流的规模通常都很大，有几百千米宽、上千千米长、数百米或上千米深，也有更大或稍小规模的，但因为没有标志物，因而在一般情况下，用肉眼很难看出来。在不同洋流交错的部位，对水上及水下运行器皿都会产生一定的影响。

洋流的形式多种多样，有表层环流，有隐伏的潜流；有由下往上的上升流，也有由上而下的下降流；在冷的海水里可以流淌着水温较高的暖流，也有水温低于流经海域的寒流；有径直朝一个方向流动的洋流，也有水流旋转的涡旋洋流；等。洋流遍布整个海洋，既有主流，也有支流。时刻运动着的洋流，实现着海水的循环、运动，不断地输送着盐类、溶解氧和热量等各种养分，使海洋充满了生机和活力，同时海水携带着的相应的物质在海洋的不同位置上发生转换或迁移，实现了能量的再分配和均衡。

3.5 生物水循环

生命活动离不开水，因而地球上的生物，时刻参与着地球上的水循环。以下仅以光合作用为例，说明生命过程的水循环作用。

水的参与，发生光合作用，放出氧气。光合作用释放出的氧气中的氧，经过证明是供给生命活动的水中的氧转化而来的；参与光合作用的空气二氧化碳中的氧与氢构成新的水，以生物蒸发（蒸腾作用）排泄的形式进入大气！

通常，人们讲授植物的光合作用时，给出的光合作用反应式是：

$$6CO_2 + 6H_2O \longrightarrow 6O_2 + C_6H_{12}O_6$$

实际上，光合作用也伴随着新的水的生成，即蒸腾作用，植物表面耗散大量的水分，由此可以写出其完整的化学反应式应该是：

$$6CO_2 + 12H_2O^* \longrightarrow 6O_2^* + 6H_2O + C_6H_{12}O_6$$

式中，* 表示记号，没有其他的意义。

由此看出，从水量来说，植物由根系吸收的水分的一半的量是要从植被的表面散溢出去的，只有植被吸收的水分的一半用来制造有机物（能量或葡萄糖）。也就是说，植物的存活及生长过程，伴随着大量的水的循环。植物生长，不仅仅是实现了碳循环，也实现了水的循环！然而，这个光合作用伴随的水循环的过程，进入及溢出的水中的氧元素发生了置换。

早在 1941 年，美国科学家鲁本通过同位素的检测就验证了，植物的光合作用形成的氧气的氧来源于植物吸收的水分中的氧。这种隐性的氧的置换，可以使得地球上靠吸氧呼出二氧化碳存活的生物，不至于将“自己”吐出来的氧再吸进“自己”的体内。由此可推得，新生成的蒸腾作用溢出的水中的氧，是原来空气中的二氧化碳中的氧。

第4章 自然界中水的成分及其演化

由于水的天然属性，自然界不存在“纯水”，而是一种成分复杂的混合物。自然界水中成分的种类和多寡，严格受其所处环境的影响，即不断与水环境发生着物质及能量交换和化学反应，是水环境的客观反映。自然界的水可以分为天然的水和人工影响下的水，目前由于人类活动的剧烈和广泛性，除了数万年前形成的极地冰川，在地球上已经很难找到没有受到人为影响的水体。然而，为了方便起见，通常对于那些受到人为影响较弱或微弱的自然界中的水仍然称之为天然水，而对那些严重受到人为干扰或污染（总的称之为人为影响）的自然界水称为人工影响的水，或称为污染水。

水是最为常见的良好溶剂。自然界水溶解大气、岩土和生物等周围环境物质中的组分，并搬运这些组分；在某些情况下将某些组分从水中析出，返回到其所处的环境中，所以自然界水是地球中元素迁移、分散与富集的载体。自然界水还是一种营养液，它为生物所必需，没有水便没有生命，所以人们把水比作大地的“血液”。一切生命过程和许多地质过程（岩溶、沉积、成岩、变质、成矿）都涉及水的物理、化学和生物作用。自然界水还是一种重要的自然营力，它是各种碎屑物质和生物及化学物质强大的搬运者。自然界水还是微生物滋生的场所，也是它们的载体，因此在特定的地球化学环境中，自然界水又是一种“毒液”，有害于生物体或人类。

自然界水的成分可以划分为三大类：一是被水溶解的化学成分，二是不被水溶解或化学析出的、以颗粒或悬浮物形式存在的固体成分，三是有机成分或称为生物成分。有时它们之间是很难决然分开的。衡量自然界水的性质的时候，就是分析和对比它们的所含物质及其量的大小。通常，物理特性主要指水温、颜色、透明度、嗅和味，化学及生物性质由溶解和分散在水中的气体、离子、分子、胶体物质及悬浮固体成分、微生物和这些物质的含量所决定，而生物性质则由水中所含的微生物的种类及数量、有机质的量来确定，如化学需氧量 COD、生化需氧量 BOD 等。

海水的性质较为稳定，在第 6 章介绍海洋水文学基础时将做较详细讨论；大气水的成分种类虽然比较多，但是其含量一般较低，不做单独讨论。在这里主要讨论陆地地表水和地下水的成分。由于水的物理指标比较明显，也易于识别和判断，而水中的化学和有机质成分变化大、难以识别，因此许多情况下讨论水的成分往往指的是水的化学成分，有时也指水的有机质含量。接下来主要讨论的是自然界水的化学成分及其形成作用。

4.1 自然界水中成分的类型

自然界水的成分是复杂的，未受污染的天然水是一种天然溶液，其物质组成受水环境的影响而表现得十分复杂。天然水中溶解的气体主要是氧（O_2）和二氧化碳（CO_2），其他大量的是“颗粒物质”，通常主要依据在水中的微粒大小，把天然水中的这些物质划分为三大类：溶解物质：微粒大小在 1μm 以下；胶体物质：微粒大小在 1～100μm 之间；悬浮物质：微粒大小在 100μm 以上。

水中溶解的离子主要是钾离子（K^+）、钠离子（Na^+）、钙离子（Ca^{2+}）、镁离子（Mg^{2+}）、氯离子（Cl^-）、硫酸根离子（SO_4^{2-}）、碳酸氢根离子（HCO_3^-）、碳酸根离子（CO_3^{2-}）等八大离子；还有与生命密切相关的硝酸根离子（NO_3^-）、亚硝酸根离子（NO_2^-）、磷酸二氢根离子和磷酸氢根离子（$H_2PO_4^-$ 和 HPO_4^{2-}）等，此外还有某些微量元素，如溴（Br）、碘（I）和锰（Mn）等。天然水中除了这些溶解物质以外，还有大量的非溶解性物质，如黏土、砂、细菌、藻类，以及一些其他漂浮物质。悬浮固体包括无机和有机两类，以无机悬浮固体为主，有机的微生物有细菌和大肠菌群等。胶体物质则是无机硅酸胶体和腐殖酸类有机胶体等。

4.1.1 水中主要气体成分及其特性

自然界水中常见的气体成分有 O_2、N_2、CO_2、CH_4 及 H_2S 等，尤以前三种为主。另外还含有一些惰性气体等。

（1）氧气与氮气：水中的氧气（O_2）和氮气（N_2）主要来源于大气。溶解氧含量越多，说明水所处的环境越有利于氧化作用进行，为氧化环境，也是水中动物生存的保障。通常用 DO 来表示水中溶解氧的含量，DO 是最重要的水质指标之一。较高级的水生生物的生存需要氧，水中微生物分解消耗溶解的、悬浮的或沉积的有机物需要氧，水中绿色植物的光合作用又会产生氧。通常是用 DO 的测定值来评价天然水的生物化学性质。溶解氧是氧化环境的标志。

O_2 的化学性质比 N_2 活泼，在较封闭的环境中，O_2 将耗尽而只留下 N_2。因此，N_2 的单独存在，通常说明水处于还原环境。大气中的惰性气体（Ar、Kr、Xe）与 N_2 的比例是恒定的，其比值 $\alpha=(Ar+Kr+Xe)/N_2=0.0118$。$\alpha$ 小于此值，表明水中含有生物起源或地质作用起源的 N_2 存在。硫化氢（H_2S）和甲烷（CH_4）的出现，意义恰好与出现 O_2 相反，说明处于还原的化学环境中，有机物存在较多，微生物参与的生物化学过程较强。其中，H_2S 通常是 SO_4^{2-} 的还原产物。

（2）二氧化碳：CO_2 的含量直接影响到水体的 pH，由于它的广泛性和高含量，对水的性质影响极大。降水和地表水中二氧化碳（CO_2）含量通常较低，而地下水中的 CO_2 一般含量较高，它主要来源于土壤。有机质残骸的发酵作用与植物的呼吸作用使土壤中源源不断产生 CO_2 并溶入流经土壤的地下水中。含碳酸盐类的岩石，高温下也可以变质生成 CO_2，是地下水中 CO_2 来源之一。工业与生活应用化石燃料（煤、石油、天然气），使大气中人为产生的 CO_2 明显增加。据统计，19 世纪中叶，大气中 CO_2 浓度为 290ppm，1980 年 CO_2 浓度上升至 338ppm。目前全世界每年排放的 CO_2 总量达 53×10^8t 之多。水中含 CO_2 越多，其对岩石进行风化作用和溶解碳酸盐岩的能力就越强。

（3）惰性气体：包括那些来源于大气的包括氮和像氩一类的惰性气体。由于惰性气体不与水起化学反应，在水分析中很少报告该数据。

（4）烃类气体：水中有机物由于厌氧细菌的分解过程会产生甲烷和其他一些低分子量的烃类气体。在还原环境中很容易分解出这种气体。

4.1.2 水中主要离子成分及其主要来源

天然水中分布最广、含量较多的离子有八种，即：氯离子（Cl^-）、硫酸根离子（SO_4^{2-}）、重碳酸根离子（HCO_3^-）、碳酸根离子（CO_3^{2-}）、钠离子（Na^+）、钾离子（K^+）、钙离子（Ca^{2+}）及镁离子（Mg^{2+}）。构成这些离子的元素，或是地壳中含量较高，且较易溶于水的（如Ca、Mg、Na、K），或是地壳中含量虽不很大，但极易溶于水的（Cl、以SO_4^{2-}形式出现的S）。Si、Al、Fe等元素，虽然在地壳中含量很大，但由于其难溶于水，在水中含量通常不大。一般情况下，随着总矿化度（总溶解固体）的变化，自然界水中占主要地位的离子成分也随之发生变化。低矿化水中常以HCO_3^-及Ca^{2+}、Mg^{2+}为主；高矿化水则以Cl^-及Na^+为主；中等矿化的水中，阴离子常以SO_4^{2-}为主，主要阳离子则可以是Na^+，也可以是Ca^{2+}。天然条件下硝酸根（NO_3^-）离子含量很低，但是在人为条件下，水中的硝酸根离子的含量逐渐增加，在很多地区，其在水中的含量已经占据了主要的位置。硝酸根离子含量过高，对人类及动物有危害，这已经成为全球性的课题。

（1）氯离子（Cl^-）：水中的Cl^-主要来源有：①岩土中所含岩盐或其他氯化物的溶解；②来自海水：海水倒灌或补给地下水，或者来自海面的风将细末状的海水带到陆地，使水中Cl^-增多；③来自火山喷发物的溶滤；④人为污染：工业、生活污水及粪便中含有大量Cl^-，在居民点附近矿化度不高的水尤其是地下水中，如发现Cl^-的含量超过寻常，则说明很可能已受到污染。

（2）硫酸根离子（SO_4^{2-}）：硫酸根离子（SO_4^{2-}）在天然水中一般含量较低，仅在含煤含石膏（$CaSO_4 \cdot 2H_2O$）以及有硫化物矿床分布的地区的水中含量陡升。其来源除了以上对地壳含硫物质的溶解以外，生物废弃物的氧化亦可以产生。硫化物的氧化（如黄铁矿FeS_2），使难溶于水的S以SO_4^{2-}形式大量进入水中，并使水呈现酸性。例如：

$$2FeS_2 + 7O_2 + 2H_2O \longrightarrow 2FeSO_4 + 4H^+ + 2SO_4^{2-}$$

化石燃料的燃烧人为给大气提供了丰富的SO_2与氮氧化合物（每年$2\times10^8 \sim 2.5\times10^8$t），氧化并吸收水分后形成富含硫酸及硝酸的降水，通常叫“酸雨”，从而使自然界水中SO_4^{2-}和NO_3^-增加。

（3）重碳酸根离子（HCO_3^-）：空气中的CO_2与水化合即可产生重碳酸根离子（HCO_3^-）。溶解含碳酸盐的沉积岩与变质岩（如大理岩）也能够产生：

$$CaCO_3 + H_2O + CO_2 \longrightarrow 2HCO_3^- + Ca^{2+}$$

$$MgCO_3 + H_2O + CO_2 \longrightarrow 2HCO_3^- + Mg^{2+}$$

岩浆岩与变质岩地区HCO_3^-主要来自铝硅酸盐矿物的风化溶解，如：

$$Na_2Al_2Si_6O_{16}(\text{钠长石}) + 2CO_2 + 3H_2O \longrightarrow 2HCO_3^- + 2Na^+ + H_4Al_2Si_2O_9 + 4SiO_2$$

$$CaO \cdot 2Al_2O_3 \cdot 4SiO_2(\text{钙长石}) + 2CO_2 + 5H_2O \longrightarrow 2HCO_3^- + Ca^{2+} + 2H_4Al_2Si_2O_9$$

（4）钠离子（Na^+）：钠离子在低矿化水中的含量一般很低，仅几毫克每升到几十毫克每升，但在高矿化水中它是主要的阳离子，其含量最高可达数十以至上百克每升。Na^+的来源与Cl^-相似，它们大多是含量匹配的。Na^+可来自岩浆岩和变质岩地区岩石中含钠矿物的风化溶解和沉积岩地区岩盐及其他沉积钠盐的溶解，亦可来自海水。人类排泄

物中亦含有较高的 Na^+。由于 Na_2CO_3 的溶解度比较大，故当阳离子以 Na^+ 为主时，水中 HCO_3^- 的含量可超过与 Ca^{2+} 伴生时的上限。

(5) 钾离子 (K^+)：钾离子的来源及分布特点与钠相近。在低矿化水中含量甚微，而在高矿化水中较多。虽然在地壳中钾的含量与钠相近，钾盐的溶解度也相当大。但是水中 K^+ 的含量却比 Na^+ 少得多，是因为 K^+ 比 Na^+ 的亲和能力强，易于被细颗粒物质吸附，置换土壤、黏土等颗粒物质中吸附的钠，使天然水中的钠含量较高，而钾含量较低。K^+ 易为植物所摄取，是生命的重要组成元素，很多农作物因缺少钾而变得容易倒伏，人缺钾也会造成软骨病。

(6) 钙离子 (Ca^{2+})：钙是天然水中的主要物质之一，通常是以溶解于水中的钙 (Ca^{2+}) 的形式存在的。钙是低矿化地下水中的主要阳离子，其含量一般不超过数百毫克每升。在高矿化水中，由于阴离子主要是 Cl^-，而 $CaCl_2$ 的溶解度相当大，故 Ca^{2+} 的绝对含量显著增大，在水的矿化度极高时，钙也可成为主要离子。

水中 Ca^{2+} 来源于岩土含钙矿物的风化溶解，主要来源有钙长石 ($CaAl_2Si_2O_8$)、方解石 ($CaCO_3$)、白云石 [$CaMg(CO_3)_2$]、石膏石 ($CaSO_4 \cdot 2H_2O$)、萤石 (CaF_2) 等。水中 Ca^{2+} 含量主要受环境条件的限制，在多数情况下，钙和碳酸盐的平衡是限制钙溶解度的主要因素。以下几个方程式可大致描述这一平衡关系：

$$CO_2 + H_2O \rightleftharpoons HCO_3^- + H^+$$

$$Ca^{2+} + 2HCO_3^- \longrightarrow Ca(HCO_3)_2$$

生成的 Ca^{2+} 与 HCO_3^- 的络合物在受热、受藻类或浮游植物影响时生成 $CaCO_3$ 沉淀：

$$Ca(HCO_3)_2 \xrightarrow{\triangle} CaCO_3 \downarrow + H_2O + CO_2 \uparrow$$

(7) 镁离子 (Mg^{2+})：镁与 Ca^{2+} 相似，来源于含镁的碳酸盐（白云岩、泥灰岩）的溶解和岩浆岩、变质岩中含镁矿物的风化溶解，如：

$$(Mg \cdot Fe)_2SiO_4 + 2H_2O + 2CO_2 \longrightarrow MgCO_3 + FeCO_3 + Si(OH)_4$$

$$MgCO_3 + H_2O + CO_2 \longrightarrow Mg^{2+} + 2HCO_3^-$$

但镁的有些性质也与钙有着本质上的区别。Mg^{2+} 离子半径比 Ca^{2+} 小得多，因而 Mg^{2+} 周围的电场比 Ca^{2+} 强得多，每个 Mg^{2+} 周围有 6 个水分子。镁的沉淀物不像钙一样以碳酸盐为主，而是以氢氧化物为主，这与它的强亲水性有关。

硝酸根离子 (NO_3^-)：如前所述，在天然条件下，自然界水中的硝酸根离子含量是很低的，它的存在与生物作用及雷电有关。但是自 20 世纪中期以后，随着氮肥的大量施用，很多农田过度地施用氮肥，使得大量的氮转化为硝态氮在浅层地下水环境中蓄积，特别是接受灌溉水回灌补给的地下水中，硝酸根离子的含量急剧增加。根据调查，目前在农业发达地区，特别是大棚种植区，浅层地下水中的硝酸根离子含量达到惊人的数百毫克每升，有的甚至破千，成为地下水中的主要离子成分，已经成为人们面临的重大水环境问题。

4.1.3 水中的其他成分

除了以上主要离子成分外，自然界水中还有一些次要离子，如 H^+、Fe^{2+}、Fe^{3+}、Mn^{2+}、NH_4^+、OH^-、NO_2^-、SiO_3^{2-} 及 PO_4^{3-} 等，微量组分有 Br、I、F、B、Sr 等。水中以未离解的化合物构成的胶体，主要有 $Fe(OH)_3$、$Al(OH)_3$ 及 H_2SiO_3 等。有机质也

常以胶体方式存在于水中，其存在常使酸度增加，并有利于还原作用。水中还存在各种微生物，如在氧化环境中存在硝化细菌、硫细菌、铁细菌等；在还原环境中存在脱硫酸细菌和反硝化细菌等；在污染水中，还有各种致病的细菌。

4.1.3.1　常量组分

（1）铁：铁是地球外壳中含量占第二位的金属元素，但通常在水中的溶解度较小。水中铁的存在受环境条件的影响极大，尤其是随氧化还原强度和程度的变化而变化。生物圈的活动对水中铁的存在也有强烈影响。

天然水中常见的铁是 Fe^{2+}，在水中的溶解度较大。当 pH 为 6～8 时，水中 Fe^{2+} 的浓度可达到 50mg/L。一般情况下，水中 Fe^{2+} 浓度在 1.0～10mg/L 或者更少。

Fe^{2+} 能被水中的溶解氧氧化为 Fe^{3+}，在 pH>5 时，Fe^{3+} 的溶解度很小，能很快生成 $Fe(OH)_3$ 褐色沉淀。这个机理可以很好地解释这样一个现象，当水刚从井中抽出时，这类水一般是清洁的，但很快就变浑浊了，最后由于 $Fe(OH)_3$ 的沉淀会变为褐色。

铁是动植物新陈代谢中的基本元素之一，在光合作用中、在动物血液的血红蛋白的作用中，铁起着不可缺少的作用。

（2）硅：硅是地壳中含量仅次氧的一个元素，但它是一种难溶物质，以离子形式存在的很少。天然水中通常观测到的硅的浓度范围是 1～30mg/L。如偏硅酸（$HSiO_3^-$）只在地热温泉和经过深循环的地下水中才有较高的含量，它对人体健康是有益的，一般采用可溶解性 SiO_2 含量来衡量。

（3）硫、氮、磷、硼：天然水中硫含量较高，其氧化态（在氧化环境中）为 SO_4^{2-} 形式，还原态（在还原环境中）为 S^{2-} 形式如 H_2S 等。氮在天然水中的存在形式多样，主要有 NO_3^-、NO_2^-、NH_4^+ 等，还有以气态存在于水中的，如 N_2、NH_3 等。以离子形式存在的氮主要是生物作用的结果，现代则由于人为污染，水中的氮聚积已经成为严重危害人类健康和生存条件的世界性的重大课题。天然水中的磷含量较低，水中磷的含量增大是造成水体富养化的首要因素。它主要以磷酸根的形式存在，由于土壤等细颗粒物质对磷的吸附性很强，因而即便在动物排泄物集聚的场所周边的地下水体中磷的含量也不高。硼在天然水中的含量较低，一般认为，水中含有 H_3BO_3 的含量大于 30mg/L 就会对人体造成危害。

（4）锰、铝：锰在地壳中含量不高，但它也是动植物生命体所必需的一个基本元素，其在天然水中的含量视地质环境条件而不同。铝是当前人们生活日常用品的原料，它在天然水中的含量也不高，通常以胶体形式存在，随着水环境条件的不同，它可以呈现酸性（AlO_2^-）也可以呈现碱性［$Al(OH)_2^+$］。

4.1.3.2　天然水中的微量元素

（1）碱金属锂、铷、铯、钫（Li、Rb、Cs、Fr）：锂能对植物造成一定危害，铷、铯没有关的文献报道，钫不稳定，在天然水条件下不存在。

（2）碱土金属铍、锶、钡、镭（Be、Sr、Ba、Ra）：铍是一种颇为稀有的元素，与硫酸根、碳酸根的化合物极易溶于水，因而不是重要的控制元素。

锶的化学性质与钙相似，在用湿法化学分析时，实验者往往将存在的锶作为相同数量的钙来计算。根据目前的实验证实，锶对人体健康具有积极作用，因而在国家矿泉水标准中，把锶作为一项主要指标加以评价，在其含量达到 0.2mg/L 时，即可以参加矿泉水的命名。

天然水中钡的浓度实际上受 $BaSO_4$ 溶解度的控制。只有在 SO_4^{2-} 较低时（如有 SO_4^{2-} 还原菌存在时），钡的浓度才可能较高。在饮用水中，钡被认为是一种不利的杂质。

（3）过渡金属。

1）钛（Ti）：钛也是地壳中含量较丰富的元素之一，但在天然水中钛的含量很低，其平均浓度仅为 3μg/L。这是因为钛 pH 在 4～8 之间时，其氢氧化物的溶解度仅为 150 μg/L，并且这类氢氧化物能聚合成粒径较大的固态晶体，很容易被去除。

2）钒（V）：钒与生物体内的生物化学过程有关。在 pH 高于 4.0 时，氧化程度不高的钒具有较低的溶解度，但在碱性条件下有生成阴离子的倾向。天然水中很少超过 10μg/L。

3）铬（Cr）：铬在工业上被广泛地使用，因而产生了含有铬酸根阴离子的废液，曾经很多地方发生过地下水受到铬污染的事故。因此各国都在饮用水标准中规定了总铬的最大容许浓度，如美国为 50mg/L。在循环冷却水处理中，以前铬酸盐曾被大量当作缓蚀剂使用，由于 Cr^{6+} 的毒性现已逐步被淘汰。

4）钴（Co）：钴是动植物不可缺少的营养成分，特别是反刍动物。钴与铁同是第四周期第八副族的元素，其化学性质与铁相似。

5）镍（Ni）：天然水体中含量很低微。镍是一种重要的工业金属，广泛地应用于不锈钢及其他抗腐蚀合金中，因此可能会通过废物处置大量进入环境。镍同钴一样，容易和铁的氧化物，特别是锰的氧化物一起沉淀。

6）钼（Mo）：钼易与许多金属一起生成金属钼酸盐沉淀。钼是动植物尤其是豆科类植物必不可少的营养元素。该元素易在植物中积累。虽然该元素在人类营养中的作用尚未彻底弄清，但它是饮用水标准中没有规定上限值的元素之一。

（4）其他金属元素。

1）铜（Cu）：铜是一种用途十分广泛的金属。天然水中铜的浓度较低，是由于铜与氧化物易于沉淀或吸附于矿物表面所致。铜是动植物新陈代谢必不可少的元素。

2）银（Ag）：银是一种稀有元素，天然水中很少。由于它的珍贵性，工业废水中的银都能得到较好的回收，因此未出现过水被银污染的报道。在播撒碘化银的人工降雨中，银的浓度只有 1μg/L。

3）锌（Zn）：锌通过简单的吸附、离子交换或共沉淀与矿物表面的相互作用抑制了天然水中的锌的浓度。但由于目前工业中锌的溶解，可能造成水中锌浓度较高。

4）镉（Cd）：镉用于电镀涂料、墨汁及塑料中的颜料，以及用于电池、日光灯管和电视显像管中。因此镉可能进入与这些废物接触的水中。另一个重要的因素是镉可能通过高温蒸发进入大气。美国饮用水细则中规定镉的上限值是 10μg/L，但一般河水中镉的中值限度在 1μg/L 左右。这可能是由于镉与氧化锰共沉淀，或被吸附于矿物表面。

5）汞（Hg）：汞是对人体危害性较大的一种元素，在常温下易挥发，天然水中浓度极低，一般 1μg/L 以下。但当水中氯化物或氢氧化物浓度较高时，或当水中有能产生甲烷的细菌时，会产生甲基汞或其他类似的有机汞络合物，使汞浓度大幅度上升，并随生物链富集。

6）铅（Pb）：天然水中含量低微，但是目前人为条件下机动车燃料的燃烧使铅大量排入大气，又随降雨进入水体系。

（5）非金属元素。

1）砷（As）：砷的毒性较大。但天然水中一般含量极低，在特殊的富As地区才有时检出。

2）锑（Sb）：锑的化学性质与As相似，主要来源也来自地热温泉。但其在岩土中的丰度仅为As的1/10，在水中出现的浓度相当小。

3）硒（Se）：硒化学性质与硫相近，但分布稀少。

4）溴（Br）：化学性质与氯相近，但丰度低得多。

5）碘（I）：I是动物必不可少的营养元素，由于容易挥发，在天然水中含量较低，某些海生植物能对其富集。

（6）放射性元素：u-238、u-235、Th-232、Ra-223、Ra-224、Ra-226。

放射性物质含量随着地质环境中放射性物质的含量的变化而变化。天然水化学中主要关心的三种放射方式是：①α放射：由带正电荷的氦核组成；②β放射：由电子或正电子组成；③γ放射：由类似于X射线的电磁波型能量组成。

4.1.3.3 天然水中的有机组分

水文循环中的水、生物及生物废弃物之间的密切关系使得所有天然水中均含有有机物。同可溶的无机溶质浓度相比，多数水中存在的有机物数量是很小的，尽管这样仍然能对水系统的化学性质产生重大影响。例如，各种有机溶质形成影响金属溶解度的络合物，参与氧化还原反应，充当作为化学过程媒介的微生物的营养物，影响固液或液气界面的物理和化学性质。即使某些有机溶质的浓度颇低，也能使水体不再适于人类应用，甚至对水生物或其他生物产生毒害。

在水样中，有机物浓度通常是通过测定“溶解有机碳”（DOC）和“总有机碳”（TOC）来确定。在天然水系统中，人们常注意的有机物有：酚类化合物、氰化物、卤化有机物（如DDT、氯丹、多氯联苯、氟利昂系列）、洗涤剂等。目前由于检测手段的提高和对人体健康的关注，在饮用水规范中增加了数十项对有机物的限制。

4.2 自然界水化学成分的形成作用

靠近海岸处的大气降水Na^+和Cl^-含量较高（这时可出现低矿化的以氯化物为主的水）。内陆的大气降水混入尘埃，一般以Ca^{2+}与HCO_3^-为主。初降雨水或干旱区雨水中杂质较多，而雨季后期与湿润地区的雨水杂质较少。大气降水的矿化度一般为0.02～0.05g/L，但是有的却很高。以下简要介绍降水落到地面以后，在地面及地下与组成周围环境的岩土发生的一些化学作用，是这些作用使自然界水的成分在不断发生着变化。

4.2.1 溶滤作用

在水与岩土相互作用下，岩土中一部分物质转入水中，这就是溶滤作用。溶滤作用的结果，岩土失去一部分可溶物质，水中则补充了新的组分。

溶滤作用的强度，即岩土中的组分转入水中的速率，取决于一系列因素：①首先取决于组成岩土的矿物盐类的溶解度；②岩土的空隙特征及透水特性是影响熔滤作用的另一因素。缺乏裂隙的致密基岩，水难以与矿物盐类接触，溶滤作用便也无从发生；③水的溶解能力也决定着溶滤作用的强度。水中 CO_2 和 O_2 等气体成分的含量决定着某些盐类的溶解能力。水中 CO_2 含量越高，溶解碳酸盐及硅酸盐的能力越强；O_2 的含量越高，水溶解硫化物的能力越强；④水的流动状况是影响其溶解能力的一个关键因素。不流动的水最终将失去溶解能力，溶滤作用便告终止。因此水径流与交替强度是决定溶滤作用强度的最活跃最关键的因素。

4.2.2 浓缩作用

这里主要指自然界中水在蒸发作用下，把水分不断地输送向大气，而使盐分（化学成分为主）不断地积累起来，形成浓缩。产生浓缩作用的条件主要是干旱与半干旱的气候；对地下水而言，低平地势控制下的地下水位埋深较浅，有利于毛细作用产生，因而也是个有利条件，等等。当条件具备时，浓缩作用会十分强烈，地表水逐渐咸化，地下水可形成矿化度大于 300g/L 的咸卤水。

4.2.3 脱碳酸作用

水中 CO_2 的溶解度受环境的温度和压力控制。随温度升高或压力降低 CO_2 的溶解度减小，水中一部分 CO_2 以游离 CO_2 形式从水中逸出，即脱碳酸作用。脱碳酸的结果将使水中 HCO_3^- 及 Ca^{2+}、Mg^{2+} 减少，矿化度降低：

$$Ca^{2+}+2HCO_3^- \longrightarrow CO_2\uparrow+H_2O+CaCO_3$$

$$Mg^{2+}+2HCO_3^- \longrightarrow CO_2\uparrow+H_2O+MgCO_3$$

在碳酸盐地区泉水口往往形成钙化，就是脱碳酸作用的结果。温度较高的深层地下水，由于脱碳酸作用使 Ca^{2+}、Mg^{2+} 从水中析出，阳离子通常以 Na^+ 为主。

4.2.4 脱硫酸作用

在还原环境中，当存在有机质时，脱硫酸细菌能使 SO_4^{2-} 还原为 H_2S，使水中 SO_4^{2-} 减少以至消失，HCO_3^- 增加，pH 变大：

$$SO_4^{2-}+2C+2H_2O \longrightarrow H_2S+2HCO_3^-$$

封闭的储油地质构造是产生脱硫酸作用的有利环境。因此，某些油田水中出现 H_2S，而 SO_4^{2-} 含量很低。这一特征可以作为寻找油田的辅助标志。

4.2.5 硝化与反硝化作用

氮是地球生命的主要营养元素，生命活动离不开氮。地球上的氮主要赋存在大气中。氮气（N_2）是地球大气中的主要成分，是一种很稳定的气体，轻易不发生化学变化，只有在高温高压及催化剂的作用下才能够转变成氨（NH_3）气。但同时，大气中的氨亦可在氧气（O_2）和生物酶作用下转化为氮气：

$$4NH_3+3O_2 \xrightarrow{\text{微生物敏}} 2N_2+6H_2O$$

经过物理或化学的吸收方法，将氨气转化为 NH_4^+，如氨水脱除二氧化碳得到碳酸氢铵：

$$NH_3+CO_2+H_2O \longrightarrow NH_4HCO_3$$

4.2.5.1 硝化作用

在好氧条件下，通过微生物（细菌）的作用，NH_4^+ 转化为 NO_2^-，进一步转化为 NO_3^- 的过程及结果，称之为硝化作用。硝化过程中主要是在好氧环境下由亚硝酸盐氧化细菌和硝酸盐演化细菌起作用。这两种菌属于化能自养型微生物。氨氧化过程，是硝化反应的第一步：

$$2NH_4^+ + 3O_2 \xrightarrow{\text{硝化菌}} 2NO_2^- + 4H^+ + H_2O$$

亚硝酸在好氧环境下部稳定，所以第二步，亚硝酸进一步硝化为稳定的 NO_3^-：

$$2NO_2^- + O_2 \xrightarrow{\text{硝化菌}} 2NO_3^-$$

4.2.5.2 反硝化作用

反硝化作用是在无氧条件下，反硝化细菌将硝酸盐和亚硝酸盐还原为氮气的过程。该过程中参与的微生物种类很多，达到数十个不同的属，它们的特点是兼性厌氧，化能异养，包括细菌和古菌，甚至包括真核生物。常见的反硝化细菌有假单胞菌、产碱杆菌、科奈瑟菌、芽孢杆菌、纤维茹菌等。它们参与的反硝化过程具体可分为硝酸盐还原菌、亚硝酸盐还原菌等。反硝化过程构成连续反应。

$$6NO_3^- + 2CH_3OH \xrightarrow{\text{反硝化细菌}} 6NO_2^- + 2CO_2 + 4H_2O$$

$$6NO_2^- + 3CH_3OH \xrightarrow{\text{反硝化细菌}} 3N_2 + 3H_2O + 6OH^- + 3CO_2$$

4.2.6 阳离子交替吸附作用

前已述及，岩土具有吸附离子的能力。细小的岩土颗粒表面带有负电荷，能够吸附阳离子。因而在一定条件下，岩土颗粒会吸附水中某些阳离子，并将其原来吸附的部分阳离子转为地下水中的组分，这个过程就是阳离子交替吸附作用。

不同的阳离子，其吸附于岩土颗粒表面的能力不同，按吸附能力，自大而小的顺序为：$H^+ > Fe^{3+} > Al^{3+} + > Ca^{2+} > Mg^{2+} > K^+ > Na^+$。离子价越高，离子半径越大，水化离子半径越小，则吸附能力越大，但 H^+ 例外。当含 Ca^{2+} 为主的水遇到吸附有 Na^+ 的岩土时，水中的 Ca^{2+} 便置换岩土所吸附的一部分 Na^+，使地下水中 Na^+ 增多而 Ca^{2+} 减少。水中某种离子的相对浓度增大，其交替吸附能力（置换岩土所吸附的离子的能力）也随之增大。例如 K^+ 的吸附能力比 Na^+ 强，但是当水中以 Na^+ 含量较高时，岩土中原来吸附的部分 K^+ 就能够被水中的 Na^+ 将反过来置换出来，使得水中 K^+ 的含量提高。

阳离子交替吸附作用的规模还取决于岩土的吸附能力；而岩土的吸附能力决定于岩土的比表面积。颗粒越细，比表面积越大，交替吸附作用的能力也就越大，所以黏土及黏土岩类最容易发生阳离子交替吸附作用。

4.2.7 混合作用

成分不同的两种水汇合在一起，形成化学成分与原来两者都不相同的水，就叫混合作用。水的混合作用在自然界中是经常发生的，其结果可能由于发生化学反应而形成化学类型完全不同的水。例如，当以 SO_4^{2-}、Na^+ 为主的水与 HCO_3^-、Ca^{2+} 为主的水混合时就会有石膏沉淀析出，形成以 HCO_3^- 及 Na^+ 为主的水。

$$Ca(HCO_3)_2 + Na_2SO_4 \longrightarrow CaSO_4 \downarrow + 2NaHCO_3 \longrightarrow CaSO_4 \downarrow + 2Na^+ + 2HCO_3^-$$

两种水的混合也可能不产生明显的化学反应。混合水的矿化度与化学类型取决于参与混合的两种水的成分及其混合比例。

4.2.8 人类活动在水化学成分形成中的作用

随着社会生产力与人口的增长，人类活动对自然界水化学成分的影响越来越大。人类生活与生产活动产生的废弃物如污水废水等使自然界水遭受严重污染，同时人为大规模地改变了自然界水形成存在条件，也使水化学成分发生变化。

工业生产的废气、废水与废渣以及农业上大量使用化肥农药，使自然界水富集了原来含量很低的有害元素，如酚、氰、汞、砷、铬、亚硝酸等。近年来水的有机污染异常严重，所以通常用化学需氧量（COD）和生化需氧量（BOD）来表示自然界水的质量的优劣。化学需氧量指水中易被强氧化剂氧化的有机物消耗的氧化剂的量，以 mg/L 表示，它是衡量水中有机物相对含量的重要指标，也是评价天然水质、污水处理效果的主要指标。生化需氧量指水中有机物在生物化学分解过程中所消耗的氧的量，一般用 5 日生化需氧量（BOD_5）来表示，它是在标准条件下样品培养 5 天的情况下得出的生化需氧量的值。

通过人为改变自然界水的形成条件可使水质变化。不合理的引水灌溉，造成原河流的断流及下游水体的干涸，都可以促使水化学环境的变化。滨海地区过量开采地下水引起海水入侵，不合理的打井采水使咸水运移，这两种情况都会使良好水质的淡含水层变咸。干旱半干旱地区不合理地引入地表水灌溉，会使浅层地下水位上升，引起大面积次生盐渍化，并使浅层地下水变咸。原来分布地下咸水的地区，通过挖渠打井，降低地下水位，使原来主要排泄去路由蒸发改为径流排泄，从而逐步使地下水水质淡化，等等。人类干预自然的能力越来越强，因此通过节水保洁，治理污染，防止人类活动对自然界水质的不利影响，采用措施使水质向有利于人类需求和环境保护的方向演变，是确保可持续发展的重要前提。

4.3 自然界水的分类

水的分类方法很多。按照水存在状态和产出位置，可以把水划分为自然界水和器皿中水，然后可以细分如下（图 4.1）。

本书主要介绍传统水文学所研究的自然界水的划分类型，器皿中水不是本书讨论的内容。

- 水
  - 自然界水
    - 大气水
    - 地表水
      - 海洋水
      - 陆地水（江、河、湖、库、沼泽、沟、渠）
    - 地下水
  - 器皿中水
    - 自来水
    - 人工器具中水

图 4.1 水的分类

4.3.1 自然界水的盐度划分

水的盐度即水中含盐量的多少的量度，通常用 mg/L 和 g/L 来表示。盐度划分的依据主要是：①盐度可以表征自然界水的基本水环境状态；②盐度的大小基本可以反映水的被矿化的程度，决定了水的用途；③人类饮用水、大部分陆生植物和陆生动物的生活用水等等都需要淡水，水的盐度过高，会损害淡水生物的机体功能；④海洋水是咸水体，占了地球表层水的绝大部分；⑤盐度大于海水的水可以制盐、提矿。通常，根据盐度可以将自然界水划分为表 4.1 中几种类型。

表 4.1 自然界水的划分类型

水的盐度/(g/L)	<1	1～3	3～35	>35
水类型	淡水	微咸水	咸水	卤水

4.3.2 自然界水的成因划分

根据自然界水赋存状态，首先可划分为大气水、地表水和地下水三大类，但是又可以根据其成因，进行进一步的划分（表 4.2）。以下分别介绍各类水的基本内容。

表 4.2 自然界水的成因或赋存状态划分类型

大气降水		地 表 水			地 下 水			
天然降水	人工降水	天然水	人工水	污废水	溶滤水	原生水	沉积水	回灌水

4.3.2.1 大气降水

（1）天然降水：无人工影响条件下纯天然环境形成的降水。

（2）人工降水：在人工干扰下的降水。

4.3.2.2 地表水

（1）天然水：未经过人工改造的天然的地表分布的水，包括天然河流、湖泊、沼泽中的水，其特点是地表接受大气降水以后，未经过人工引导、也未经过人工修建的引蓄水工程，原则上应该是未受人类影响的地表水，但是人类对自然界水的污染已经难以消除，因而除了天然的冰盖中的冰以外，纯粹的天然地表水已经不存在。海洋水大部分受到人类的干扰较小，算属于天然水，但是在大陆近海海洋水已经遭受到不同程度的污染或人工影响。

（2）人工水：是指经过人工改造或分布在人工引水蓄水工程及设施中的自然界水。如水库水、引水渠中的水、人为灌溉水，还应该包括多次回用水，如污水处理厂处理后排放的水，等等。

（3）污废水：城市生活污水及工业废水、农业加工废水等，由于含有大量天然水中所不含有的或很少含有的对人类的健康和周边环境会造成直接或间接损害的物质，在经过人工处理之前或自然净化好之前，它不是资源而是害源。有些天然形成的泉水中也含有大量损害人体健康的成分，但是它们的成分若是从地质环境中获得而不是人为造成的，就不是污废水，而是属于天然水。

4.3.2.3 地下水

地表以下岩土空隙中的水称为地下水。地下水又可以根据其形成条件分为以下几种类型。

（1）溶滤水：在无人工作用下，地表水和大气水经过土壤和透水岩层而渗入补给的地下水。水在渗滤过程中溶解（滤）了大量土壤及含透水岩层中的易溶物质或组分而带入到地下水中。

（2）原生水：又称初生水，是岩浆上涌、冷却、成岩过程中析出的、由地球内部形成的、赋存于地壳岩石空隙中的地下水，由于它来自地球深部故名。其物质组成成分能够反映地球深部的信息。

(3) 沉积水：也称埋藏水或封存水，是在地质时期沉积物沉积、成岩过程中保存在沉积物空隙中的地下水。它能够在一定程度上反映沉积物形成时期的介质的条件，如古气候、古生物、古地形地貌等条件，但是它也会受到沉积物形成以后各种地质作用的影响而发生相应的改变。

(4) 回灌水：各种人工回灌形成的地下水，它既具有溶滤水的特点，同时也具有人工活动的痕迹。包括灌溉水入渗、人工回灌工程形成的回灌水，如地热水回灌水等等。

4.3.3 自然界水的化学类型划分

这是一种应用比较广泛，可反映水的化学性质的分类方法。先来了解一下表达自然界水中主要物质含量的简捷、明了的库尔洛夫（Курлов）式，它是用类似数学分式的形式表示水的化学成分的方法。

4.3.3.1 当量、当量数和当量百分数的概念

众所周知，化学反应是质量守恒的，化学作用产生前后的摩尔质量或摩尔数相等。这里介绍的当量的概念与摩尔概念是相类似的，当量数（N）相当于摩尔数（M）与参加化学反应的离子的化合价（b）的积，即 $N=M\cdot b$；与此同时，每个当量物质所含物质的量（n）相当于每个摩尔同种物质所含物质的量（m）除以参加化学反应的离子的化合价（b）的商，即：$n=m/b$。因此，当量与摩尔之间相差化合价的倍数。对于任一稳定溶液来讲，其阴阳离子的摩尔数是相等的，其阴阳离子的当量数也是相等的。每一种阴离子或阳离子的当量数所占溶液中的阴离子或阳离子的当量数总量的比例百分含量，即为该种阴离子或该种阳离子在此溶液中的当量百分数。

4.3.3.2 库尔洛夫式

类似于数学的分子式，表示方法是：在分子的位置上按含量的多少顺序列出各阴离子及其毫克当量百分数（小数部分四舍五入），在分母的位置上表示各阳离子及其毫克当量百分数，也按含量多少依次排列。凡是含量少于10%的离子都不列入式中。在分式的前后表明水的特征组分，如在分式的前端，标明水的总矿化度（M）以及各种气体成分（gas）和特殊微量成分（$minim$）的含量（单位为g/L，微量成分也可以用μg/L表示，但需标注单位），在分式后端列出水温 t(℃) 与水量 Q（单位为L/s）等，即

$$M\cdot gas\cdot minim\,\frac{\text{阴离子(当量百分数}>10\%\text{)}}{\text{阳离子(当量百分数}>10\%\text{)}}t\cdot Q$$

为了表示的方便，把各种成分或离子的化学表示式的下标变为上标，而把含量或百分数用下标或正常数表示，如

$$CO^{2}_{1.2}\cdot M_{1.4}\frac{SO^{4}_{47}\,HCO^{3}_{34}\,Cl_{10}}{Ca_{66}\,Na_{19}\,Mg_{14}}t_{40}\cdot Q_{100}$$

该式称为库尔洛夫式，它表示该水 CO_2 气体含量为1.2g/L，矿化度为1.4g/L，温度为40℃，涌水量为100L/s；SO_4^{2-} 当量数占该水样的阴离子当量总数的47%，HCO_3^- 占34%，Cl^- 占10%，其他阴离子当量含量较低，不足阴离子总当量数的10%，故不列入式子；同样，Ca^{2+} 当量数占阳离子当量总数的66%，Na^+ 占18%，Mg^{2+} 占14%，其他阳离子当量数不足阳离子当量总数的10%。

4.3.3.3 舒卡列夫分类

该分类方法起初是对地下水进行分类的方法，利用天然地下水中常见的六大离子（即

钠、钙、镁、硫酸根、重碳酸根和氯根）及其组合，共命名出49种类型。但是由于人工的作用和自然界的复杂特征，自然界水中出现了除这六种离子以外的离子含量异常增大的情况，如硝酸根，因此该分类方法受到了挑战。

4.3.3.4 水化学类型划分的常用方法

在这里建议的水化学类型划分方法是“基于库尔洛夫式和舒卡列夫分类原则的水化学分类表示方法”。因为以往的通用的水化学分类方法大都建立在天然地下水中的主要化学物质 K^+、Na^+、Ca^{2+}、Mg^{2+}、HCO_3^-、SO_4^{2-}、Cl^- 等“七大离子”基础上的，且由于 K^+ 和 CO_3^{2-} 较少而将 $K^+ + Na^+$ 以及 $HCO_3^- + CO_3^{2-}$ 归为一起的；但是工业革命以后，人类的行为已经严重影响了自然界水环境的特征，特别是进入21世纪后，自然界中主要化学成分发生了变化，以往的化学分类已经不能适合当前的需要，尤其是硝酸根（NO_3^-）的大量出现，使得原本适用的上述方法不能有针对性地表现出水体中的主要物质组成特征了。由于库尔洛夫式是不具有排他性的，各种阴阳离子都可以按照规则放在式中，因而任何时候都是适用的，因此建立起基于库尔洛夫式和舒卡列夫分类原则的水化学分类表示方法就显得十分必要。

新方法规定：阴阳离子当量百分数大于25%的参与命名，阴离子在前，阳离子在后，中间用横杠连接；当阴阳离子出现2个或3个时，可按照含量大小由大到小排列，分别用中间的点将其分开。如此，最多阴离子或阳离子最多只能出现不大于3个，总共最多只有6个离子。为便于表述和记载，可以将各类离子的首字母代替，如将重碳酸根以H代替，硫酸根以S代替，氯离子以C代替，硝酸根以N代替；阳离子中，钙离子以C代替，镁离子以M代替，钾离子以K代替，钠离子以N代替。由于阴阳离子分别位于横杠的前后，所以同一个英文符号分列于前后，不会混淆。如水样的库尔洛夫式 $H^2S_{0.12} \cdot M_{1.4} \cdot \dfrac{SO^4_{47}NO^3_{34}Cl_{10}}{Na_{62}Ca_{22}Mg_{14}} t_{40} \cdot Q_{100}$，表示其含 H_2S 气体0.12g/L，矿化度为1.4g/L，温度为40℃，涌水量为100L/s；SO_4^{2-} 当量数占该水样的阴离子当量总数的47%，NO_3^- 占34%，Cl^- 占10%，其他阴离子当量含量较低，不足阴离子总当量数的10%；Na^+ 当量数占阳离子当量总数的62%，Ca^{2+} 占22%，Mg^{2+} 占14%，其他阳离子当量数不足阳离子当量总数的10%。按照新的方法定名其水化学类型，则该水样定名为“硫酸·硝酸—钠·钙水”；或“硫酸·硝酸—钠·钙型水”；用化学符号表示即为：“SO_4·NO_3—Na·Ca水”或“SO_4·NO_3—Na·Ca型水”；利用简化的化学符号即为“S·N—N·C水”或“S·N—N·C型水”，或更简化点的“SN—NC水”。

该分类方法直观、简捷、明了，继承了前人通用的方法，易于掌握和使用，有利于对比，又能够在一定程度上反映出水的质量及产出环境，所以值得推广和应用。例如，如果在这种分类方法中出现了 NO_3^- 参与命名，则说明水中的硝态氮污染严重，其含量已经超过了该水样阴离子当量总数25%以上；海水的分类为Cl—Na水，如果靠近海岸的陆地上出现了矿化度较高的该类水，就有可能遭受了海水的污染；不过有时靠海风的吹蚀、沉积等把浪花卷起的细小海水粒子或以气溶胶的方式吹送到海岸带，也可以出现Cl—Na类型淡水。当然，经过深循环的地下水也会出现这种类型的水，遭遇人为污染的水有时也会出现该类型的水，等等。

4.4 自然界水化学性质的演化

自然界里的水在不断运动，其化学性质更在不断地演化中。众所周知，大气降水多是纯净的，尤其是在每年的雨季里出现连续降水时，雨水更为纯净。然而，雨水有时也是很脏的，有时带着尘土，形成了浑雨水；有时由于空气中的污染物较多，使得雨水溶解了大量的污染物而成为了酸性的水，称为酸雨。但在大部分的历史时期内，降水都还是较为纯净的。即使如此，降水也不是纯水，多少会含有一些杂质，比如空气中飘扬的细小的颗粒，包括各种成分，比如花粉、孢粉、燃烧不尽的灰尘、岩土风化后的被风扬起的细小的岩石颗粒，也有地表水面吹起的小水珠与尘埃构成的气溶胶等。总之，降水含有杂质，并非纯粹的 H_2O；但确实是通常比地球表面上流淌着的及地下运动着的水的“杂质”少。

水是极性分子。降水掉落到树叶上，然后再落到地面上时，水化学组分就发生了变化；当在地表流淌时，一方面会接受有大气输送过来的物质，如二氧化碳气体，各种尘埃，另一方面会接受水体里的生命活动所带来的排泄物及遗骸等，另一方面则与水底及岸边岩土的接触面上溶解一些盐类物质，当然这种水体本身也在各种物质相互的作用下发生（矿物质）沉淀、胶体或其他类型固体物质沉积，使得地表水的水质不断地发生或好或坏、或强或弱的变化，尤其当遇到污染物时或有污水混入时，水化学的变化就更为直接和剧烈。

地下水的化学成分的变化就变得更为复杂。除了地表水体发生的那些变化外，地下水的埋藏时间长，有的运动途径长，径流深度大，地下水所受到的压力和热量也千差万别，因而就会出现地下水化学性质的不断变化，在这里称为地下水化学演化。

图 4.2 是干旱地区山前倾斜平原地下水的矿化程度及水化学类型变化趋势的示意图。可以看出，随着水的年龄的增加（埋藏深度加大、径流距离增长），水的矿化程度提高，TDS 逐渐增加，其水化学类型也由 HCO_3 型向 SO_4 型再向 Cl 型转化。托特在他的地下水流系统理论中较为系统地阐述了这种地下水化学演化的理念（图 4.3）。

地下水流系统中阳离子的主要演化形式可以用图 4.4 表示。在补给区大气降水经由包气带进入地下水流系统，这个过程中首先发生淋滤作用，土壤或岩石中的钙（Ca^{2+}）、镁（Mg^{2+}）、钠（Na^+）溶解到地下水中，由于在补给区 CO_2 含量较高加之大气降水的 TDS 较低，使得这一时期 Ca^{2+}、Mg^{2+} 的溶解量大于 Na^+。Zhang 等（2019）发现包气带微生物活动产生 CO_2 富集，是降水经包气带入渗形成的初始地下水的水化学类型通常为重碳酸盐型的主要原因。随着地下水在径流区的运移，TDS 逐渐升高，CO_2 的含量降低，伴随着地下水侵蚀能力及溶解 Ca^{2+}、Mg^{2+} 的能力降低，Na^+ 的溶解度变化不大，同时地下水

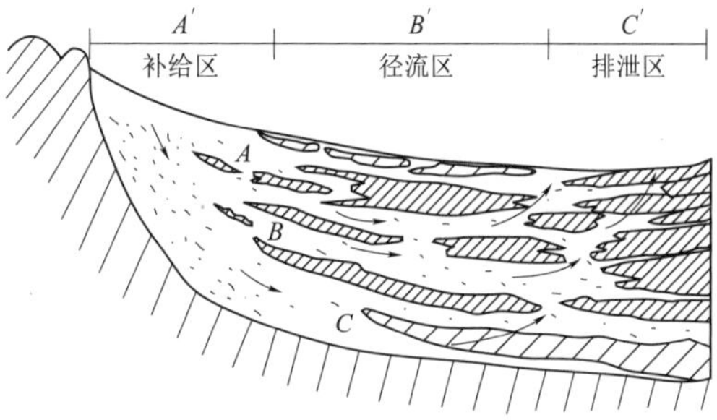

图 4.2 干旱区山前倾斜平原地下水化学性质（类型）演化示意图

A、*A*′—低 TDS、HCO_3 型水；*B*、*B*′—中 TDS、SO_4 型水；*C*、*C*′—高 TDS、Cl 型水

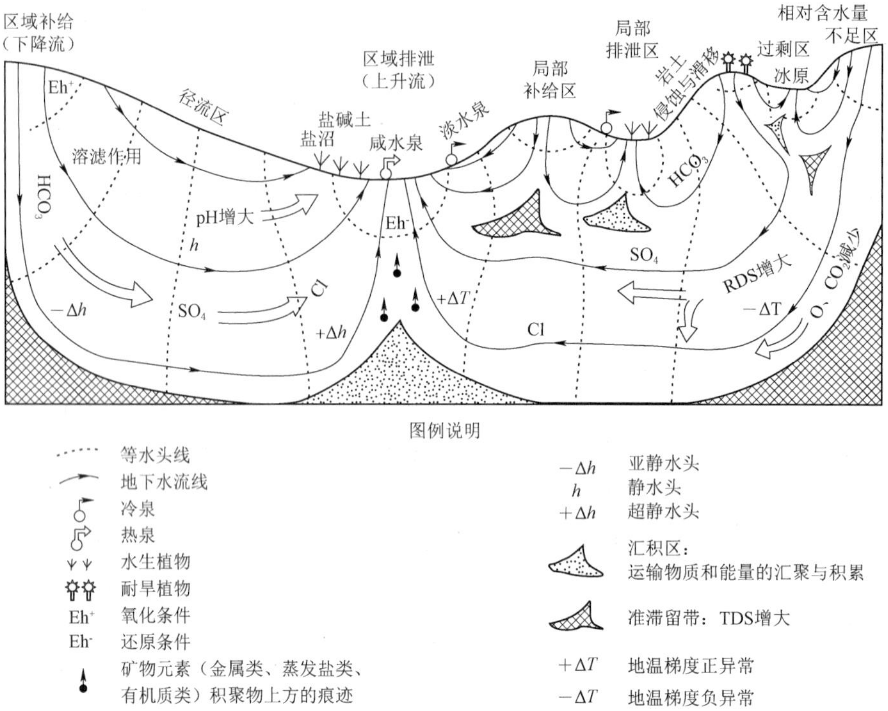

注　1. h静水头；$-\Delta h$在补给区某个深度上的水头比静水头偏小；$+\Delta h$在排泄区某个深度上的水头比静水头偏大。
2. 图中HCO_3、SO_4、Cl分别指地下水水化学类型为重碳酸型、硫酸盐型、氯化物型。

图 4.3　地形控制下的地下水流系统与地温场和化学场变化（根据 Tóth，2009）

中的 Ca^{2+}、Mg^{2+} 与周边地质体中的 Na^+ 发生阳离子交替吸附，使得径流区地下水既可以表现出 Ca^{2+}、Mg^{2+} 含量大于 Na^+，也可以表现出 Na^+ 含量大于 Ca^{2+}、Mg^{2+}。排泄区地下水 TDS 持续增大，排泄过程中水体压力降低，Ca^{2+}、Mg^{2+} 发生沉淀，Na^+ 继续溶解，最终地下水中的 Na^+ 含量大于 Ca^{2+}、Mg^{2+}。

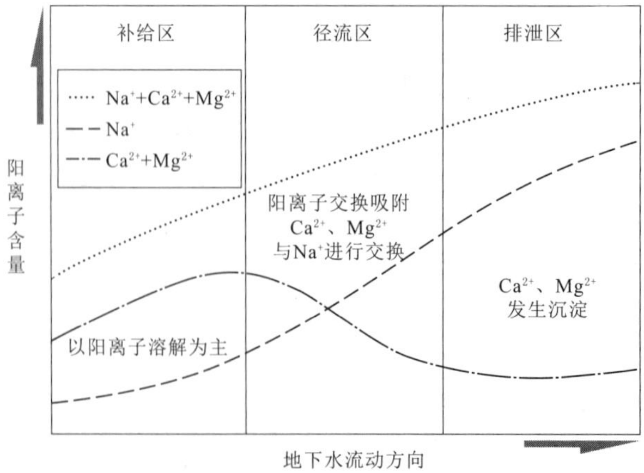

图 4.4　地下水流系统中阳离子演化示意图

地下水流系统中阴离子的演化形式可以用图 4.5 表示，在地表浅部广泛分布的局部地下水流系统中，积极参与现代水循环的地下水经过短距离、浅埋藏、短时间的径流排泄于地表，其水化学类型保持重碳酸盐型不变，多为 TDS 较低的淡水；然而处于区域地下水流系统中的地下水，要经过较长距离、埋藏较深和较长时间的径流，地下水的水化学类型则逐渐发生演化，由重碳酸型经硫酸盐型再向氯化物型转化。

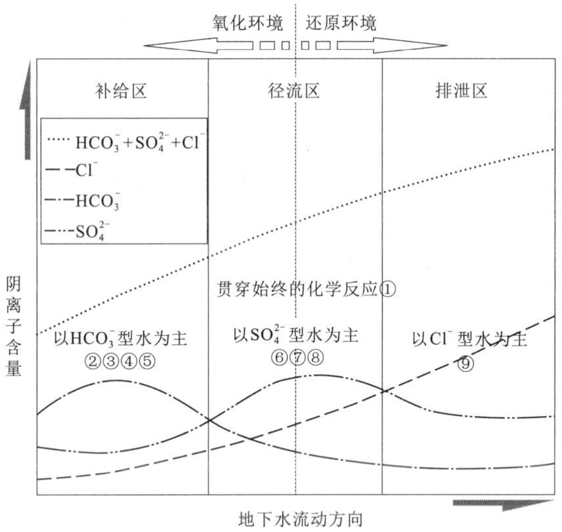

贯穿始终的化学反应：

① $NaCl \longrightarrow Na^+ + Cl^-$

补给区为石灰岩、白云岩区主要化学反应：

② $CaCO_3+H_2O+CO_2 \longrightarrow 2HCO_3^- + Ca^{2+}$

③ $MgCO_3+H_2O+CO_2 \longrightarrow 2HCO_3^- +Mg^{2+}$

补给区为岩浆岩、变质岩区主要化学反应：

④ $Na_2Al_2Si_6O_6+2CO_2+3H_2O \longrightarrow 2HCO_3^- + 2Na^+ +H_4Al_2Si_2O_9+4SiO_2$

⑤ $Ca \cdot Al_2O_3 \cdot 2SiO_2+2CO_2+3H_2O \longrightarrow 2HCO_3^- + Ca^{2+} +H_4Al_2Si_2O_9$

径流区主要化学反应：

⑥ $CaSO_4 \cdot 2H_2O \longrightarrow Ca^{2+} + SO_4^{2-} +2H_2O$

⑦ $FeS_2+7O_2+2H_2O \longrightarrow 2FeSO_4 +4H^- +2SO_4^{2-}$（氧化环境）

⑧ $2HCO_3^- + Ca^{2+}/Mg^{2+} \longrightarrow CaCO_3/MgCO_3+H_2O+CO_2$

排泄区主要化学反应：

⑨ $SO_4^{2-} +2C +2H_2O \longrightarrow H_2S+2HCO_3^-$（还原环境）

图 4.5　地下水流系统中阴离子演化示意图

第5章 水·生命·人类

5.1 水与生命

5.1.1 生命是什么?

人类本身就是一种生命形态，周围很多物质是生命的，很多是非生命的，在处处具有生机的地球上，生命的存在形式是形形色色、多种多样的，许多看似非生命的物质却是具有生命的，而许多具有生命的某些（个）特征的物质却是非生命的。因此给生命下一个科学的定义是困难的，迄今人类没有给生命做出简单而明确的定义，只是在用描述的语言来表达对生命的认识及理解，因为每次重大的科学发现，总是对生命的概念有所改变和影响。

生理学给出的生命的概念是：非生物不能表现出生命活动，只有生命才具有生命活动。通过对各种生物体，包括对单细胞生物以至各种低等和高等动物基本生命活动的观察和研究发现，生命现象至少存在三种基本活动，即新陈代谢、兴奋性和生殖。因为这些活动是生活体所特有的生命现象，所以可以认为是生命的基本表现。现代生物学给出的定义是这样的：生命是生物体所表现的自身繁殖、生长发育、新陈代谢、遗传变异以及对刺激产生反应（兴奋）等的复合现象。可以看出，其中的任何单一现象都不能概括为生命；一些不同种类高等动物杂交的后代（如骡子）就不具有繁殖能力，但是它们却是实实在在的生命体；许多植物的种子能保存相当长的时间并不出现生命特征（如古莲子），它会在一段相当长的时间内并不进行新陈代谢，但只要不发生腐烂变质，当条件适当时就会出现生机，具有了生命；许许多多无机物的结晶过程很好地表现出生长的特征，但是它们却是无生命的；机器、电脑等就是一个个十分敏感活跃的物体，但我们不能称它们具有生命，更不能称它们是生命体。

在古代，不同的民族对于生命的观点是不同的。我国古人用阴阳矛盾论的方法来解释生命，即用死来与生命对立，从而看出我国古人认为生命是生物的活动形态，即生命体是活的能够繁殖的有机体。从现代生命观来看，可以从三个方面来定义生命。①根据生命形态的表面特征定义生命。生命是一个具有与环境进行物质和能量交换即新陈代谢、生长繁殖、遗传变异和对刺激作出反应的特性的物质系统。②根据生物微观构成的共性来定义生命。无论生命形态有多么千奇百怪，但是都有一个共同的特点，就是一切生命都是由DNA、RNA及蛋白质等大分子为骨架构成的。DNA的长短、排列顺序的不同就会有不同的生命形式，RNA也是这样。蛋白质由20余种氨基酸所组成，不同长短、不同排列的蛋白质链也会形成不同的生命形式。由此人们给出了生命又一个定义——生命是由核酸和蛋白质特别是酶的相互作用产生的、可以不断繁殖的物质反馈循环系统。但是这也有例外的情况，如人们发现了没有蛋白质外壳的类病毒和没有核酸的朊病毒。③生态学的生命定义。在生物圈中有些生物如某些细菌、蓝藻及大部分植物能直接从自然界中吸收养料并依靠叶绿素进行光合作用，称之为自养型生物，在海洋深处火山口及热泉口附近还有一些不进行光合作用的自养型生物；有些生物则必须靠摄取其他生物体来维持生命，称之为异养生物，即不能自己合成有机物，必须以外源有机物为食物，通过分解氧化有机物来获取能量的生物，包括动物、一般非化能细菌和真菌。它们是生态系统中有机物的消费者。从生态的角度给生命作出定义——生命是能通过自养或异养进行新陈代谢、通过能量转换进行物质循环的能繁殖的物质系统。

总之，人类迄今对生命的认识还是很有限的，因此出现了不同的对生命意义的理解。但不管怎样来理解生命的含义，所有生命所具有的最基本的特征是：生命体本身是有机质的；除了某些病毒以外，地球上所有的生物体都是由细胞构成的，即细胞是大多数地球上生物体的结构和功能的基本单位。细胞是由无机化合物和有机化合物构成的，而无机化合物是水和无机盐；有机化合物有糖类、脂类、蛋白质、核酸。其中水的含量最多，占到细胞鲜重的85%～90%。正是由于构成生命体的物质是一些大小有机分子、无机离子以及水等，因而可以说生命现象是有机质与无机质、水等物质经过特殊形式组合起来的生命体的活动。人作为生命体的最高级形式，其行为活动即是生命现象的最高形式。

5.1.2 水是生命之源

水是生命之源，这是人们的共识。因为从生命有机质的起源、演化和基本物质组成等各个方面来看，水既是生命的载体，是维系生命存在和延续的条件，又是构成生命的最基本物质，即水是一切生命的基础。

根据目前所掌握的知识，可以断定地球上最初的生命是在水中诞生的，即生命起源于水，直到今天生物还一直保留了与海洋水组成相似的体液就是一个例证。亿万年前，在适宜的条件下，某些物质在水中以一种特定的形式结合在一起，于是地球上第一个单细胞生命就诞生了。它也许就是今天地球上所有生命的祖先。生存在地球表面的生物，从它们刚刚出现在地球表面时起，就与水循环密切相关，靠水维持生命，生物的生命活动构成水循环的一个重要方面，同时维持循环中的稳态。

生物依靠水维持生命。从理化性质看，水不仅参与某些生物化学反应（如水解、有机物的氧化、光合作用等），其主要功能是作为溶剂以保证各种反应的发生和进度、保证各生物物质的存在状态，例如电解质的电离、蛋白质的构象、蛋白质的合成与水解等；同时水作为溶剂还起着传递物质和帮助吸收的作用，即凭借水所具有的较强的渗透力，使其成为一种很好的媒介及载体，是吸收、储存和传导自然界的能量与共生讯息（Bio-Resonant Information）给生物体的最重要的媒介物质，是生物体内一切物质交换的媒介，即水是生命体进行物质和能量交换、完成新陈代谢的媒介，例如血液流动把各种物质送到身体各部，也把各种代谢产物运出体外；除此以外，水还起着对温度变化的缓冲作用。水是一切生命过程得以正常进行的生理要素，一切生物化学过程都必须在水中进行。营养物质和异化作用的产物主要以水溶状态输送。同时水中含有钠、钙、镁、钾等无机盐类，是大多数动物必不可少的物质来源。

植物的生长离不开水。如果水分供应失调，就会影响植物的正常生长，因为水分是植物体内重要的组成部分之一。一般植物都含60%～80%的水分，有的甚至达90%以上。一切养分首先要溶解在水中才能进入植物体内。光合作用、呼吸作用及细胞内一系列变化都必须有水的参加才能完成。

水分也是动物体的主要组成成分。动物体中水的含量约为 80%，如昆虫体内含水量达 46%～92%，成年人体内 63%以上是水分，而水母体中的水的含量竟达到 97%。水是一切生命过程得以正常进行的生理要素，一切生物化学过程都必须在水中进行。营养物质和异化作用的产物主要以水溶状态输送。同时水中含有钠、钙、镁、钾等无机盐类，是大多数动物必不可少的物质来源。水的摄入与排泄还有助于陆生动物调节体温。

以人为例，人们咀嚼食物需要唾液，消化食物需要胃液、肠液、胆液等，这些消化液绝大部分都是由水组成。人体在整个新陈代谢过程中所产生的有毒物质和废物需要排出体外，如大便、小便、出汗、打喷嚏、呼吸等，都需要有水才能进行。人体如果没水，则养分无法吸收和输送、废物不能排出、血液不能运行、体温不能调节，体内各项生理活动无法进行。水参与了生物体内所有的生理生化过程，生物体内缺水达一定程度，生命就随之中止。因此说水是生命之源，和阳光、空气一样，是生命不可或缺、最基本、最必需的自然资源。

5.2　人类与水

5.2.1　人体内的水量

人是地球上生命的最高级形式，因此人类身体必然与一般的生命体一样，具有较高的含水量。水是人体中含量最多的成分，成人体内含水量占体重的 50%～70%，随人的胖瘦程度不同而不同，瘦者体内含水量多，肥胖者体内含水量少。一般瘦者身体内水的含量约占 70%，肥胖者体内含水量占 50%左右。男子体内含水量多于女子。随着年龄增长，体内含水量具有逐渐减少的趋势，未成年人体内含水量较多，儿童体内的水约占 80%。人体内的水与蛋白质、碳水化合物以及脂肪相结合形成胶体状态，其中 55%的水分是在细胞内，16%为细胞间液，7.5%在血浆中，其余的部分则分布在骨骼、软骨及结缔组织中。人体中各器官的水分含量大致为：眼球 99%，血液 83%，肾脏 82.7%，心脏 79.3%，肝 68.3%，肺 79.%，心 79.2%，肌肉 75.7%，脑 74.8%，皮肤 72%，骨 22%，脂肪 10%～30%。

5.2.2　人体与水的关系

因为水是人体内含量最多的成分，所以人与水的关系是极为密切的。古人说："民以食为天"，这是天经地义、千真万确的。但是，当人们取得了食物之后，又是怎样变食物为营养的呢？靠的是水。人每天喝的水量比吃的食物量要多，而且食物（包括主食、副食、饮料和其他食物）的加工制作都离不开水，所以说"人以水为先"可与"民以食为天"相提并论。在我们经由口所摄取的饮食上，没有哪种东西具有比水更重要的作用。只要由于某种原因人体失掉 15%的水，生命就有危险。自然状态下，没有食物，有水的话人可以存活 2～3 周，而没有水，通常几天后人就会死于脱水。人在饥饿或无法进食的情况下，只要供给足够的水，就能短期内勉强维持生命，当体内水分损失超过 20%，生命就无法维持了。在医学监护条件下，人不吃不喝能存活下来的最长时间是 18d；而人在只喝水不吃食物的情况下，最长存活时间可达 382d，相当于前者的 21 倍。

人体内与消化道同样重要的是靠水维持的无所不至的网状通道。这“水之网”覆盖面很广。首先，水是营养素和代谢废物的溶剂，这两种物质借助于水的流动，被带到目的地，这一点同江河湖海的航运功能，有异曲同工之处。其次，人体内分泌的各种激素，通过“水运”到达全身发挥作用。血液中 80%多是水分，由于水的潜热量大，因而可以通过血液循环来调节体温。水还是关节、肌肉、眼球等的润滑剂。一日一夜，人体通过呼吸、出汗、排尿、排粪损失的水分，主要通过“饮”和“食”进行相应的补充。据研究，正常人夜间睡眠期间，将损失 450～500mL 的水分，所以每天早晨通过饮水及时补充这部分流失的水分十分重要，特别是对血液黏稠度较高的中老年人，早起及时饮水（接近体温的温水）很有必要。

医学专家综合人体的需要，认为人一天平均摄取 2.5L 水是适当的。人体所需的水分，首先从饮水获得，其次才从食物中获得（表 5.1）。当摄入充足的水后，血液、淋巴液的循环才会呈现良好状态。这样，既可保证供给身体所需的营养物质，又能够溶解废物，并消除毒素，进而增进内脏功能，皮肤也会滋润、光滑。

表 5.1　　正常成年人每天（24h）水的摄入量和排出量

摄　入　量/mL		排　出　量/mL	
来自饮水	1300	由肾排出（尿）	1500
来自食物	900	由皮肤排出（汗）	500
		由肺排出（呼吸道，水蒸气）	400
来自物质代谢	300	由大肠排出（大便）	100
合计	2500	合计	2500

概括起来讲，水的生理作用主要有：消化食物，以体液来溶解营养物质，传送养分到各个组织，担负吸收和搬运的任务；排泄人体新陈代谢产生的废物；保持细胞形态，提高代谢作用；调节体液黏度，改善体液组织的循环；调节人体体温，保持皮肤湿润与弹性。因此，最好的办法是平时注意适时适当地补充水分，避免发生脱水。否则，身体经常性地、持续地缺乏水分，新陈代谢就无法顺利进行，身体的功能也会逐渐衰退。有人总结得出了水对人体的八大功效：镇静功效——慢慢饮水少量，有镇静之功效；解热功效——外界温度高，体内热量可随水分经皮肤蒸发掉，维持体温；催眠功效——睡前 1 小时饮杯水有催眠之功效；润滑功效——水是关节、肌肉及体腔的润滑剂，对人体组织和器官起一定缓冲作用；运送营养——水的流动性可协调和加快消化，吸收循环排泄过程中营养物的运送；稀释有毒物质——减少肠道对毒素的吸收，防止有害物质慢性积累中毒；美容功效——平时饮用足量水，使皮肤组织细胞水量充足，肌肤细嫩滋润，富有光泽，减少褐脂与皱纹，延缓衰老；促进并维持新陈代谢——降低血黏度，防止胆固醇等附在血管壁上引起血管老化、动脉硬化。

总之，人作为一种生命的表现形式，必然与一般的生命形式一样，时刻离不开水的滋养。

5.2.3　人类健康与饮用水质量的关系

以上谈了饮水与人类生命的关系，主要是人体与水量的关系，人与其他生命体一样对水的滋养是有依赖的。通常人们对上述情况是了解的，因为每个人都会有缺水时那种渴的感觉和需要水的欲望，以及在喝水后的那种舒爽满足的亲身感受。显然水量的不断足量的供给是延续人类生命的条件，与人的健康是息息相关的。然而什么样的水对人有益，而什么样的水对人无益或有害，很多人是缺乏这方面的知识的。以下是人们总结出的与人类健康有关的几个简单的统计数字。

(1) 人的一切生命活动都需有水参与。

(2) 每人每天体内要有7～8L水需更新，身体中的水1周左右就要更新一次。

(3) 每人每天要摄入2～3L的水，1年要摄入700～1000L的水。

(4) 目前，全世界在水中检测出的有机物有2221种。

(5) 由饮水引起的疾病占所有人类所患疾病的80%。

(6) 由水传播的40种传染病，在全世界范围内仍未得到控制。

(7) 全世界每年有2500万儿童因饮用受污染的水而生病致死。

(8) 健康的饮用水应符合下列指标：硬度（理想指标是170mg/L左右）适中，总溶解固体（TDS，理想指标为310mg/L左右）不高，pH值大于7（偏碱性，对于井水和市政给水pH值应控制在7.0以上）。

(9) 有关资料显示，2000年时我国有24%的人饮用不良水质的水，约1000万人饮用高氟水，约3000万人饮用高硬质水，5000万人饮用高氟化物水。近年来由于政府投入，加强自来水工程建设，即使在最偏远的山区、牧区，人们也能喝上干净、优质的饮用水。特别是反渗透工艺的普及，最近两三年城乡居民大都喝上了优质的饮用水，一改过去饮水不良的情况。但是在不发达的很多发展中国家，饮用水的质量保障仍然是个巨大的问题。

总之，长期饮用不符合人体健康标准的水会使人得病，甚至危及人的生命；尤其是质量很差的水对人体十分有害，饮用后人体会很快有不良的反应，有的会直接造成人体健康的破坏甚至死亡。因此饮用水质量与人类健康之间的关系极为密切。

5.2.3.1　古人对饮用水与人健康关系的论述

我国古代对水环境与人的健康关系有较为深刻的认识，特别是对大骨节病、甲状腺肿、地氟病等都有精辟的论述和记载。

两千多年前，《黄帝内经》采用朴素的"阴阳五行"辩证观点，论述了人类健康与疾病防治的基本内容，是我国第一部养生学著作。其中的"五行"是"水、木、金、火、土"，即认为的自然界的五种基本组成元素。《黄帝内经》把人的器官的各个部分包括五脏等都做了五行划分，给出了五行的属性。其中用大量篇幅论述了人类器官、行为、感觉等属于"水"的内容："水曰润下"，是指水具有滋润和向下的特性，引申为具有寒凉、滋润、向下（排泄）、静藏等作用的事物，均可属于水。《黄帝内经》还着重讨论了人的健康与水的关系，指出人们的生理特征，健康状况与气候、水土、饮食等条件密切相关。"顺之则苛疾不起，逆之则灾害生。"

在古代，人们就认为好的饮水可使人健康长寿，坏的饮水可使人得病、短命。管子曰："济之水，其水清白，其人坚劲，寡有疥瘙，终无痟酲。"尔雅云："其泉源远清冷，或山有玉石美草者为良，其山有黑土毒石恶草者不可用。"晋代嵇康（223—263年）在其著作《养生论》中有"颈处险而瘿，齿居晋而黄"的说法，迄今山西部分地区仍然有受高氟水危害而牙齿发黄者。唐朝的陆羽是世界上最早发现地方性甲状腺肿与饮水有关的人，他指出："凡瀑涌漱湍之水，饮之令人有颈疾。"他在《茶经》中论煮茶方法时指出："其水，用山水上，江水中，井水下"。唐代李吉甫写道："菊水出县东石涧山，其旁多菊，水极甘馨，谷中三十余家，不复穿井，仰饮此水，皆寿百余岁。"唐代的刘禹锡指出："人赖水土以养生，可不慎所择乎。"他认为："凡饮水疗疾，皆取新汲清泉，不用停污浊暖，非但无效，亦且损人。"宋代的范仲淹十分注重饮水卫生，他强调："所居宅，必先浚井，纳青术数千，以避瘟气。"明代李时珍对饮用水与人的健康关系的研究颇多："南阳之潭，渐于菊，其人多寿。"他还写道："阴地流泉有毒，人饮之，成瘴疟，损脚力。""泽中停水，人饮之，成瘕病。""水者，上则为雨雾霜雪，下则为江河井泉，流止寒温，气之所钟既异，甘淡咸苦，味之所以不同，是从昔人分别九州水土，以辨人之美恶寿夭，盖水为万化之源，土为万物之母，饮资于水，食资于土，饮食者人之命脉也，而营已赖之，故曰水去则营竭，谷去则卫亡。然则，水之性味尤慎疾卫生者之所当潜心也。"李时珍将地下水比作大地的"血液"，他指出："井泉，地脉也，人之经血象之，须取其土厚水深源远而质洁者，食用可也。"李时珍指出："凡井以黑铅为底，能清水散结，人饮之无疾，入丹砂镇之，令人多寿。"

《长白山江岗志略》对水质与疾病的关系，阐述得最为明确："按岗后山核桃树最能伤人，枝叶花果根皮年久腐烂于山中，加以雨雪滋浸，其毒气随水流于沟渠，灌于江河，印于井泉。居山中者年不过十五六岁之男女，手足缩而短，指节生痛，腿亦如是，妇女中转筋病死者不少。"前者指的是大骨节病，后者指的是克山病。指出在长白山病区解决上述疾病隐患的最好办法是凿深井取水饮用，即"惟多凿深井人即不至受害"。

水土环境与人类健康的问题，在古希腊时代已开始了研究。公元前 4 世纪海帕克莱蒂斯（Hippocrates）对空气、水和土壤与人类健康的关系就有了较系统的论述，到 17 世纪末逐渐形成了一门科学——医学地理。在 1860 年蔡丁（Chatin）证实了地方性甲状腺肿与饮水中缺碘有关。1916 年布雷克·麦凯（Black Mckay）首次发现斑釉齿与饮水有关。随后，天然水的化学成分与人类健康的关系逐渐引起了人们的重视。H.M. 尤廉斯基（1844 年），H.H. 卡辛（1857 年），E.B. 贝克（1901 年）等人在 19 世纪中后期及 20 世纪初对大骨节病与饮用水的关系进行了较为系统的研究。

5.2.3.2 人类疾病与饮用水关系的现代认识

在 20 世纪 40 年代以后，随着工业化水平和检测手段的提高，对由于饮用水质量导致的疾病的认识进一步加深，特别是日本的水环境镉污染形成的"狂猫疯狗"事件及"痛痛病"致多人死亡事件、我国粤北及苏格兰砷中毒致癌事件等发生后，人们对饮用水遭受污染后给人类造成的危害都有了深刻的认识。

我国学者经过对水土环境与人类健康关系的研究发现，水土环境通过饮用水影响人类健康，呈区域性分布的地方性疾病（简称地方病）与饮用水质量有关，认为"元素贫乏腐殖质富集的酸性、弱酸性的水文地球化学环境"是一个有害于人类健康的环境。美国著名流行病学者杜尔就曾指出，造成癌症的因素中，饮食（包括饮水）有最大的影响力，占 35%。另外就是吸烟占 30%，污染只占 2%。

近年来由于生活排污和化学氮肥的大量施用，造成水环境的氮污染加剧，所以人们对于水中氮含量与人类健康的关系的研究日益增多。吴永宁等通过生态学研究发现，胃癌死亡率与总氮-亚硝苯化合物接触量呈显著相关性，高振强等通过整体动物 DNA 合成抑制及其致癌性研究发现，水污染加重了胃癌的发病率升高。近年来对地甲病，尤其是地氟病与水环境的关系的研究也有了进一步的进展，认为工农业发展所带来的区域性水中氟含量增高，导致了新型的人为高氟水区的出现，并产生了新的地氟病区。

以下将按照主要疾病与饮用水质量的关系做一些介绍。

1. 癌症与饮水

癌症是一种严重威胁人类健康的疾病。患者大多难以彻底治愈，许多类型的癌症至今仍是“不治之症”。据统计，现在世界上每年有千分之一的人患癌症。每年有 300 余万人死于癌症，约占全世界人口死亡总数的 1/4。美国、英国、法国、日本等先进工业国的癌症死亡率仅次于心血管疾病，居第二位。

越来越多的研究表明：大部分的癌症是由于环境中的化学致癌因子造成的，而这些因子又广泛存在于地表水、地下水和经过处理的饮用水中。到目前为止，美国饮用水中被发现的化学污染物已超过 2100 种，其中已确认是致癌物和可疑致癌物的有 97 种，另有 133 种是致突变、致肿瘤或有毒污染物，其余 90%的污染物中有没有或有多少是致癌物目前还未能确定。目前被认定饮水中的有机致癌物有：六氯苯、苯并芘、多氯联苯、氯仿、二溴乙烷、二氯乙烯、氯乙烯、苯并荧蒽等，近年还发现一些淡水藻毒素，如蓝绿藻等，有明显的促肝癌作用。

人们研究还发现，不同地域的癌症的发生率不同，即与人类所处的地质环境有关，而表征地质环境的地质、地貌条件与癌症的关系最终要通过饮水或食物作用于人体。瑞典的许多研究者一致认为胃癌的分布与酸性软水有关。英国、荷兰、日本等国的胃癌也多发生在酸性软水区。有人认为，当饮用水中有足够的 Ca 时，对“抗御”癌症有明显的作用。还有人认为有足够的 Mg 也可降低癌症的发病率。这也说明了胃癌多分布于软水区，而水中有适量的 Ca、Mg 对人体是有益的。美国有科学家分析了美国 100 个大城市的饮用水，发现如果饮用水中有中等含量的总溶解性固体（大约 300mg/L），属硬水、偏碱性，每升含有 15mg 的二氧化硅，癌症的死亡人数就会减少 10%～15%。关于二氧化硅和癌症、水的硬度和癌症间的关系，其他科学家也有同样的发现，那就是喝含二氧化硅越高的水，患癌症的人越少；当水是硬水时，癌症发病率就低。另外，偏碱性水不会将水管上的重金属（如铅、镉之类）或化学物质溶解到水中，这是降低癌症死亡率和心血管病发病率的一个关键性因素。在苏格兰皮肤癌的发病率较高，经研究认为，可能与饮水中 As 高有关。捷克斯洛伐克的库特纳—高列为癌症高发区，经化验饮水中的 As、Cd、Zn、Sc 等元素含量很高。

在太行山中南部的食道癌高发区，气候比较干旱，严重缺水。当地居民以各种方式（旱井，涝池，坑塘等）贮存雨水（当地称之为“死水”）以资饮用。据调查，饮“死水”者死亡率高，而相邻饮“活水”（泉水，大河水）的村庄死亡率很低。在平原区多饮井水，当地居民反映有“甜水井”和“苦水井”之分，经调查癌症死亡率饮“苦水井”者显著高于饮“甜水井”者。化验结果苦井水中 NO_3^-、NO_2^-、NH_4^+ 的含量均高，实验得出 NO_3^- 和 NO_2^- 在一定条件下可合成致癌物——亚硝胺。

饮水与肝癌的关系在 20 世纪六七十年代的江苏启东和广西的个别地区最明显。江苏的某县地处水网地区，肝癌死亡率高，但分布不均。水系主干两岸低，水系末梢地区高。水系末梢水流滞缓，污染严重，水质恶化。原启东县肝癌死亡率是全国最高的，甚至家畜家禽也患肝癌；广西严重流行的地区，其死亡率饮河水者低，饮塘水、小水库水、水渠水者很高。后来以上两地改为饮用地下水或清洁水，其肝癌患病情况彻底改观。

综上所述，可以看出在特定环境中的有机污染的水可导致肝癌和食道癌的发生。

2. 饮水水质与脑溢血症和心血管病

脑溢血病是死亡率较高的疾病，且具有区域性分布的特征。如根据1988—1989年的调查资料显示，我国北方的发病率和死亡率均高于南方。除了与气候、食物结构等因素有关以外，研究发现，脑溢血病的发病率及死亡率与当地饮用水质量有关，碱性水的死亡率低，酸性水的死亡率高。研究还发现，当地饮用水中的 SO_4^{2-} 与 CO_3^{2-} 含量的比值的大小与脑溢血死亡率成正比关系。上述研究在日本和西欧等国均得到了相同或相似的结论。

饮用水水质与脑溢血死亡率的关系在日本研究较多，结果显示两者关系非常明显。在阿部辉雄（1961）对秋田县“长命村”和“短命村”饮水水质的对比分析结果中（见表5.2），可以看出两种村落之间水质的明显差别。“短命村”的饮水 pH 低，而 SiO_2 和 SO_4^{2-} 较高。

表 5.2　　日本秋田县“长命村”“短命村”饮用水水质对比表

采样地点	水样数	pH	Ca	Mg	SO_4^{2-}	SiO_2
长命村（八森潭）	23	6.39	15.06	3.31	28.70	20.10
短命村（饭田川潭）	23	5.31	15.27	2.37	76.28	32.40

小林纯的资料显示，日本河水中 SiO_2 的平均含量为 12～16mg/L，东北地区为 21.70mg/L。而秋田县三个地区水中 SiO_2 的平均含量为 30.27mg/L。这反映出了脑溢血症死亡率与饮水中 SiO_2 的关系：从大量的调查研究资料中可以看出脑溢血死亡率与饮水的硬度和矿化度无明显的关系，与 pH 呈负相关，与 SiO_2 和 SO_4^{2-} 呈正相关。欧洲各国脑溢血死亡率高的地区饮水中的 SiO_2 和 SO_4^{2-} 有偏高的趋势，但不及日本明显。在此需要强调，水中 SiO_2 含量高应该是对人体有益的，偏硅酸型矿泉水即为水中的可溶 SiO_2 含量高。虽然粉尘中的硅含量高可以导致矽肺，但是饮水中硅含量高据研究认为是有利于健康的，如偏硅酸与钙、镁具有相似的生物学作用，可增加软骨、结缔组织的弹性和强度，能促进骨骼和牙齿生长发育，有利于骨骼钙化和防治骨质疏松；偏硅酸对人体心血管具有保健功能，硅能增强血管的弹力纤维强度，因而水中硅含量高低与心血管病发率呈负相关；偏硅酸还可以美容、抗衰老等。至于上述日本秋田的短命村的情况，可能更多的是由于其 SO_4^{2-} 高所致。

水和心血管病的关系：根据大量研究发现，饮用水中可溶解性固体的含量高低，与心血管病的死亡率有一定的关系。一般认为，人们喝含溶解性总固体含量高的水，死于心脏病、癌症和慢性病的概率，比喝含溶解性总固体含量低的水要少些。前面已经谈到，溶解性总固体是用来度量饮水中所有矿物质的总量的，它不仅包括钙和镁，也包括锌、铜、铬、硒等各种可溶解物质。一般水的硬度高（硬水）的地方，水中可溶解性固体的含量就高。在英国，有人分析了253座城镇的水，发现软水地区的心血管病死亡率比硬水地区高

10%～15%，他们提出最理想的硬度大约是170mg/L。在美国，有人研究了分布于3个不同地区的4200位成年人，他们发现仍旧是硬水地区心脏病的死亡率低于软水地区。因此可以肯定地说，水的硬度和总溶解性固体，与心脏病的死亡率有确定的、清楚的关系。水中含有适当的硬度和可溶解性固体，是健康饮用水的两个有益特点。

在前面章节谈到水的性质时提到过水的硬度的概念，它是水中钙镁离子的总含量。因此平时就有了“软水”和“硬水”之分。所谓“硬水”指的就是水中含有丰富钙离子及镁离子的水，可以从煮开的自来水中，发现在壶底部有一层水垢，就是钙离子与镁离子的沉淀物。“软水”与“硬水”相反，则是指钙镁离子含量较低的水。人们异地生活之初，大多出现腹泻等不适症状，就是因为自己过去生活的环境与现实环境产生了差别，饮用水的基本物质组成发生了变化所导致的。有的是从硬水区到了软水区，有的则相反，这种反应往往经历了一段不长的时间内就会消失。

3. 饮水镉污染骨痛病

骨痛病是震惊世界的八大公害之一。此病患者最初是手脚、腰部、胸部和背部出现剧痛；严重时，肋骨、胳膊、腿骨、脊骨和骨盆等发生裂缝，咳嗽、打喷嚏都会震裂胸骨，最后骨骼软化萎缩，自然骨折。许多患者都是在哭喊着“痛、痛”的惨叫声中衰竭死亡的。因此，骨痛病亦称“痛痛病”。骨痛病最早发现于日本富山县神通川流域，20世纪50年代大量发生。据日本厚生省骨痛病研究小组作出的结论，这是一种镉进入人体内引起的慢性中毒症。进入人体的镉，大量集中到肾脏后，使肾脏失去吸收磷和钙的功能。其结果，人体内含有的磷和钙就会逐渐减少，骨骼变酥，容易发生骨痛病所特有的病变——骨折。在此基础上，怀孕的妇女，由于胎儿大量从母体中吸收磷和钙等骨质成分，更加速了其病变过程。因此，妇女的发病率更高。

调查发现，日本富山县骨痛病患者致病的主要原因是长期饮用“镉水”或食用“镉米”及其他含镉的农作物。那么“镉水”和“镉米”是如何形成的呢？其祸根是位于神通川上游的三井神冈矿业所，该所将锌精炼工艺中排放出来的含镉废水直接排入了神通川，河流被镉污染了，河水变成了“镉水”；用“镉水”灌溉稻田，镉又污染了土壤，水稻生长在被镉污染的土壤里，于是就产出了“镉米”。神通川中游两岸地区的居民喝着“镉水”，吃着“镉米”，当体内镉含量蓄积到一定程度后便引起了镉中毒。

由镉引起的人畜致病事件，在我国也曾有发现，由于一处富含镉的铅锌矿排污排渣，致使河水中的镉污染，导致该矿下游的居民常感到头疼，四肢疲软，全身酸痛，其饲养的耕牛站立不起，河水中的鸭子常下软蛋。

4. 饮水质量与地方性甲状腺肿——碘缺乏症

甲状腺肿病即“粗脖子病”，从生理上得到结论是由于人缺乏碘的吸收所引起的。该病在区域上呈片状分布，称为地方性甲状腺肿病区，调查得知是由于当地水土环境中缺碘造成的，尤其是饮用水中的碘含量偏低。目前采取的有效防治方法是食用碘盐。地方性甲状腺肿病严重危害人类健康，若母亲患病，则会引起胎儿大脑发育障碍，导致后代患克丁病。克丁病的主要特征是聋、哑、傻、矮，终身残疾。在克丁病流行的地区，出现许多“哑巴村”。

碘是一种重要的生命元素，它在人体内的含量甚微（约50mg），但功能巨大。在30g重的甲状腺内就贮集了10mg的碘。碘是合成甲状腺素的主要成分，它可以调节能量的转换，影响发育、生长和生殖能力，并具有多种其他生理功能。有人认为未老先衰和乳癌流行与环境中缺碘有关。成年人每天应摄入碘 100～250μg，但是在地方性甲状腺肿病流行地区成年人的碘摄入量一般都低于 50μg。有人认为人体所需之碘大部分取之于食物，但是许多事实证明，在食物不变的条件下饮水质量的改变可以左右地方性甲状腺肿病得病率的消长。因此，饮水与地方性甲状腺肿病的关系一直为人们所重视。实践证明，各地方性甲状腺肿病流行地区，饮水中的碘含量与其患病率之间的数值的大小之间具有较明显的负相关关系（表 5.3）。

表 5.3　饮水中的碘与地方性甲状腺肿患病率

饮用水的碘含量/(μg/L)	0.0～2.0	2.0～5.0	5.0～10.0	>10
地方性甲状腺肿患病率/%	50～30	30～10	10～0	0

在环境中存在着许多干扰人体吸收碘的因素。例如，饮水中有较多的 Ca、F、Mg、Mn 等元素，或富含腐殖酸，或富含微生物，都能影响人体对碘的吸收利用。食入过多的卷心菜、黄白菜、大豆等也会影响对碘的吸收利用。因为，这些蔬菜往往含有较多的过氯酸盐、硫氰酸盐、硝酸盐及亚硝酸盐等，这些成分被称为致甲（状腺肿）物质。因此，选用适宜的饮水和食物，食用碘盐或海菜就可以有效防治该病。在一般情况下，饮水中的碘应大于 5μg/L。

5. 水俣病的起因

1953 年年末，日本熊本县水俣地区，出现了一种原因不明的怪病。患者显示步履艰难、口齿不清、耳聋眼花、视野狭窄等四种症状。随后几年，患者逐渐增多，直到 1956 年，又有 96 人得了同样的病，其中 18 人死亡。于是引起了世人的关注，以熊本大学为主体组成的医学研究人员经过长期调查研究找到了致病的根源，怪病的谜底终于解开。

原来这是一种人体摄入富集在鱼类、贝类中的甲基汞而引起的中枢神经性疾病。因为最早发生在水俣地区，所以称水俣病。这种病死亡率很高，迄今还无有效的治疗方法，即便是幸免一死，也常常落下神经系统障碍的后遗症，造成终身残疾。那么甲基汞是从哪里来的呢？这要追溯到明治末年在水俣镇附近创办的一家氮（N）生产企业。该厂在 20 世纪 30—40 年代相继采用汞催化剂生产醋酸乙烯、氯乙烯和乙醛等，将大量含有汞的废水、废渣排入了水俣湾，量大以后靠水体和底泥的自净作用难以消除，就积聚起来。当汞在水中被水生物食用后，会转化成甲基汞（CH_3Hg），这种剧毒物质只要有挖耳勺的一半大小就可以致死。这些被污染的鱼虾通过食物链又进入了动物和人类的体内，被肠胃吸收，侵害脑部和身体其他部分。甲基汞便迁移到人的体内，特别容易在脑中积累，侵害成年人的大脑皮层，也侵害小脑。对胎儿的侵害，几乎遍及全脑。进入脑部的甲基汞会使脑萎缩，侵害神经细胞，破坏掌握身体平衡的小脑和知觉系统。据研究，如果人体短期内连续摄入 500μg 以上甲基汞，就可能出现肢端感觉麻木，中心性视野缩小，语言和听力障碍，运动失调等症状；如果在短时间内摄入 1000μg 甲基汞，就可出现痉挛、麻痹等急性症状，并很快死亡。

6. 克山病与饮用水水质

克山病是一种以心肌损伤为主的地方性疾病。其主要病变是心肌变性、坏死或形成瘢痕，表现为一系列血液循环障碍症。根据病症，可分为急型、亚急型、慢型和潜在型四种。不同类型的克山病有不同的临床特征，对人体的危害也不相同。急型可以是健康人突然发病，也可以是潜在型和慢型患者的急性发作。发病时病人会突然感到头晕、心难受、烦躁不安、呕吐黄水，甚至出现脉搏细弱、面色苍白、四肢冰冷、出冷汗、血压下降等现象，以至惊厥、昏迷。如处理不当，患者可在几小时内死亡。慢型克山病多由健康人在不知不觉中发病，也有一部分是由急型、亚急型和潜在型转化而来的。临床表现以慢性心力衰竭为主。潜在型病情较轻，由健康人直接患病者，多数无自觉症状，可正常从事劳动，少数人有“心够不着底”“心里咯噔几下”或“心跳停歇”感，四肢无力；由其他型转好而来的潜在型，有明显的自觉症状，心跳、头晕、气短、乏力等。亚急型是一种非典型的急型克山病，病症介于急型和慢型之间，病人以少儿多见。目前，对克山病特征尚无有效的诊断方法。

克山病在我国东北、西北和西南地区的十几个省（自治区）都有分布，江苏、湖北、湖南、山东等省的个别地区也有发现。在国外，日本、朝鲜和拉丁美洲、非洲的一些地方亦有发生。但因最早在我国黑龙江省的克山地区发现而得名。克山病的民间称呼各异，如东北称急型克山病为“快当病”“羊毛疔”“攻心病”“下寒”，西北称之为“吐黄水病”。朝鲜的有些地区则称之为“急死病”“急患病”等。关于克山病的病因，我国北方病区的居民一致认为是“水土病”。目前，医学界的许多研究者也认为，克山病的发生与水土因素有关，而不是由生物因素引起的传染病。至于在水因素中，究竟是什么物质致病，目前尚不清楚。但饮用水或食物中硒元素缺乏，可能是原因之一，因为患区居民服用亚硒酸钠后，取得了明显的预防效果。

饮水水质与克山病的关系早已为人们所重视。《长白山江岗志略》（1908年版）和《抚松县志》（1930年版）中所指出的“妇女中转筋病死者不少”和“少妇稚子往往触疠而毙”，均系指克山病，该志指出患病原因是取用了“林木泉水”和枯枝落叶经雨雪浸泡之水。我国各病区居民普遍反映病区环境富含腐殖质，污染严重，水质不良。

长期以来，人们对病区饮水进行了大量的监测，看不出哪种元素与克山病有显著的相关关系。20世纪70年代起，我国对主要的克山病病区进行了典型的对比调查，对饮水进行了常量、微量和有机组分的分析检测。其主要检测结果见表5.4。

表5.4　　我国20世纪70年代主要克山病区和非病区饮水水质对比表

地区	取样年份	水样数量/个	硬度/(me/L)	Ca/(mg/L)	Mg/(mg/L)	SO_4^{2-}/(mg/L)	SiO_2/(mg/L)	Ba/(μg/L)	Sr/(μg/L)	Cu/(μg/L)	Pb/(μg/L)	Zn/(μg/L)
病区	1968—1973	271	2.53	40.95	11.75	20.15	—	57.10	451.1	5.14	—	—
非病区		107	5.69	60.10	26.35	23.00	—	126.5	363.8	2.27	—	—
病区	1974	17	7.84	33.03	13.60	19.10	14.42	245.2	366.5	1.40	3.3	46.2
非病区		14	15.6	79.69	22.68	37.81	12.19	232.7	597.5	1.30	7.7	37.8
病区	1975—1976	37	8.10	50.62	10.34	23.81	17.79	217.0	285.0	1.77	27.54	48.1
非病区		35	7.41	52.88	12.22	31.99	17.98	197.0	283.0	2.22	14.61	77.8

经过统计，没有发现哪种元素与克山病有显著的相关关系（对水中的 Se，Mo 未做化验），这与以往的结果相一致。鉴于病区环境多富含腐殖质，而且水多受到有机污染，就测定了水中的耗氧量和有机总量，大体可以看出与克山病有相关的趋势，但是效果不好，进而对腐殖酸（—OH）进行了系统的检测化验。在 150 个患病饮水中腐殖酸（—OH）的平均含量为 0.18mg/L，在 52 个健康饮水中其平均含量为 0.06mg/L。经统计学处理，$P<0.001$，差异性显著。较重病村其含量大于 0.16mg/L，轻病村或非病村则小于 0.10mg/L。在各病区内，凡饮水中腐殖酸（—OH）含量小于 0.04mg/L 的村子，很少见有克山病。这一事实可以说明在病区饮水中腐殖酸（—OH）的含量与克山病有明显的正相关关系。

研究还发现，克山病区饮用水和粮食中的 Se 含量较非病区的明显偏低，病区人群头发含硒量和血硒显著低下。低血硒可使血中过氧化酶活力下降。在发病区通过投硒改善当地饮用水和膳食条件的方法，对降低本病发病率效果显著，也说明饮用水中硒含量与该病有关。

7. 大骨节病与饮用水质量

大骨节病是一种地方性的畸形骨关节病，它是以慢性骨骼关节病变为主要特征的全身性疾病，主要侵蚀儿童和青年处于发育中的骨骼和关节系统，使关节疼痛、增粗，运动受阻，肌肉萎缩，影响、阻碍管状长骨发育，造成关节畸形，走路呈典型的“鸭子步”。该病主要危害的人群是 8～15 岁的学龄儿童，在其他各年龄段中也有发生，已发现的患者最小年龄只有一岁半，最大年龄为 86 岁。民间还有“大骨节病欺负外来户”的说法，移民户比当地居民多发此病。大骨节病广泛分布在我国的北方地区，西北称“柳拐子病”，东北除叫“矮人病”外，也有称“算盘指病”的；南方的个别省份，如四川、台湾等地也有发生。国外如朝鲜北部和苏联与我国北部国境接壤的一些地区以及日本、瑞典、越南等国也都有此病发生。该病多发生于偏僻的农业区和林牧区，据研究该病与当地水土环境尤其是饮用水质量有关。

我国北方大骨节病村多分布于各种地形地貌相对低洼的地方，这些区域水流不畅，土壤潮湿，植被发育，腐殖质富集。凡是地形高亢、开阔的区域，病情都很轻。由于该病表现在一山一沟之隔、坡上坡下村前村后之别，病情的轻重就有截然的不同，因而使其具有显著的地域性的特点。经过对其饮用水主要成分的分析，并未发现有显著的差异。然而，经过对病区及非病区饮用水的腐殖酸（—OH）含量的对比发现，其差异是显著的。在患病区与非患病区分别取饮用水样品 100 件，进行腐殖酸（—OH）检测，得出结果为：患病区的腐殖酸（—OH）均值含量为 0.42mg/L，范围值在 0.14～3.19mg/L；而健康饮水的腐殖酸（—OH）含量均值仅为 0.08mg/L，范围值为 0.02～0.16mg/L。但是杜锦婷（2011 年）对四川茂县的研究却显示，在病区的山地，重病村落往往分布于高地，低地则多数病情较轻，甚至出现非病村，一般海拔高气候寒冷的寨比低海拔区患病程度明显偏高。这说明，大骨节病受当地的气候条件、地形地貌条件等综合因素的影响，在不同地区具有分布上的差异性。

值得一提的是，李端生经过几十年的调查研究与对比发现，水中缺氟是导致大骨节病发生的主要原因。因为在大骨节病区，水环境呈现酸性，腐殖酸含量较高，致使氟均以

CaF_2 形式沉淀，从而造成水中无氟。因此有观点以为，大骨节病的发病机制与长期饮用含有腐殖质的酸性水有关，当然可能还有其他的因素，如阴冷潮湿的居住环境等。

8. 地方性氟中毒与饮水中的氟

如前所述，饮水中无氟对人体是不利的。氟是人类生命活动必需的微量元素之一。人体每日需氟量为1.0～1.5mg，每日摄入小剂量氟，可促进牙齿和骨骼的正常生长发育，也有利于神经系统的传导和酶系统的正常活动。可溶性氟在消化道几乎全部吸收，10min后进入血循环。血中的氟75%与血浆白蛋白结合，其余以离子氟状态存在。氟可通过毛细血管壁进入人体各组织。氟沉积于骨骼及牙齿，其余贮存于毛发及肝、肾中。人体缺氟可引起龋齿，但是多氟对人体会造成危害，形成氟中毒症。由于自然界浅层地下淡水绝大多数处于碱性环境，因而通常是不缺氟的，反而在很多情况下氟太多，形成高氟地下水。这些高氟地下水往往呈片呈区域分布，当把高氟地下水作为饮水时，就形成区域性的氟中毒区，称为地方性氟中毒（病）。

地方性氟中毒是人体从饮用水、食物中摄入过量的氟而引起的一种慢性全身性疾病。主要表现为氟斑牙和氟骨症。氟斑牙主要表现为门牙出现釉斑，牙齿表面粗糙无光泽，严重时牙面磨损、碎裂并脱落。氟骨症主要表现为四肢、脊柱关节持续疼痛，关节僵硬骨骼变形，甚至造成瘫痪。虽然进入人体的氟来源很多，但由于水中的氟化物具有易溶性，吸收率往往在90%以上，因此是体内氟化物的主要来源。

我国地方性氟病主要属饮水型，也有饮茶型。据20世纪后期的调查结果，地方性氟中毒遍及我国28个省、自治区、直辖市（上海市除外），病区人口总数达8561万人。全国约有氟斑牙患者3753万人，氟骨症患者172万人。调查显示，氟骨症的患病率与饮用水中氟含量呈正相关。生活饮用水标准的氟化物低于1.0mg/L为正常值。饮用水中氟含量低于3.0mg/L时，氟骨症病情较轻；达到4.0mg/L以上时，氟骨症患病率增高；当饮用水中氟含量高于10.0mg/L时，氟骨症患病率明显增高，病情严重，可致患者残疾。世界卫生组织规定饮水中的氟含量界限值为1.5mg/L。为防止地方性氟中毒，我国饮用水卫生标准中规定了饮用水中氟的含量限值为1.0mg/L。

我国地方性氟中毒以前是很严重的，主要是高氟地下水（饮水）区分布广，涉及人口多，所以从20世纪70年代开始我国在较严重的高氟水分布区的县级以上政府中均设立了“除氟改水办公室”，有的乡镇甚至村民委员会都设有这样的专门机构，通过引源（从外部调水）和除氟（采用物理及化学工艺去除饮水中的氟）等各种手段，保障老百姓喝上安全高质量饮水。迄今在人口密集的区域，这种地方性疾病得到了有效的遏制，基本消除了氟骨症和氟斑牙患者，年轻人都露出了洁白、健康的牙齿，促进了人们的健康。

9. 饮用水中其他导致疾病的因素

（1）铅中毒。除了前面介绍的元素的吸入量的多寡会对人们的健康状况有严重影响以外，过量的铅的吸入对人体的危害也是空前的。这是因为，人类对自然界的开发、对矿产资源的利用，很多情况下都会释放出很多铅。钢铁冶炼、石油化工、金属矿产开发、铅字印刷等等，仅汽车燃烧汽油一项就会使每年40万t铅排放到大气中，随着降水作用，大多数铅会随之降落到地面，在土壤、地表水和地下水中富集，从而进一步进入人类的食物链，使人们所食用的粮食、饮用水、肉、蛋、蔬菜、水果、水产品、海产品中都会含有致人中毒的铅。

铅中毒后，会损害人的神经系统、消化系统和血液系统，有的病人出现肾脏疾病和中毒性脑病，目前高血压、糖尿病人增多，也有人归结为由于燃烧汽油而导致的空气及饮用水中的铅含量增高造成的。铅使儿童中毒会导致“脑神经功能失调症”，即儿童的多动症、抽动症与铅的吸入过多有关。世界卫生组织曾宣布，儿童的智商与体内血铅浓度呈高度负相关关系。各国科学家发现，当儿童体内血铅浓度每100mL血液中增加10μg铅，则其智商下降6～8分，身高减少1.3cm。

我国预防医学科学院的专家们做了一组动物试验：一组对照大白鼠同时放在一个迷宫式水槽中，非铅中毒的幼鼠均顺利游出迷宫，而铅中毒的幼鼠则找不到出路而淹溺。这个动物试验说明了铅中毒具有遗传特征，也说明了铅中毒对动物脑部的损伤是严重的。铅对人的智力损伤是不可逆的，铅与脑组织的结合，将造成不可恢复的永久性的损伤。

（2）饮用砷污染水会加速动脉硬化。台湾一项研究发现，长期饮用被砷污染的水会使动脉硬化症的发病率增加3倍。在该研究中，研究人员收集台湾西南部地区百余年来井水砷浓度的数据，并通过问卷调查了解当地居民饮用井水的情况，用B超检查他们的颈动脉。研究结果显示，长年饮用被大量砷元素污染的水会加速动脉硬化进程，这部分居民动脉硬化症的发病率是饮用没有被砷污染的水的居民的3倍。

砷来源于工业废料，岩石和土壤中的砷也可溶于地下水中。过去已经有研究表明，砷与膀胱癌、肺癌、心脏病、糖尿病和婴儿出生缺陷有关。目前全球已经有超过1亿人在饮用含有高浓度砷的地下水，而慢性砷中毒也是亚洲地区一个突出的问题。

（3）水中的重金属、有机物与疾病的关系。以下简要列出了饮用水中含量过高的重金属及有机质与人类疾病的主要关系。可以看出，饮用水中许多物质的含量的异常分布都会造成人类的疾病。而在目前条件下，人类的生产活动和追求享乐的生活方式，都或多或少地向自然界中释放大量的类似的有害物质，使我们日常的饮用水中漫布着可怕的致病元素。我们了解了这一切，有助于我们自觉地维护我们生存生活的环境的清洁，使我们远离由于饮用水所带来的疾病的侵扰。

水中的重金属、有机质与人类疾病的关系：铅——婴儿和儿童的身体或智力发育迟缓，成年人肾脏出问题，高血压；铬——过敏性皮炎；钡——血压升高；镉——骨骼变形，背痛，肾损伤；铊——头发脱落，血液成分变化，对肾，肠或肝有影响；汞（无机汞）——肾损伤；砷——伤害皮肤，血液循环问题，增加致癌风险，乌脚病，神经炎；磷——有机磷中毒；硫——消化系统病；硒——头发，指甲脱落，指甲或脚趾麻木，血液循环问题；硝酸盐——“蓝婴症”，症状是婴儿身体呈现蓝色，呼吸短促；三氯甲烷——肝发生问题，致癌风险增加；农药——中毒、肝炎；放射性粒子——致癌风险增加；异臭味——食欲不振、毒素；沉淀物——结石、肠炎；氟化物——过高容易得骨骼疾病（疼痛和脆弱），过高或缺乏导致儿童得齿斑病、蛀牙；氰化物——神经系统损伤，甲状腺问题；细菌——细菌性传染病；病毒——病毒性传染病。细菌与病毒都属于微生物，人类肉眼不能或难以识别，有的对人体伤害极大，致人疾病和死亡。但是这些微生物在常压下烧开的水中是不能够生存的，所以饮用温凉的烧开过的水对人体健康是安全的、有益的。

5.2.3.3 适于人类饮用的水及饮用水卫生标准

1. 适于人类饮用的水

前面讨论了饮用水中某些物质的异常含量会导致人类疾病的问题。通过讨论似乎有这样的认识，即饮用水中存在一些物质成分就会对人体的健康不利，然而这种理解是不正确的。我们必须记住“异常含量”这个词，因为人类与其他地球上的生命形式一样，都是自然界的产物，是顺应周围环境变化的结果，因而任何生命体对自然界中的物质的需求状况是与生命体自身所生存和生活的自然界周围环境的物质条件相适应的。对于人类而言，除了含有特殊物质的地球表面极少部分地区以及环境条件极其恶劣的沙漠高山及极地以外，大部分的天然环境都是适宜人类生存和生活的。也就是说，我们日常的饮用水中并非绝对纯净的水对人体有益，实践证明，饮用蒸馏水无益人体健康。人类与其他生命体一样，维持生命必须依靠不断地摄入足够的或适量的生命元素，其中从饮水中获得这些元素是极其重要的。只是当环境（尤其是当地水体）中存在过量或缺乏人体所必需的物质或元素时，人们才会产生疾病，比如高碘或缺碘和高氟或缺氟，都是对人体健康不利的。正常的天然水中，人类所必需的主要元素都是具备的，而且也不超出人类机体生存发展活动所需的物质含量的承受能力，因而大部分天然淡水是适于人类饮用的。

在这里讨论一下天然和自然两个概念的关系及区别。天然是指未受人为影响的自然环境条件的总称，即天然水体应该是不受人为影响的自然界中的水体。由于目前人类已经影响到了地球表面的任何一个地方，因而在地表及浅部寻找纯粹天然的环境或条件已经是不可能的了，但是凡是人类影响较小、没有给生态环境造成严重破坏的自然环境条件，都可以称之为天然。比如南北极地区及个别原始森林区域，人烟稀少或没有人烟，即人类并没有在这些区域长期居住和生活，因而人类对它们没有造成直接的影响，可以称作为天然环境。然而，由于目前人类使用燃煤及其他化石燃料所造成的大量二氧化碳的排放，使大气质量发生了变化；尤其是人工核放射使大气中的放射性物质年度增加，加之大气的极强的流动性，因此不可能不对上述地区或区域的大气质量产生影响，这些影响会随着降水作用落到地面或通过植物的吸收固定下来，因而也就不能够避免其地表面水体及地下水体不会遭受影响。所以天然是相对的，尤其是对一个研究地区而言，那些受人类影响较小的区域或几十乃至几百年以前的环境条件，总可以当作天然来对待的。自然是客观环境条件的总称，不管它是否遭受到人类的影响。人类影响甚至污染严重的地区和影响较轻微接近天然的区域，都仍然是自然环境条件。地球上的一切生命是不断地在适应着当地的自然环境条件而生存生活和发展，即所谓“适者生存、生物竞争”就是这个道理。许多害虫在经受了某种毒药的危害后，如果不致灭绝，那么其后代就会产生抗体，使人类的灭害工作受阻。较大的生命体甚至人类自身，也具有这样的功能。生命具有不断地适应客观环境条件而改善自身的功能，改造后的生命体如果适应客观环境条件，则可以生存进而发展壮大；否则就会被淘汰而灭亡。

日常所说的纯水或清洁水或洁净水，是指的天然或近天然的、含有一定含量的矿物质的、适于人类饮用的水，而不是不含任何“杂质”的纯水——蒸馏水。这种适于人类饮用的洁净水主要是指未受污染的地表水和地下水。由于周围可资饮用的水严重污染，人们为了要喝纯水，有的在饮水前煮了又煮，过滤再过滤，以便将水中的杂质及有毒物质完全去除。结果就在这层层的净水过程中（目前市面上看到的大家用得最多的净水设备是反渗透膜装置），除了将细菌、微生物及有毒物质去除外（如果过滤的工序对去除这些物质有效的话），同时将水中有益健康的矿物质如钙离子与镁离子等也一并给去除了。然而经过研究发现，适量饮用富含钙离子与镁离子的水是有益健康的。在瑞典地区就曾做过大规模的流行病学调查，结果发现若饮水中的钙离子与镁离子含量过低，甚至是低到零，会增加心血管疾病的发生率近四成，这项研究结论同时也在加拿大、南非及芬兰地区相继被证实。镁离子有助人体中的活化，也有稳定神经肌肉传导的功能，是维持神经、肌肉和心脏应激性的重要离子之一。镁离子是多种酶的激活剂，广泛参与物质代谢和能量代谢和各种生理活动，是参与人体生命活动最广泛的金属离子。当镁离子摄取不足导致体内镁离子的浓度过低时，就容易产生心律不齐及血管异常收缩的现象。医学上镁离子可作用于周围血管系统，使血管扩张，具有降低血压的作用，同时由于其在肠道中吸收缓慢，可使大量水分潴留在肠腔内，因此镁盐具有导泻作用。因此适当摄取镁离子对人体健康有利。由于从食物中所摄取的镁离子易与食物中的纤维素结合，而不易被人体所吸收，所以要增加体内镁离子的吸收量，最有效的方法是从饮水中摄取。钙离子对降血压有非常好的效果，曾有针对8000 多位高血压患者所做的研究指出，在饮食中多补充含钙离子的食物，确实有降低收缩压及舒张压的效果。钙离子的摄取量每天应该在 1000mg 左右，一般人摄取不足。当钙离子摄取不足时，血管管壁会增生变厚，同时血管的收缩能力也增加，使得血压上升。对饮用水中钙、镁离子含量高对人体有益的原因，有人还做了如下解释：如果水中钙、镁含量高而铅含量低，人体会选择主要元素（钙、镁），而将非主要元素（铅）排泄掉；但如果钙、镁含量也低，细胞就可能选择非主要元素铅，从而导致蛋白质或酶的机能发生障碍。这说明，当饮用水中钙、镁离子含量较高时，还可以抑制某些有害物质组分对人体的伤害。

那么什么水是适于人类饮用的健康水呢？有的专家总结和归纳了健康水的三个主要标准：一是没有污染的水；二是没有退化的水；三是符合人体生理需要的水。只有这三点全部达到要求，才能称为健康之水，即净水、鲜水、活水，而非纯水。具体地说就是：健康水是没有受到污染的、具有中等溶解性总固体（310mg/L）和中等硬度（170mg/L）的、参与自然界水循环运动的、不含有对人体有害物质又不缺乏人体必须物质成分的新鲜水。再具体地说，目前国际公认的有益健康水的条件是：①不含对人体有害的物质，如 Hg、As、硝态氮、三卤甲烷等无机物质，大肠菌或类囊尾虫、梨形鞭毛虫等病原微生物，对人都是有害的；②含均衡矿物质，尤其含较丰富的 Ca 和 Mg 有一定硬度；③呈弱碱性，含适量 CO_2，氧化还原电位低，不含或少含 Cl。

2. 饮用水卫生标准简介

如前所述，人们对于饮用水物质组成即饮用水质量与人类健康关系的认识是在不断发展和变化的。随着生活条件的改善提高，对饮用水质量的要求也会相应得到提高，同时伴随着人们对水中物质组成检测手段的先进程度的提高，人们对饮用水中物质组成的检测数目在不断增加。因此，饮用水卫生标准也是在不断地修订和完善，从一定程度上说，它也是反映社会发展历程的一个重要标志。

在不能检测水中物质组成的漫长岁月里，只要水中不含有明显的肉眼可以分辨的杂质就认为是清洁的。随着化学知识的获得和检测手段的提高，使人们能够去获取水中杂质的成分，同时通过对比可以分辨不同地区水的优劣状态，因而为了规范人们的饮水和供水行为，才渐渐地出现了饮用水卫生标准。随着社会的不断发展，人们生活水平的提高，对可疑的物质的有害性有了警觉，尤其是在大量人体健康与长期饮用水监测结果对应研究的基础上，使规定检测的项目越来越多。为了让人们能够喝上无害的健康水，国家制定并反复修订饮用水的标准。

5.3 水文化及其作用

由于人的生活是离不开水的，水对于人类乃至整个生命世界具有决定性作用，因而古往今来，人们崇山拜水、歌山颂水的诗句比比皆是，山的挺拔和水的阴柔构成人类雄雌特性的主要标志，植根于人类的灵魂，内嵌于民族的传统之中。

5.3.1 人类文明，由水而生

人类早起文明，均发源于河流旁侧。先人们都是逐水而居，傍水而生，因而古代文明都是沿着河流分布的，四大文明古国，概莫能外。古埃及文明，位于非洲东北部尼罗河中下游（今中东地区）；古巴比伦文明，位于西亚，发源于底格里斯河、幼发拉底河的两河流域；故印度文明，发迹于印度河；我们中华文明，发祥于黄河、长江流域。各个文明的支系，也都与这些大江大河的支流有关，如大汶口文化，即发源于大汶河流域。因此，人类的文明，人类的文化，即起源于水。水是人类文明的真正渊源。

5.3.2 治水防灾，文化源远

人类逐水而居、傍水而生，必然会受到水的危害，特别是洪水泛滥，给古人们带来很大的灾难，有的古文明的聚居地，就是因为洪水的泛滥被毁于一旦，人们被迫长途迁徙，寻找新的栖息地。因此治水防洪，是关系古人生活、生存的头等大事！尤其是在我国的黄河流域，由于黄河携带大量泥沙，河道沉积、淤塞严重，容易导致河水泛滥成灾，毁灭家园。因而出现了大禹一样的治水英雄，并成为族群的首领，并由此孕育出世代不绝、繁荣昌盛、辉煌灿烂的中华文明。

据考古发现，在距今5300—4300年前的新石器时代晚期的浙江的良渚古城及其周边，修建了由高低坝群及输运水渠构成的水利系统，实现了防洪运输、灌溉的综合水利功能，奠定了良渚文明发展的基础。

5.3.3 通水输运，文化繁荣

社会发展到相当程度的时候，尤其是城市化水平的提高，物质的交流、运输成为重大问题。陆路运输单靠人力及牲畜，成灾能力小，自消耗成本高，有时是根本无法实现的，长距离运输甚至得不偿失，徒劳无功，因此寻找运力大、消耗低、效益好的运输方式，就成为重大课题！水路船运，就符合运力大、消耗低、效益好的要求。在我国的春秋战国时代，就有了开挖运河，走船运输的传统。约在公元前600年的楚庄王时，沟通江汉。吴国在阖闾、夫差时期在太湖地区陆续开凿运河，古江南河，系江南运河的前身。公元前486年，吴王夫差筑邗城（古广陵），并于侧近开沟，引江水北出武广（今邵伯湖）、陆阳（今江苏高邮南）两湖之间，下注樊梁湖（今高邮湖），东北流至博芝、射阳两湖（今江苏宝应东），再西北至今淮安北古末口入淮，以通粮道，是为邗沟，连接江、淮，是今里运河的前身。公元前484年吴王夫差于今山东定陶东北开深沟引菏泽水东南流，入于泗水，使原来互不相通的江、淮、河、济四渎得以贯通，成为中原地区东西往来的主要航道。公元前361年，魏惠王开挖鸿沟，引黄河水南流入圃田泽（今河南郑州、中牟之间），又自圃田泽引水至国都大梁（今河南开封）城北，绕城趋南，经通许、太康，注入沙水，再南至陈（今河南淮阳）东南入淮河支流颍水，联结了河、济、濮、泗、菏、睢、颍、汝、涡等数条河道，形成黄淮平原以人工运河为干流，以自然河流为分支的水运交通网。这些运河，保障了军需物资及重要粮草的运输。

秦国为了统一南方，辎重供应成为用兵难题，故而动用兵民，联合开凿灵渠，打通湘江与漓江联系，沟通长江与珠江，开通水运，从而为进军岭南开辟了通道，也从此使得黄河流域船只，经过内陆水道就可以直达岭南。

隋朝统一天下后，利用先前的运河故道，或修或挖，先后修建300km的广通渠，连接西安、潼关、黄河；1900km的永济渠，连接洛阳、北京等，从而贯通了京杭大运河。2000多年来，经过历朝历代的修缮、运营，京杭大运河成为我国东部发达地区的重要南北生命线，迄今仍然发挥着巨大的作用。

5.3.4 引水灌溉，促进农业

农业文明是继狩猎及游牧文明之后的更为先进的文明形态，我国五千年文明就是伴随着农业文明的兴起、发展而不断壮大、繁荣、丰富起来的。浙江河姆渡，考古发现在7000年前，先人们就开始种植人工水稻，木工出现了榫卯结构的雏形。史书记载，早在商周时期直至先秦时期，一直有引水灌溉的习俗和传统。公元前246年的秦王政时期，由韩国水工郑国带领数千人众，历经十年修建的长达300余里的水渠，史称郑国渠，西引泾水、东入洛水，使沿途4万顷良田变为沃土，亩产粮食可达100kg，从而使秦国快速富强起来。

四川盆地西部的成都平原，水旱灾害十分严重。公元前256年始，秦国蜀郡太守李冰及其子率众修建都江堰水利枢纽，引长江支流岷江之水，入成都平原，从而使得成都平原变为沃野，成为天府之国。都江堰是全世界至今为止，年代最久、唯一留存、以无坝引水为特征的宏大水利工程。2200多年来，仍发挥巨大效益。都江堰水利工程，通过巧妙的设计，充分利用自然条件及水流特征，确保引入的岷江之水洪期不多、枯期不少，避免了砂石涌入的危害，是人类水利工程建造史上的奇迹。

中华文化历经五千多年，引水文化，绵延不绝。新疆的坎儿井，将春夏季节渗入地下的大量雨水、冰川及积雪融水，通过利用山体的自然坡度，由地下平硐储存、汇集，在地势低洼的沙漠等地引出地表进行灌溉，泽被绿洲。

新中国成立以来的70多年间，中华大地上引水工程处处开花，大小引水灌渠成千上万条。著名的有贯穿于太行山脉、蜿蜒攀附在陡山沟壑间的红旗渠等大中型供水引水工程。进入21世纪以来，南水北调东、中线工程陆续于2013年和2014年全线通水。至2021年，南水北调东、中线一期工程累计调水约494亿m^3，解决了山东、河南、河北、天津、北京等地的缺水状况。相信随着南水北调西线工程的实施，华北缺水状况将得到很大改善。

5.3.5 航海周游，文明交融

海洋是横亘在各大陆之间的天然屏障，实现大陆之间文明的交流，除了像陆上丝绸之路这样的陆路贸易交通以外，航海是最直接的和最有效的交流途径。

始于明朝永乐三年（1405 年），止于明朝宣德八年（1433 年）的郑和下西洋船队，前后出海巡洋七次，是中国古代规模最大、船只和海员最多、时间最久的海上航行，远航西太平洋和印度洋，拜访了 30 多个国家和地区，最远到达东非、红海。郑和开辟了海上丝绸之路的先河，向全世界诠释了中国热爱和平、公平贸易、交流互信、互利共赢的大国意志和中华民族与弱小民族和平相处、文明交融、共同发展的高尚情操。

然而，与我国和平的理念正好相反的是，开始于 15 世纪末的欧洲的所谓地理大发现的海上航行，打开了西方睁眼看世界的大门，从此亚非、南北美洲以及太平洋岛国，经历了数百年的被西方列强的惨无人道的侵略、屠杀和抢掠的残酷历史，直到今天，这种侵略和伤害仍然还没有结束。

5.3.6 海洋文化，雄领未来

在全球化的新时代，海洋已经成为与陆地一样的重要基础资源。没有先进的航海技术和航海装备，就难以融入当今这个现代海洋的大时代。只在陆地上逍遥跋扈、扩疆展土，已经不能够成为强国的标志了，只有拥有了驾驭大片海洋的能力，具有不间断观测、控制五大洋的情势的能力，才能够算得上是世界强国，伟大的民族。

所以只有大力弘扬海洋文化，强力打造全天候、全时空、遍布地球所有海域的海上观测、管理和控制能力，才能够雄领未来，为全人类谋福利。

5.3.7 中华文化，山水相依，源源不断，贯通陆海

在我国，水文化及水的文化作用体现在人们的方方面面。我国的阴阳五行学说，山阳水阴，与日月、天地相对。水是五行之一，是体现阴的端元，是构成世界的重要元素。我们的传统医学，沿用阴阳五行的哲学思想，突出水的重要性。缺水不行，水多则涨，水运适宜，身健寿长。

水的软弱、形变、遂境的性质让人宽慰、舒适、畅享，但其柔韧、克刚、勇往直前、改变万物、永不言败的特质也给人以智慧和力量，令人坚毅和顽强，促使人们发愤图强、攻坚克难、前进不止。水对生命的支撑和决定作用，水的相态的转化及形态的变化，等等这一切，都教会人适应变化的环境。所以，水不仅哺育了万物，还教会了人行事做人的道理。这些循水的道理，催生着中华民族坚韧不屈、攻坚克难、勇往直前的精神灵魂。

中华文化源远流长，水文化在其中的突出表现，可以从以下几个方面略见一斑：

一是从汉字上体现出与水有关的事物，且能够由汉字中水的偏旁就能体会到“水的温度”。在汉字的进化中，用两点、三点和四点分别作为偏旁部首予以替代与水有关的意义，且又不乏隐含着其他意义：如两点水示意温度较低或呈固态的水，如冰、冻、凉、冷、凝、冶、凋、凌、凄、凇、冽等；三点水的汉字则示意常温或呈液态流动的水，温、海、江、汽、潮、池、滩、沐、淋、渴、溪、洗、洋、波、滴、河、湖、激、浇、泼、洒、沙、湿、澡、泣、清、潭、泥、浪、泪、洼、湾、汐、淹、浮、溉、灌、汗、洁等；四点水的汉字就表示温度较高的热水或蒸汽，如热、熟、照、煮、熏、烈、煎、焦、煦、烹、

熬、烝、蒸等。其他的水字旁的字都是由此推衍出来的。

二是所谓的“风水”观念。风水是中华民族历史悠久的一门玄术，也称青乌术、青囊术，较为学术性的说法叫作堪舆。风水的核心思想是人与大自然的和谐，达到“天人合一”，适应大自然。早期的人们的生产力水平低，抵御自然灾害的能力低，所以避让灾害、寻找安全场所，通过人工有限地改造自然条件以适于生活、生存，有利于健康，就成为人们所必须追求的目标。因而起初的风水主要关乎宫殿、住宅、村落、墓地的选址、坐向、建设等方法及原则，应该说它是原始朴素的与水（包括地表水和地下水）有关的环境地质、工程地质方面的学问，教人如何选择合适的建筑及活动场所，以避免自然灾害的侵袭。但是在愚昧的时代，被一些图利者所利用，把这样的朴素的认识自然、适应自然、改造自然的学问发展成为一门无所不能的玄学，尤其是对阴宅的选址及其对其子孙后代的影响上升到一个迷信和灵神的地步的时候，风水就必然地变成了人们认识自然、适应自然和改造自然的桎梏。尽管如此，其最基本的关于选择安全（能够避开洪水、山崩、暴风等灾害威胁）、有利（取水用水排水方便）的思想还是积极的，特别是对古代城乡或村落选址、建设等，都发挥了一定的积极作用。

三是餐饮文化。人类的日常生活离不开水，集中表现于我国的饮食文化中。中国是茶之故乡，斑斓多彩的茶文化，是中华文化的重要组成部分，寓含了很多水文化的内涵。如饮茶文化中就有诸多水量、水温、水质的要求，不同茶叶对水的温度要求是不同的，山泉水泡茶优、停泽水不利饮茶，等等。陆羽就有煮茶用水“山水上，江水中，井水下”的论断。对于饮水水源，古人早就有流动的活水益寿、停滞的死水有毒的正确判断。现代人们更提倡不渴之饮，及时饮水、补充水分，不要等渴了再饮，培养养生饮水习惯，等等。

四是水的政治文化。战国末年的荀况，基于水能浮船的道理，在《荀子·哀公》中提出了“水能载舟，亦能覆舟”的政治论断。他把执政者比作船，把老百姓比作水，从而让执政者时刻关注民生，关心百姓生活。中国共产党更是把人民当作水、把自己当作水中的鱼，多年来坚守鱼水情怀，以全心全意为人民服务为宗旨，关心人民、一切从人民的需要出发、甘心做人民的孺子牛，从而带领人民从胜利走向胜利，把国家建设得强大起来。

五是水的季节文化。中华文化博大精深，为了适应农业的需要，很早就将一年划为 24 节气，用来指导农业生产和人们的日常生活。直接与水有关的节气就有 7 个，雨水，谷雨，白露，寒露，霜降，小雪，大雪，其实清明和小满两个节气也与水有关，此不赘述。

六是水的节日文化。我国少数民族有洒水庆祝的习俗，如泼水节；我国很多地区，在端午节来临时，都要进行赛龙舟活动。水的节庆文化在现代也有新形式，如飞机完成首飞都要洒水庆祝，我国部分民族继承了西方人对新生儿或幼儿进行洗礼的习俗，等等。

事实上，水是很多文化领域或文化符号的重要组成部分。比如，吃水不忘打井人的崇德感恩教化传统，水火无情的灾情教育文化，等等。水还是健身及娱乐文化的必要元素，洗浴文化中水的讲究更多，在此就不一一赘述。有人把水与火相比较，说明水和火的一样的重要性。实际上两者根本无法比拟。的确，在现代人们的日常生活中，离不开水，也离不开火。人类用水，也用火。但是，用水是与生俱来，用火则是门技术。事实上，地球生命的绝大部分是怕火的，但是都依赖于水。

总之，水是地球生命的根源，懂水、知水，管好用好水，是人类的义务和责任。

第6章 水文学基础

6.1 概述

水文学是水科学和地球科学的重要组成部分，是关于地球上水的起源、存在、分布、循环、运动等变化规律和运用这些规律为人类服务的知识体系。水文学的研究领域十分宽广，从大气中的水到海洋中的水，从陆地表面的水到地下水，都是水文学的研究对象，包括水圈与大气圈、岩石圈和生物圈等地球自然圈层的相互关系，不同条件下各地区和全球水文循环及其变化等等。水文学不仅研究自然界水量，而且研究其水质，探讨水体化学和物理性质以及它们对环境的反应；不仅研究现代水，而且探求全球水的形成发展历史，预测其未来的发展变化趋势，即研究自然界水体的运动状态、循环变化及其随时空的分布规律。近年来，环境变化下水循环的研究以及水资源开发利用和人类活动对自然环境的影响即人类的水行为对自然界水环境的影响的研究成为焦点。

水文学是人类在认识水文现象、过程及其运动规律并运用这些规律为人类生活和生产服务过程中逐步发展起来的。由西方科学史来看，水文学大体可划分为四个发展时期（表6.1）。

表6.1 水文学发展时期概观

时　期	概　　观
萌芽时期 （1400年以前）	原始的水文观测（水位观测、流量和泥沙测量、雨量观测），水文经验的积累，水文地理学的早期发展，水文循环概念的萌发
奠基时期 （1400—1900年）	观测仪器的发明与水文测验的开展，水文科学体系的形成，应用水文学的兴起
成长时期 （1900—1970年）	水文要素的深入研究，水文计算和水文预报方法的改进
现代化时期 （1970年以后）	新技术尤其是计算机的运用（水文数学模型的发展、水文预报、历史洪水调查与水文计算、河流泥沙计算、地下水模型、水面蒸发模型和水质模型），水文实验和研究的发展，水资源和人类活动的水文效应研究的兴起与发展

实际上我国先人们在水文观测和研究方面起步较早，在大禹时期就有了利用“准绳”进行水准测量的最原始水准测量仪器。殷商时期（包括夏朝和西周）是古代水准测量技术的创始时期，也是水准测量工具的萌芽阶段。战国与秦汉时期，测量水准的工具已经真正成型，按照西方的标准，那时候中国就处于水文学的奠基时期了，随之就有了都江堰［始建于秦昭王末年（约公元前256—前251年）］、郑国渠［始于公元前246年（秦王政元年）由韩国水工郑国主持兴建，约十年后完工］、灵渠（于公元前214年凿成通航）等重大水利工程的建设成就。

水文学具有完整的科学体系（图 6.1）。按照研究水体所处空间位置的不同，通常把研究大气圈、水圈、岩石圈中水体为研究对象的水文学科分别称为水文气象学、地表水文学和地下水文学。依照习惯，没有特别说明时水文学指的是地表水文学。地表水文学可以分为海洋水文学和陆地水文学。海洋水文学以海洋中的水为研究对象，着重研究海水的物理性质和化学成分，海洋中的波浪、潮汐、洋流、海岸带泥沙运动等。陆地水文学以陆地上的水为研究对象，分支最多。地下水文学习惯上叫作水文地质学，是水文学与地质学的边缘结合学科，研究地下水的形成、埋藏和运动变化规律以及地下水资源的评价及开发利用及其影响所致的地面变形，地下水污染、生态退化或演化等方面的环境地质问题等。虽然大气水一直是水文学的重要研究对象，但是迄今还没有形成完全独立的学科。本书采用大气水文学的概念，意在突出其重要性，并鼓励该学科的形成发展。

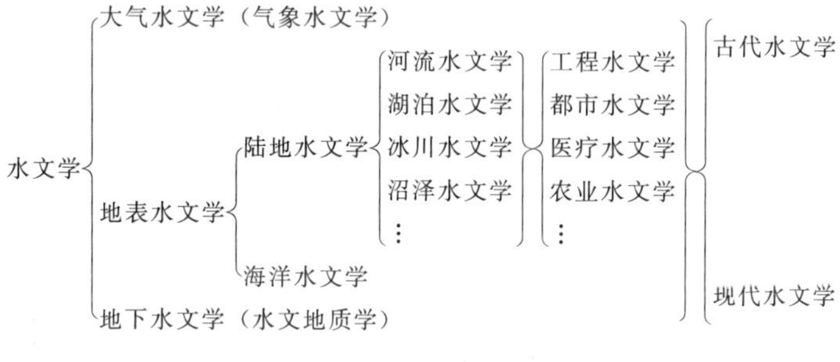

图 6.1　水文学科学体系示意图

由图 6.1 可以看出，虽然陆地上的水量只约占全球总水量的 3.5%，但是陆地水文学却是水文学的主要组成部分。这是由于淡水几乎都分布在陆地，整个人类生活在陆地，最复杂的水文过程也发生在陆地的缘故。实际上，由于水文地质学的研究对象主要集中在陆地，所以水文地质学也应该是陆地水文学的主要组成部分。但是水文地质学也研究海洋洋底以下的地下水，近年来更向深部地下水、地热水等方向拓展。

自然界中水的作用是无与伦比和无可替代的，从大的属性来看，自然界水的主要功能表现在资源、生态环境因子、灾害因子、地质营力与信息载体五个方面：①水作为一种不可或缺的资源是人所共知的，而且越来越得到人们的共识；②自然界的水不仅有限，而且容易受到伤害，从而进一步伤害环境和人类的生存与发展，水还参与一切生物的作用，是生命的源泉，因而水是自然界的重要生态环境因子；③洪水与干旱都可以导致人类的灾难，这是自然界水直接造成的灾害，而自然界中的水还不断参与其他灾害的形成与发展，比如滑坡、泥石流，等等；④水是除了地球内部能量释放造成内力地质作用以外的最大的地质营力，它把地球表面高处的物质带向低处，总是试图使地球表面变得圆滑，它的侵蚀搬运作用是巨大的；水参与所有的地球表面的地质作用，在岩浆排向地表的过程中，有水的加入时会使火山强烈喷发；地壳内部一切成矿作用都是离不开水的作用的；⑤由于水的流动性和强烈的溶解能力以及巨大的热容性，等等，使其成为地球内部情况的信息载体；通过了解彗星的水的物质成分来了解彗星的成因及其他性质，通过了解天体水的存在及其状态，来推测火星或其他天体的生命历史，探索宇宙水的来源，因而水是不可多得的信息载体。

6.2 大气水文学概述

6.2.1 大气水文学的基本概念

传统上把大气圈中水体作为研究对象的科学叫作水文气象学或气象水文学，研究大气圈和水圈的相互关系，包括大气中水文循环和水量平衡，以蒸发、凝结、降水为主要方式的大气水与下垫面（地球表面的所有，包括海洋、陆地、冰雪、森林等等）的水分交换，其中尤其着重研究暴雨和干旱发生和发展的规律。通常水文气象学是应用气象学原理和方法研究水文循环和水分平衡中与降水、蒸发有关的问题，是气象学和水文学的交叉边缘学科，主要降水预测预报及洪水预报。但是由于下述原因，突出大气水文学的地位是非常必要的：目前之所以出现全球性的水危机，是陆地清洁淡水的不足及陆地及其附近海域的地表水和地下水遭受污染造成的，并非地球表面水总量的减少。地球上的总水量是不变的，而且从地球上水的起源来自自身释放的观点来看，地球表面水的总量会不断地增加，如果加上地外诸如彗星等天体对地球水的补给，这种增加就更明显。由于陆地位势高于海洋，在重力作用下陆地上的液态的水会不断地排向海洋，如果没有大气水的补给，陆地上的水终究会枯竭。所以地球大陆上之所以生机盎然，就是靠了水循环的大气水运动环节，由此大气水源源不断地供给陆地，才出现了河流、湖泊，才出现了陆地上的生命，才有了人类赖以生存的环境。从水循环的三大要素看，降水、蒸发和径流中有两项是发生在大气中、以大气水形式存在和发展，足见大气水的重要性。鉴于此，将大气水文学独立地对待并加强研究是非常必要的。

大气水文学是研究地球大气中水分的存在、运动、变化、作用的科学，是水文学的一个分支学科。具体地说，研究大气水的存在就是研究大气中的水是如何存在的，如气体状态的水汽、各种云以及它们的数量、地理分布和高度分布等；研究大气水运动就是研究大气水（气体、液体、固体）随大气的运动以及相对于大气的运动和运动水的数量、运动方向和特点等等；研究大气水变化即研究大气水的状态变化（气体、云滴、冰晶、雨滴、雪花、冰雹）、水从环境的补入（蒸发）和从大气中的析出（降水）规律及原理、大气水循环、大气水的化学演变进程等；研究大气水的作用，即研究大气水的存在、运动、变化对地球水循环、大气（含天气系统）、地面（含冰川、河流等）和生物（包括人类）的作用，最终目的是利用这些大气水的知识来为人类的发展服务。

6.2.2 大气水的存在形式

大气水存在形式是多种多样的。以分子形式存在的大气水，是大气中气体状态的水的基本形式，可以作为连续性气体来加以研究认识；但是真正有意义的能够形成降水落到地面的大气水却不像地表水及地下水那样能够形成连续的流体，而多是以粒子的形式存在的。这些粒子包括云滴、雨、雪、雹、霰等，其线形尺度大小可参见表6.2。

6.2.2.1 水汽

水汽是由地面水蒸发形成的大气中以气体状态存在的水，局部基本是呈均匀地分布，所以可以作为连续性气体加以研究和认识。水汽是以水分子的形式存在的。其在大气中的

表 6.2 大气中主要水粒子和凝结核颗粒的线形尺度统计表

粒子名称	特征长度	说　　明
水分子	0.1nm	大气中气体状态的水的基本存在形态，作连续介质处理
颗粒	5nm～10μm	凝结核等
海盐粒	1μm	0.1～10μm
冰晶	10μm	云的小颗粒（结晶水状态）
云滴、雾滴	10μm	1～100μm
雨滴	1mm	毛毛雨 0.05～0.5mm，阵雨 1.5～3.5mm
霰	1～2.5mm	
雪花	2.5～10mm	
米雪	<0.5mm	
冰雹	2.5～5mm	特别大的 10cm

含量由于蒸发和降水作用而发生变化，影响水汽含量的因素还有大气温度和压力（大气压）。由于大气压力随高度的增加不断降低，空气上升时将膨胀而冷却，饱和水汽压也会随之降低，当大气中水汽达到饱和并凝结成大量细微的水滴而飘浮在空中时，就形成云。温度低于 0℃的云，往往由小水滴（过冷水滴）和冰晶组成。

6.2.2.2 云

千姿百态的云是由大量细微的水滴或冰晶组成的、悬浮在大气中的可见聚合体。云通常不接触地面，接地时称为雾。云的运动可表明气流的移向和移速。来自云层的降水，是维持生命所需的重要水源。云和降水对太阳光的折射和散射，将形成晕、华、虹、霓、峨眉宝光等绚丽多彩的大气光象。云间有时还发生激烈的放电，出现闪电、雷击等现象。

1. 云的分类

云的分类方法很多，常见的有以下四种分类：①按照云的高度和外形，云可以分为高云、中云、低云，直层云四族和卷云、卷积云、卷层云、高积云、高层云、层积云、层云、雨层云、积云、积雨云十属。②按动力特征分类，因空气对流而形成的铅直发展的云称为对流云或积状云；大范围空气辐合而缓慢抬升时，形成一种水平延展且均匀成层的云称为层状云。③按温度特征分类，云体的温度都高于 0℃的云称为暖云；云体的温度都低于 0℃的云称为冷云。④按微结构分类，完全由水滴组成的云称为水云，完全由冰晶组成的云称为冰云，由水滴和冰晶共同组成的云称为混合云。

云的产生和发展往往同天气系统或特定的地形有关。不同天气系统出现相应的各种云组成的体系，称为云系。如锋面云系，台风云系等。以下是几种云的详细描述。

（1）层状云。在气旋和锋面等天气系统中，空气在大范围内辐合，缓慢抬升，可生成大范围的层状云系。如果水汽供应充分，则所生成的云系深厚，在铅直方向可出现云层各厚达 1～2km 的多层次结构，自上而下依次为卷云、卷层云、高层云、雨层云或层积云，再下面，尚可有因降水蒸发再凝结而生成的碎雨云。高层云或层积云中，有时可降零星的雨或雪，雨层云则常产生持续性的降水。

晴空夜晚，每当风速比较小时，近地面层的空气，往往因辐射冷却而降温，加上湍流混合作用，可使低空几百米厚的空气中的水汽，达到饱和状态而生成层云或雾。

（2）对流云。积云和积雨云，都出现在大气不稳定的条件下。低洼或向阳地方的湿空气受太阳辐射加热，将局地抬升，形成尺度在几十米到几百米之间的泡状或柱状的上升气流。这种对流上升的湿热空气和周围的干冷空气混合时，逐渐丧失上升的能力。但如果有足够大的抬升力，并有合适的大气温度层结相配合，上升的气流就能够达到凝结高度，即空气中水汽达到饱和并开始凝结的高度。这时因水汽凝结而释放的潜热，将供给云体进一步上升的能量，使上升的云体形成积云。开始形成的积云比较薄，称为淡积云。当大气中有深厚的不稳定层结时，淡积云将进一步向上发展，形成浓积云。如果云体达到0℃层以上，可因过冷水滴冻结，释放潜热，使云体继续发展，而形成庞大高耸的、顶部有冰晶丝缕结构的积雨云。在强烈不稳定的天气条件下（常有冷空气活动相配合），积雨云可进而发展成中尺度对流风暴，伴随着大风、暴雨、雷暴、冰雹，龙卷风等天气。

（3）地形云。当气流受山地所阻，被迫抬升时，如果有充足的水分，就会膨胀冷却，而在山的上空形成位置比较固定的地形云。越过山峦的气流，在山后可形成波动，它甚至可以扩展到高达10km左右的高空。如果湿空气在波峰处因抬升而膨胀冷却，使水汽达到饱和状态，就形成一种位置少变、走向顺着地形的条带状的波状云。大气的波状运动，也可出现在高空逆温层或者强风速切变区，有时能够生成卷积云和高积云。

（4）其他云。除上述各主要云型外，还有几种特殊的云：①贝母云和夜光云。在高纬度地区常见。贝母云（珠母云）距地面20～30km，云层有珍珠般的色泽；夜光云距地面75～90km，出现在黄昏后的夜空，云薄而有银色光泽。②飞机尾迹。飞机在飞行中，其尾部有时拖出白烟状的凝结物，称为飞机尾迹。它是水汽在飞行轨迹上凝结而成的特殊云。③火山烟云和放射性烟云。火山爆发或核弹爆炸时释放大量的热能，形成了高温气块。它在迅速上升的过程中膨胀冷却，使其中的水汽凝结成云滴，同烟尘一起形成火山烟云或放射性烟云。

2. 云的形成

（1）大气凝结核：云是由水汽在大气凝结核上凝结而成的。大气中能够使水汽在其上凝结而成小水滴的悬浮微粒，称作大气凝结核。大气凝结核由固态物质、溶液滴或两者的混合物组成，其化学成分很复杂，最常见的是氯，氮，碳、镁、钠、钙等的化合物。纯净大气中，水汽必须达到几倍的过饱和度，才能凝结成水滴。但在有大气凝结核的条件下，水汽凝结所需的过饱和度显著降低。水汽在不同性质、不同尺度的凝结核上凝结所需的过饱和度，差别很大。一般凝结核越大，水汽凝结所需的过饱和度就越小。

大气凝结核按照大小可分为三类：①爱根核，半径0.005～0.1μm；②大核，半径0.1～1μm；③巨核，半径大于1μm。大气凝结核浓度在海洋上空有时小于100个/cm^3；而在大工业城市上空有时达到10^6个/cm^3，凝结核的浓度随高度很快减小。

（2）云凝结核浓度：水汽能在其上凝结成云滴或雾滴的微粒称为云（雾）凝结核。在成云的实际过程中，水汽的过饱和度一般都在1%以下。云凝结核的浓度，与气团性质和地域有关，在海洋性气团中，其浓度为10^1～10^2个/cm^3，约比大陆性气团低一个量级。

（3）云凝结核来源：云凝结核的主要有三种来源：①燃烧时排放到空气中的各种无机盐烟尘；②燃烧过程中或工业生产中排放的硫氧化物和氮氧化物气体，与大气中其他物质化合而成的可溶性微粒；③尘土和海水溅沫进入大气的海盐微粒。一般说来，大气中并不缺乏云凝结核，只要水汽超过饱和状态，就可以形成云（雾）滴。

3. 云中的水（微观特征）

云中水滴（也叫云滴）的大小不同，其半径为几 μm 至 100μm。单位体积中云滴的总数，称为云滴浓度，一般为 10^1～10^3 个/cm^3。在大陆性气团中，云滴平均半径小而浓度大，在海洋性气团中，云滴平均半径大而浓度小。云中还有半径大于 100μm 的水滴，它们实际上是未降离云体的雨滴。云中的冰晶、雪晶及其他固态粒子的形态，因生长条件不同而异。云中冰晶的浓度从每升不足一个至每升几百个，变化范围很大。单位体积的云体中，水滴或冰晶所含的水量总和称为云的含水量，一般为 10^{-1}～$10^0 g/m^3$。含水量的大小因云的类型、发展阶段和在云中所处的部位不同而有很大的差别。纯冰晶云的含水量可小于 $10^{-1} g/m^3$，但是积雨云含水量可达 10^0～$10^1 g/m^3$。

6.2.2.3 降水

从云雾中降落到地面的液态水或固态水统称为降水，如雨、雪、雹、霰等。一般空气中直接凝结在地面或地物上而成的液态水或固态水，如露、霜等，也都统计在降水量之内。

1. 降水的分类

降水的特性主要决定于上升气流、水汽供应和云的微物理特征，其中尤以上升气流最为重要。通常按上升气流的特性，将降水分成对流性的、系统性的和地形性的三种。

(1) 对流性降水：大气静力不稳定的条件下产生的对流，水平尺度很小，在 0.1～50km，只存在几十分钟，但上升速度很大（1～20m/s）。降水粒子在云中形成之后，其落速往往小于气流的升速，因而积聚在云的中部和上部不能下落。由于大量降水粒子的拖曳等原因，上升气流速度减慢到小于降水粒子的落速时，降水粒子下落形成阵性降水，常称阵雨。阵雨的开始和停止都比较突然，降水强度的变化也很大。对流性降水常伴有雷暴，所以常称为雷阵雨。当大气层结构很不稳定、高层不断降温、低层有充分水汽供应时，可出现垂直发展极盛的积雨云，其上升气流可大于 15m/s，含水量大于 $10g/m^3$，云顶温度低于−30℃。在这种云里可能形成冰雹。

(2) 系统性降水：当空气形成大范围的上升运动时，可形成层状云系。由于这种情况的水平尺度很大（1000～3000km），持续时间很长（1～3d），但上升速度很小，一般为 1～50cm/s，因此容易产生大范围的连续性降水。

(3) 地形性降水：湿空气受山脉等地形抬升而产生的降水。地形作用一般使山的迎风面的降水量增大，背风面的降水量减少，甚至出现干旱少雨区域，称为雨影区。

实际的降水往往是复合型的。如系统性降水常常因地形抬升而加强，在大范围的天气系统中，往往有中间尺度天气系统和中小尺度天气系统产生对流性降水。降水量的四季变化及年际变化受地形地貌、地理位置、水陆分布和大气环流、天气系统等因子的影响。

2. 降水形态

液态降水为不同大小的水滴，包括雨和毛毛雨。固态降水的形状多种多样，包括雪、霰、米雪、冰粒、冰雹等。

(1) 雨：从云中降落下来的液态水滴，其直径一般为 0.5～6mm。小雨滴呈球形，直径在1mm以上的雨滴呈扁球形，雨滴越大，形状越扁平。超过一定大小的雨滴就会破碎，所以自然界中很少观测到直径大于6mm的雨滴。单位体积内的雨滴个数（雨滴浓度）一般随其直径的增大呈指数规律递减。连续性降水雨滴大小较均匀，而阵性降水的雨滴大小不均。降雨是最常见的降水形式。降雨按降水量的大小分为六个等级，见表6.3。

表6.3　降雨等级表

等级	24h降雨量/mm	12h降雨量/mm	等级	24h降雨量/mm	12h降雨量/mm
小雨	1.0～9.9	0.2～4.9	暴雨	50～99.9	30～69.9
中雨	10～24.9	5～14.9	大暴雨	100～200	70～140
大雨	25～49.9	15～29.9	特大暴雨	＞200	＞140

（2）毛毛雨：细小而十分均匀的稠密液态降水，其直径小于0.5mm。

（3）冻雨：过冷的雨滴与空中或地面物体碰撞而冻结的雨。当大气和物体温度低于0℃时，过冷却状态的雨滴落在物体上，会立即冻成外表光滑而透明的冰层，在悬挂物上形成冰挂，称为雨凇。

（4）雪：由较大的冰晶（即雪晶）组成。雪晶一般大于0.3mm，其基本形状为六角形。由于生长环境的差异，沿不同晶轴方向增长的速率也不同，会形成各种各样的雪晶。在较高温度下，雪晶可互相碰撞粘连而成雪团。最大者直径可超过10cm，由4000多个冰晶和雪晶组成。雪大都降自雨层云或高层云，属连续性降水。寒冷季节的积雨云中所产生的降雪，具有阵性特征。

（5）霰：又称雪丸或软雹，是白色不透明的圆锥或球形的颗粒状固态降水。直径2～5mm，下降时常呈阵性，触及硬地时常反跳。它是由冻结的小云滴组合在一起而成的，密度小而松脆易碎。

（6）米雪：白色不透明的、比较扁或比较长的小颗粒状固态降水，直径常小于1mm，触及硬地时不反跳。它是由微小的过冷水滴在冰针或小雪晶上撞冻而成的，其降水量很小。

（7）冰粒：透明的丸状或形状不规则的固态降水，较硬，触到硬地时一般都能反跳，直径一般小于5mm，内部有时还有未冻结的水。它们可分成两种：①冻结的雨滴或者大部分融化后再冻结的雪团，直径1～3mm；②包在薄冰层内的霰，薄冰层是由霰捕获云滴或自身部分融化后再冻结而成的，直径2～5mm，旧名小冰雹。

（8）冰雹：又称雹或雹块，从对流云中产生的各种形状的坚硬固态降水。雹块通常为白色、乳白色或无色透明的固体，直径一般大于5mm，通常最大尺度小于3cm，大于10cm的少见。冰雹一般出现在对流活动频繁的夏秋季节，降落持续时间一般为3～5min，短则10s，长可达40min。

6.2.3　大气水的来源——蒸发

（1）蒸发的概念：温度低于水的沸点时，水汽从水面、冰面或其他含水物质表面逸出的过程叫作蒸发。蒸发是水由液态或固态变为气态的相变过程。在自然界中，蒸发是海洋和陆地水分进入大气的唯一途径，是地球水文循环的主要环节之一。

（2）蒸发的机理：按照分子运动论观点，液态或固态水表面有些水分子因其动能大于其他水分子对它的吸引力，就脱离水面或冰面，进入气相之中形成蒸发。水汽分子的不规则运动，也会使其中一部分撞到水（或冰）面，被水（或冰）所吸收。因此蒸发量是从水（或冰）面飞出的水汽分子通量与回到水（或冰）面的水汽分子通量的差值。

(3) 蒸发的影响因素：自然条件下的蒸发是很复杂的，大气边界层中的气象条件对蒸发有明显的影响。蒸发的速度与风速梯度、水汽含量梯度以及气温成正比。

陆面蒸发包括各种水体（河流、湖泊、水库等）的水面蒸发、土壤蒸发、植物散发（蒸腾）、冰雪蒸发和潜水蒸发。陆面蒸发与土壤的结构、含水量以及植物覆盖的情况有关。土壤含水量不足，蒸发量就减少。森林地带充分潮湿时，能蒸散出大量的水分；特别是夏季，森林蒸散的水分比水面的蒸发还多。水面蒸发与水的相态（水或冰）、温度、水面大小以及水中所含杂质情况有关。较小的蓄水池的水面蒸发比大面积水面快。盐度增加会减小蒸发量，相对湿度为90%时，海水的蒸发量仅为淡水的80%，相对湿度为95%时，仅为淡水的60%。陆面冷季的蒸发比暖季小，海洋则相反，冷季蒸发常比暖季大。

6.2.4 大气水的运动及其驱动力

大气水的运动过程是个能量转换的过程。大气中水汽的蒸发和凝结所引起的相变对热的吸收和释放，是大气中能量转换和输送过程的一种重要方式。大气中的水汽从江河、海洋、湖泊、潮湿的土壤以及植物等表面（称作降水的下垫面）蒸发出来后，随着大气一同运动，在条件适宜时形成云，再形成降水返回到下垫面。如此形成水的循环。水粒子降落到下垫面的过程并不包括水分的相态（气体、液体、固体的转化）变化，说明降水过程不是能量的转换过程；但是蒸发过程都是伴随着水分的相态的转化，如水由液态或固态转化为气态，因此对应大量的能量消耗。蒸发过程要消耗太阳辐射能量的约1/3。

地气体系（地球表面及大气系统）接受的太阳辐射和地气体系向太空辐射的能量是基本相等的，称为地气体系的能量平衡，其值为340W/m^2。太阳能通过反射、散射、吸收在地气体系中处理（表6.4），其中大气水在能量变化过程中占有重要地位。如云占大气总质量的比重非常小，但是它却反射20%的太阳能，而它向太空放射的热辐射也占太阳能总量的26%。另外，水分子与二氧化碳分子向太空辐射38%，水以降水量的形式从大气中离析时留给大气的潜热也很大，约为入射太阳能的24%。

表6.4　　地球的能量平衡（体现水分的重要性）

进入地球的太阳能 总量是340W/m^2	所占比例	地球进入太空的辐射能，总量是340W/m^{2}的70%，即238W/m^2	所占比例
下垫面吸收	50%	下垫面向太空	6%
水分子，灰尘，O_3吸收	16%	云向太空	26%
云吸收	4%	水分子，CO_2向太空	38%
云反射	20%	下垫面吸收的另外一部分太阳能（约为44%）有14%以热辐射形式给了大气，有24%以水分潜热形式给了大气；有6%以热能形式给了大气	
下垫面反射	4%		
空气向太空散射	6%		

所有这些都说明质量很少的水分在地球能量平衡中占有非常重要的地位。地球固体质量的0.0227%是海水（液体），海水质量的0.37%是大气，大气质量的0.27%是大气

水（相当于地球表面水的 0.001%），云中的含水量仅为大气水分的 0.7%。因此大气水在地球总质量上所占的比例真是微不足道，根据统计每年只有相当于大气质量的 0.01%的水（577000km^3）参与了地球的水循环。

总之，太阳辐射能量和地球的重力（吸引力）是驱动大气水运动的源动力。但是下垫面中含有的气体水分应该也会进入大气。这个过程没有相态变化，不会消耗能量。目前还不知道有多少水是这样进入大气的，其作用是不清楚的。

6.2.5　人工降水

人工降水也称人工增雨，是根据不同云层的物理特性，选择合适时机，用飞机、火箭弹向云中播撒干冰、碘化银、盐粉等催化剂，促使云层降水或增加降水量。人工增雨常分为暖云催化剂增雨与冷云催化剂增雨。欲要暖云（温度高于 0℃的云）降水，就得使云中半径大于 0.04mm 的大云滴有足够的数密度，让它们迅速与小云滴碰并增长，成为半径超过 1.0mm 的雨滴形成降水，因此在那些大云滴数密度小而无法形成降雨的云中，用飞机、炮弹携带等方法，播撒盐粉、尿素等吸湿性粒子，使其形成许多大云滴，便可导致形成或增加降水。欲要冷云降水，就得使冷云上部的冰晶数密度超过 1 个/L，对那些冰晶数密度不足的冷云，用飞机等播撒干冰、碘化银等催化剂，便可产生大量冰晶，促成或增加降水。为了弄清楚人工催化剂的效果，弄清人工增雨量的多少，常常要进行检验。由于云和降水过程十分复杂，目前，人工降水和降水检验的方法措施还都很不完善，有待进一步深入研究。

通过多年来的降水观测，我国大部分地区的降水量并没有因为人工降水而增加，反而在有些地区出现了减少，原因或许是这样的：大气中的水汽含量是固定的，在此处通过人工降水减少了水汽含量以后，大气携带剩余的水汽到了别处，也许就只能够落下剩余的水汽了。如果这种推测正确的话，那么人工降水应该不仅起不到好的降水效果，或许起到了不好的效果，当然除了人工降水能够驱除冰雹功能以及满足特殊需要以外。

6.3　地表水文学概述

地表水文学包括海洋水文学和陆地水文学两部分，本节只讨论陆地水文学部分。陆地水文学门类众多，主要研究内容是：河流水文学（也称河川水文学），研究河流的自然地理特征、河流的补给、径流形成和变化规律、河流的水温和冰情、河流泥沙运动和河床演变、河水的化学成分、河流与环境的关系等。湖泊水文学主要研究湖泊中的水量变化和运动，湖水的物理特性和化学成分、湖泊沉积、湖泊的利用等。沼泽水文学研究沼泽径流、沼泽水的物理化学性质、沼泽对河流和湖泊的补给、沼泽改良等。冰川水文学主要研究冰川的分布、形成和运动、冰川融水径流的形成过程及其时空分布、冰川突发性洪水的形成机制和预测、冰川水资源的利用等等。这里主要介绍河流水文学内容，并对冰川和沼泽水文学做简要介绍，湖泊学的有关内容可在海洋水文学及本书后面有关水库的介绍中得到了解。

6.3.1　河流与流域

河流是由一定区域内地表水和地下水补给，经常或间歇地沿着狭长凹地流动的水流。

河流是地球上水文循环的重要路径，是泥沙、盐类和化学元素等进入湖泊、海洋的通道。中国对于河流的称谓很多，较大的河流常称江、河、水，浙、闽、台地区的一些水流较急、较短小的河流常称溪，西南地区的河流也称为川。通常把流入海洋的河流称为外流河，而在内陆自然消失的河流称为内流河。

1. 河流的形成发育

河流是在一定地质和气候条件下形成的，地壳运动形成的线形槽状凹地为河流提供了行水的场所，大气降水则为河流的主要水源。河流是在河床与水流相互作用下逐渐形成和发展的，这些作用也称作地质作用，分为侵蚀、搬运和堆积（沉积）。河流侵蚀有三种方式：①下切侵蚀，又称垂直侵蚀或深切侵蚀，它加深河谷，下切穿透的含水层越多，与地下水的关系越密切，当地下水位高于河水面时，能得到的地下水补给也就越丰富，相反则向地下水排泄的量也就越大。②侧向侵蚀，又称旁蚀或侧蚀，是水流侵蚀河岸的过程。在水流的动力等作用下，河流具有使凹岸侵蚀凸岸堆积的趋势；侧蚀的结果使河岸后退，沟谷展宽。③向源侵蚀，又称溯源侵蚀。这种侵蚀通常是在下切侵蚀过程中体现的，向源侵蚀使河流源头向分水岭推进，当源头达到并切穿分水岭时，可与分水岭另一坡的河流连通，而将它“抢夺”过来，称为河流的袭夺。侵蚀产生的物质（包括流域坡面上侵蚀的物质）被水流沿河搬运，主要在中下游河流流动动能减小发生堆积，形成厚度不等的冲积层。当河流发展到一定阶段，河床的侵蚀与堆积达到了平衡状态，即水流的能量正好消耗于搬运水中泥沙和克服水流所受阻力。此时河流既不侵蚀，也不堆积，在地质和气候条件比较均一的情况下，河床的纵剖面表现为一条较光滑均匀的曲线，称为平衡剖面。一旦条件发生变化，这种平衡被破坏，河流又向着新的平衡剖面发展。

2. 河流分段与河长

按照河槽断面形态及其侵蚀堆积变形规律、流量、水位和流速特征，可将河流分为河源、上游、中游、下游和河口四个河段。河长是指河口至河源的距离。取沿河各断面的最深点的连线（称为中泓线或溪线）的长度为河长。河源与河口的垂直高差称为河流的落差。落差大表明河流水能资源丰富。河流实际长度与河流两端直线距离的比值称为弯曲系数，弯曲系数越大，对泄洪越不利。单位河长的水面高程差称为河道的纵比降，一般上游大下游小。河流的横比降则是指河流断面上的水面高程差：在平直河道由于地球自转偏力形成两岸水面不平；在顺直河段，涨洪时中间水面比两岸高，而在落水时，两岸水面比中间高等。

3. 流域及其特征参数

河流的地面径流和地下径流的集水区称为流域，凡降落在此区域里的降水，经各级支流汇集后，最后流出流域出口断面。流域的周界称为流域分水线，它是流域四周最高点的连线，分水线可能是划分相邻河系（或河流）的山脊线，即分水岭；但分水线并不一定是分水岭，如在黄河中游部分河段的河底高于周围地面，黄河大堤就成为南面的淮河流域和北面的海河流域的分水线。分水线和出口断面所围成的面积，称为流域面积。显然可见，流域面积是随所取的流域出口断面位置的不同而不同的。流至流域出口断面的河川径流中包括了地表径流和地下径流两部分，所以分水线的概念应该包括地表水分水线和地下水分水线，为此要判断这两个分水线在水平面上的投影是否重合，重合的称为闭合流域，否则为非闭合流域。在一般情况下，两者相差不多的可以认为重合。有些情况则不然，因受流域的地形特征和水文地质条件影响，地面分水线和地下水分水线投影不重合，这种情况就应进行水文地质调查工作，分析其误差，并予以修正。在岩溶地区，由于存在落水洞、暗河，在流域间发生水量串联，对这些情况更应慎重处理。人类活动改变地貌条件，所以在圈分流域分水线时要充分考虑地貌变化对流域范围的影响。为了缓解供水紧缺而采用的跨流域的引水工程，改变了原有流域面积的概念，在开发水资源和作水质规划时要考虑并预估跨流域调水对水量和水质引起的变化。几个特征参数：①流域长度：流域几何中心轴长度称为流域长度，通常用干流长度代替流域长度。②流域平均宽度：流域面积与流域长度之比值称为流域的平均宽度。③流域形状系数：流域平均宽度与流域长度之比值称为流域形状系数。这些参数很有用，如自然地理条件相似、流域面积相等的两个流域，其流域形状系数小即平均宽度较小的那个流域，它的流域长度长，在同样的降水条件下，径流汇流时间长，洪峰流量就较小。

4. 水系及其特征参数

由河流的干流、各级支流和相联系的湖泊、沼泽或地下暗河彼此连接组成一个庞大的系统，称水系，又称河系。它汇聚全流域的地表和地下水，最终注入海洋、湖泊或消失于荒原（如沙漠等）。水系的名称通常以它的干流或以注入的湖泊、海洋命名，如长江水系、太湖水系、太平洋水系等。河流由干流和一系列支流组成。水系结构形式如图6.2所示。

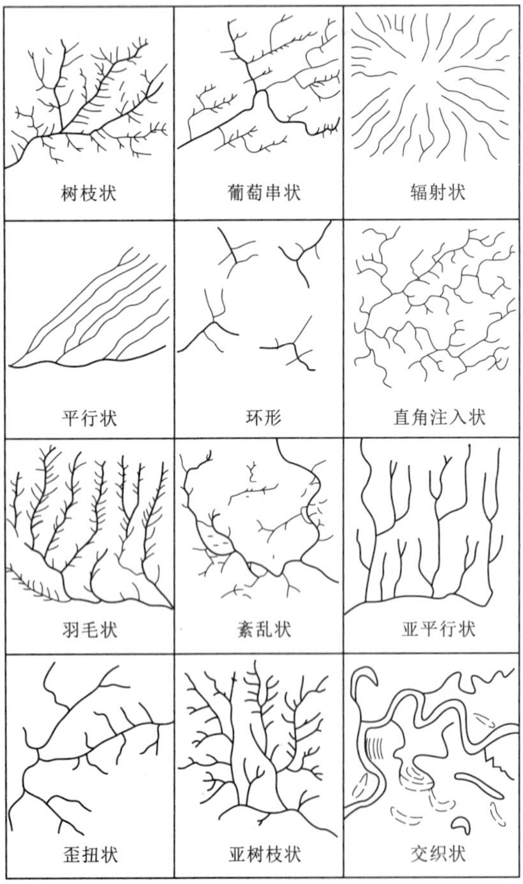

图6.2 水系结构形式

通常用分汊系数表示水系的分汊特征。分汊系数是任一级河流的数目与低一级河流数目之比值，一般为2.0～4.0。水系内干支流总长度与流域面积的比值，即单位面积上的河流长度称河网密度。它是表明水系发育和河流分布疏密程度的量。中国秦岭—桐柏山—大别山以南，武陵山—雪峰山以东河网密度多在$0.5km/km^2$以上，其中，长江三角洲达$6.4 \sim 6.7km/km^2$，杭嘉湖平原达$12.7km/km^2$，而广阔的内流区河网密度几乎都小于$0.1km/km^2$。

5. 河流水文动态要素

主要包括河流补给、径流变化，河流热状况、河水化学变化、河流泥沙运动和河水运动等。

（1）河流补给来源：主要有降水、冰雪融水、湖泊、沼泽水和地下水。雨水是热带、亚热带和温带地区河流主要补给源，北温带和寒带地区河流主要靠冰雪融水补给。中国西北地区河流以高山冰雪融水为主要补给来源；一般河流在枯季时地下水是主要补给来源。

(2) 河川径流的季节和多年变化：受气候影响，处于季节性较强地区的河流的枯丰水期径流量相差很大。中国北方河流枯水季径流量一般只占年径流量的4%～6%。中国夏季是丰水季节，其径流量北方普遍占年径流量的50%以上，南方大多数地区占40%～50%。秋季是中国河流普遍减水的季节，大部分地区秋季径流量占年径流量的20%～30%。河川径流的多年变化包括年径流量的年际变化幅度和多年变化过程。年际变化幅度通常用年径流变差系数表示。年际变化过程具有连续多水年群和少水年群交替出现的周期性现象。

(3) 河流热状况：主要指河水温度的变化和河流冰情。河水温度有明显的日变化和季变化，各年水温也不尽相同，主要与当地气候有直接关系。中国绝大部分地区河流年平均温度都高于当地年平均气温1～2℃。全国河流水温四季分布是：冬季，全国河水温度普遍高于当地气温。春季，水温逐渐升高，但气温升高较快。夏季，河水温度普遍升至全年最高。秋季，水温下降，10月以后又进入冬季状态。中国河流水温的年变幅一般都较大，是中国气候大陆性较强的反映。河流冰情指河水结冰、封冻和解冻全过程中的各种现象。中国境内四分之三以上地区的河流，每年冬季都会出现不同程度的冰情。

6.3.2 河水运动

1. 河水运动分类

河水运动即河水在重力、阻力和惯性力共同作用下而形成的运动。河水运动是河道中重要的水文现象，是河流水文学和水力学的重要内容。根据水力要素是否随时间变化，河水运动分为稳定流和非稳定流。根据水力要素是否随流程变化，稳定流分为流速沿程不变的均匀流和流速沿程变化的非均匀流。非均匀流又分为水位和流速沿程变化比较缓慢的渐变流和在较短的河段中水流的水位和流速分布都有急剧变化的急变流。根据水流所受惯性力与重力的相对大小，分为缓流、急流与临界流，可用水流弗劳德数（Fr）判别：

$$Fr=\frac{v}{\sqrt{gh}}$$

式中：v 为河流断面平均流速；g 为重力加速度；h 为河流断面平均水深。

当 $Fr>1$ 时为急流，当 $Fr<1$ 时为缓流，$Fr=1$ 时为临界流。

2. 能量与阻力

河水运动克服阻力需要消耗能量。任一过水断面处水流的总能量等于其势能与动能之和。水流从上游断面流至下游断面需要克服阻力做功，从而消耗部分能量，单位重量水体所消耗的能量称为水头损失。上、下游断面的能量和河段水头损失之间的关系可用伯努利方程描述。

水头损失包括沿程水头损失和局部水头损失。沿程水头损失是由于克服沿程摩擦力而做功的水头损失，它随流程的增长而增大。在层流中，水头损失与断面平均流速的一次方成正比，在充分发展的紊流中，水头损失与断面平均流速的平方成正比。在水文计算中，常采用经验公式计算水头损失。最常用的是谢才公式：

断面平均流速

$$v = C\sqrt{R_h I}$$

$$C = \sqrt[6]{R_h}/n$$

$$I = H_f/L$$

式中：R_h 为水力半径；C 为曼宁公式求得的参数；n 为反映河槽粗糙状况和形状不规则性的综合系数，称为糙率系数，有专门的糙率表可以查得；I 为沿流程单位距离的水头损失，称为水力坡度；H_f 为水流沿流程 L 的水头损失。

局部水头损失指河水在流动过程中，由于过水断面或流向等局部发生显著变化而改变水流内部结构所引起的能量损失。

3. 水流结构与流速分布

天然河道一般呈紊流状态，水流中每一点的瞬时流速，不论大小和方向都是不断变化着的，这种现象叫作脉动。脉动具有随机性，可用统计理论描述。水文学中通常不直接研究脉动流速，而是研究一个时段内的平均流速，称为时均流速。

顺直河段横断面上时均流速的分布总是两岸和河底流速小，主流和表面流速大。在紊流中，存在大小不同的漩涡，水质点（或水团）相互频繁紊乱地交换。不同水深处流速不同，不同流速的水层之间产生剪切应力，它的大小等于流速垂向梯度与紊动黏滞系数的乘积，利用这一性质，可以推求流速沿垂线的分布。流速随水深加大呈对数型递减，也有人提出呈抛物线型和指数型递减。

弯曲河段的水流受重力和离心力作用，出现凹岸水面高于凸岸的现象，形成横向水面坡度，产生表层水流指向凹岸、底层水流指向凸岸的流速分量，它们与水流纵向运动合成，使弯道流呈螺旋式运动，称为弯道环流（图 6.3）。由于这种河道的环流，形成了对凹岸的不断侵蚀和在凸岸的冲积物的不断堆积。弯道环流在河道横断面上的投影，称为横向环流，水流沿着河槽总方向流速较大的部分流动称主流。主流的流线基本上相互平行，都平行于河槽轴线。由于局部影响在水流内部产生的一种大尺度的、流线呈封闭曲线的水流旋转运动称为副流。副流的形式多种多样：绕纵轴旋转的称纵轴副流；绕横轴旋转的称横轴副流，常呈旋滚状，也称滚流；绕斜轴旋转的称斜轴副流；绕竖轴旋转的称竖轴副流。

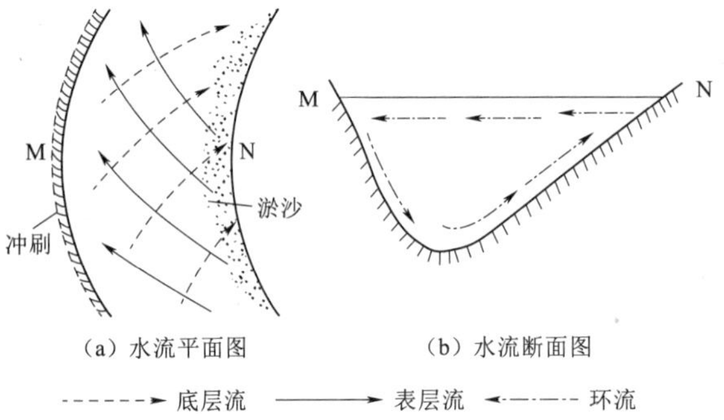

图 6.3 弯道环流示意图

4. 洪水波运动

当流域内降落暴雨，地面径流大量迅速地汇集到河槽中，使某些河段内水位、流量迅速增加，形成波动向下游传播，称洪水波运动。洪水波运动属于不稳定渐变流。洪水波水面比降与同水位下的稳定流水面比降之差称为附加比降，在涨洪时附加比降大于 0，落洪时附加比降小于 0。天然河道洪水波的附加比降值约在 1‱以下，但因天然河道在稳定流情况下的比降一般小于 1‰，所以附加比降的作用不能忽略，它是洪水波的重要特征值。在附加比降的影响下，洪水波在运动过程中不断发生变形。由于洪水波波前（即涨洪段）

的附加比降大于波后（即落洪段）的附加比降，所以波前的运动速度大于波后，使洪水波在运动过程中波长不断加大，波高不断减小，这种现象称为洪水波的展开。同时，由于波峰处的运动速度大于波前的任何一点，使洪水波的波前的长度不断减小，附加比降加大，而波后的长度不断增加，附加比降绝对值不断减小，这种现象称为洪水波的扭曲。研究洪水波的运动是进行河道洪水演进计算和洪水预报的重要依据。

6.3.3 河流中的固体径流

河流中的固体径流即河流泥沙运动，指河水挟带的岩土颗粒随河流一起运动的现象。固体径流对河流发育和河床演变起很大作用，也影响水位、流量等其他水文要素的变化。水与风一起构成地球表面物质搬运的最大营力，更是地形地貌的主要塑造力量，水试图使地球表面变得平整，与地球内生动力引起的地壳运动（地质构造运动）对地形地貌的改造作用正好是相反的。河流中的泥沙主要来源于：降水和地表径流对流域表面的侵蚀、水流对河槽的侵蚀、浅海沿岸流挟带泥沙随潮流进入河口段，以及大气携带的泥沙颗粒的干降及湿降。不适当的人类活动导致的严重的水土流失，也会使河流泥沙含量增加。泥沙在河道中的输移表现为悬移质运动和推移质运动两种形式。河流中泥沙含沙量在垂向上随水深增加而增大，在横断面上与流速断面分布、水内环流及河槽形态有关。河流泥沙在时间上变化很大，多数情况下其变化过程与流量变化过程是相对应的，丰水期泥沙含量大，枯水期泥沙含量小。

1. 泥沙特性

有泥沙颗粒的特性和泥沙群体的特性两种。

（1）泥沙颗粒的特性主要有：①重度，单位体积泥沙颗粒的重量，以 kg/m^3 表示，其数值随泥沙的岩性不同而异，矿物成分主要是石英和长石，泥沙的重度一般为 $2650kg/m^3$。②粒径大小，泥沙颗粒大小的一种量度。③沉速，指泥沙颗粒在无边界静水内的沉降速度，以 m/s 或 mm/s 表示。④细粒泥沙表面的物理化学性质，主要决定于颗粒表面双电层和吸附水膜的性质，因为细颗粒泥沙的絮凝和分散等现象都与它们有关。

（2）泥沙群体的特性：泥沙总是由无数大小、形状和成分不同的颗粒混合而成，呈群体形式存在。这种泥沙群体主要的统计特性有：①粒径分布，一般颗粒大小差异较大，很离散，常用泥沙颗粒级配曲线表示。②泥沙颗粒粒径的算术平均值称算术平均粒径。③中值粒径，即在泥沙颗粒级配曲线上与纵坐标 50% 相应的粒径，在全部沙群中，大于或小于这一粒径的泥沙在重量上刚好相等。用中值粒径概括泥沙群体的粒径能够较小受极端值（最大及最小粒径）的影响。④泥沙群体的干容重和孔隙率，干容重指单位体积泥沙群体内干燥泥沙的重量；孔隙率指单位体积泥沙群体内孔隙所占的体积。

单位体积河水中所含泥沙的数量称为河水的含沙量，单位为 kg/m^3。一定时段内通过河道某断面的泥沙数量称为该时段的输沙量，单位为 kg 或 t。表 6.5 为中国主要河流的多年平均含沙量和输沙量。

2. 输移泥沙的时空分布

河流含沙量随时间而变化。一年中最大含沙量出现在汛期，最小含沙量在枯水期。在一次洪水过程中，最大含沙量称沙峰。沙峰不一定与洪峰同时出现，一年中首场大洪水的沙峰常比洪峰出现早，以后则可能同时出现，也可能沙峰滞后于洪峰。

表 6.5　　中国主要河流的多年平均含沙量及输沙量

河流	流域面积 /10^5km^2	河长 /km	测站名称	年水量 /10^8m^3	年沙量 /10^8t	平均含沙量 /(kg/m^3)	最大含沙量 /(kg/m^3)
黄河	7.52	5464	三门峡	482	16.40	37.60	666
长江	18.07	6300	大通	9211	4.78	0.54	3.24
永定河	0.51	650	官厅	14	0.81	60.80	436
淮河	1.86	1000	蚌埠	261	0.14	0.46	11.00
辽河	2.29	1404	铁岭	56	0.41	6.86	46.60
大凌河	0.23	360	大凌河	21	0.36	21.90	142
西江	13.55	2055	梧州	2526	0.69	0.25	4.08

含沙量沿水深的分布，通常在水面处最小，河底处最大。悬移质中粗粒泥沙含量近河底很大，自河底向上则急剧减小。较细的颗粒，如粉砂和黏土，沿水深的分布则较均匀。含沙量沿水深基本呈某种指数曲线分布，指数值与泥沙颗粒的大小和水流条件有关。由于水内各种副流的影响，最大的含沙量也可能不在靠近河底处，而是在河底以上的某一位置。

含沙量在河流横断面上的分布随断面上水流情况不同而异。如水流在断面上的分布比较均匀，含沙量的横向分布较均匀。如水流情况较复杂，则含沙量的横向分布往往很不均匀。含沙量沿河长的分布，一般从上游向下游递减，也取决于流域产沙特性、河道特性和支流汇入等因素的影响程度。黄河中游流经黄土高原，沿途有高含沙量的支流汇入，因而含沙量反而沿程增加，下游河床开阔，大量泥沙落淤，含沙量才趋向减小。

3. *泥沙的起动与受力*

泥沙在一定水流作用下由静止转入运动即为泥沙的起动。促使水平河床上的泥沙颗粒起动的作用力有上举力和推移力；泥沙颗粒抗拒起动的力有重力、颗粒间的摩擦力和物理化学作用引起的黏聚力。当起动力大于抗拒力时，泥沙便由静止转入运动。泥沙起动的水流条件用起动流速或起动拖曳力表示。起动流速指泥沙由静止到起动的临界状态下的沿断面或垂线的平均流速。起动拖曳力指泥沙处于起动临界状态下的床面剪切力。非黏性均匀沙颗粒起动流速与泥沙的粒径成正比，而黏性细泥沙的起动流速与粒径却成反比，这是由于细颗粒物质之间的凝聚力作用造成的。当泥沙位于斜坡上时，其起动流速还需要考虑河床面的倾斜。

4. *河流的泥沙运动形式*

河流中泥沙在水流作用下产生的各种运动。泥沙按其在水流中的运动状态，分为推移质和悬移质。推移质是受拖曳力作用沿河床滚动、滑动或跳跃前进的泥沙；悬移质是受重力作用和水流紊动作用悬浮于水中随水流前进的泥沙。

5. *推移质的沙波运动*

当流速超过起动流速、推移质运动达到一定规模时，河床表面即形成起伏的沙波。沙波运动是推移质运动的主要形态，是沉积地层层理的形成动力。沙波由波峰、波谷和波高等组成（见图 6.4）。相邻两波峰（或波谷）之间的长度称为波长，波峰与波谷之间的垂

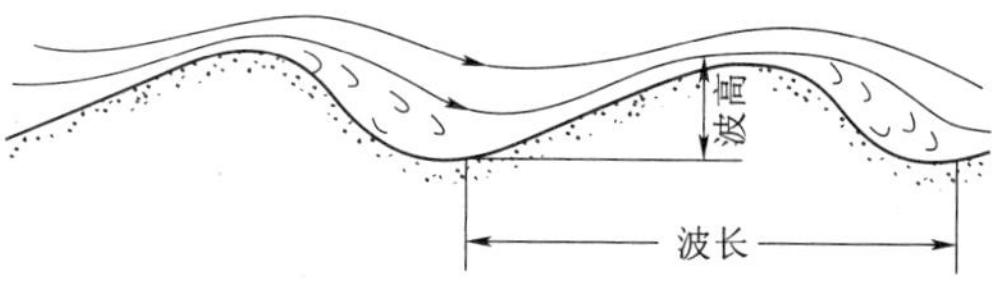

图 6.4 沙波的纵剖面图

直距离为波高。天然河道上沙波的尺度大小很不一致。最小的沙波叫沙纹，波高 1～2cm，波长为波高的 3～6 倍。中等尺度的沙波叫沙垅，波高由小于 1m 到 2～3m，波长由小于 10m 到 100m 以上。最大的沙波叫沙丘，波高一般在 3m 以上，波长可达数百米。沙波表面附近的水流速度分布很不均匀：波谷处最小，波峰处最大。水流越过波峰以后，常常发生分离现象，产生水平轴向的回流，使沙波表面附近的流速成为负值。这样的流态使沙波在迎流面成为冲刷区，在背流面成为淤积区，综合作用结果使整个沙波向下游爬行。天然河道小沙波运动总是落后于水流运动。沙波的运动速度还没有理想的计算公式。

6. 悬移质含沙量的垂向分布

一般近水面含沙量小，随水深而增大。但是水流必须具有使悬移质颗粒保持悬浮状态的能力，否则泥沙颗粒将沉积下来，无论它有多么小。

7. 水流挟沙能力

水流挟沙能力指在一定的河床物质组成条件下水流所能挟带的泥沙数量，它反映了水流挟带泥沙的能力。当水流挟带的泥沙量超过挟沙能力时，河段将发生淤积，反之发生冲刷。水流挟沙力是分析河流淤积、冲刷或平衡的重要依据。水流挟沙力分为推移质挟沙力和悬移质挟沙力两类。水流挟沙力可用饱和含沙量表示，也可用输沙平衡条件下的输沙率表示。这些参数可以通过实验或者经验公式求得。

8. 含沙量（ρ）

单位浑水体积内所含的泥沙重量称为含沙量，单位为 kg/m^3，可由下式计算：

$$\rho = W_s / V$$

式中：W_s 为泥沙重量，kg；V 为浑水水样体积，m^3。

饱和含沙量是单位体积浑水内所能够含有的最大含沙量。

9. 输沙率（Q_s）

输沙率也称悬移质输沙率，是指单位时间通过测流断面的悬移质泥沙重量。可用下式求得：

$$Q_s = Q\bar{\rho}$$

式中：Q_s 为输沙率，kg/s；Q 为断面流量，m^3/s；$\bar{\rho}$ 为断面平均含沙量，kg/m^3。

6.3.4 河水化学成分

河水是流动的不断发生位置改变的水体，它所挟带的物质随之不断发生位移。固体颗粒物质大部分以物理形式的固体径流方式运移，河水还挟带大量的化学物质，是河水在形成运动变化过程中对周围环境物质中的水可溶物进行溶解的结果，这些化学成分也随着河水发生迁移，即形成了河流的化学径流。河水中的化学成分包括溶解和分散于河流水中的气体、离子、分子、胶体物质及悬浮固体、微生物，其中大部分以离子的形式存在，以胶体等形式存在，一般采用离子径流总量来计算化学径流量。中国河流的年总离子径流量为42445万t，相当于$44.2t/km^2$，年盐类流失量内流区占10.99%，外流区占89.01%，其中以太平洋外流区的离子径流量最大。

河水溶解的主要化学成分与一般天然水的相似，按其丰度的顺序排列是：HCO_3^-、Ca^{2+}、SO_4^{2-}、Cl^-、Na^+、Mg^{2+}和K^+。这些主要离子的含量随矿化度的增大而增加，在矿化度较低时与HCO_3^-的增加有较好的线性关系，而在高矿化度的水中，Ca^{2+}、SO_4^{2-}、Cl^-、Na^+增加格外显著。由于河水不断更新，河水与环境物质作用时间短，所以一般河水矿化度比湖水、地下水和海水的低。河水按照矿化度大小可分四级：①弱矿化河水，矿化度小于200mg/L；②中矿化河水，矿化度为200～500mg/L；③强矿化河水，矿化度为500～1000mg/L；④高矿化河水，矿化度大于1000mg/L。天然条件下大多数河水为弱矿化水和中矿化水，我国境内河水矿化度，在淮河秦岭以南一般低于200～300mg/L，淮河秦岭以北高于200～300mg/L，但是低于500mg/L，而西北部局部地区内陆河流可高达1000mg/L以上。

影响河水水质的主要因素是河水的补给来源和水文气候因素，以及流域内的岩石、土壤、植被条件和人类活动等。冰雪融水补给的河水，因气候寒冷，化学过程缓慢，融水仅从表层土壤溶滤出盐分，河水矿化度较低。由地下水补给的河水，因地下水长时间与土壤及岩石密切接触，从其中淋溶出较多的溶解成分，使河水有较高的矿化度。主要由雨水补给的河水，是通过地表径流汇集河槽的，受流域气候和土壤覆盖层影响大，矿化度一般介于冰雪融水补给和地下水补给的河水之间。但是近年来由于农业种植结构的变化，尤其是化肥的大量使用，多数情况下是过量使用，使得农田中土壤表面积累了大量的N，所以在降水淋滤作用下被迁移至河流中，造成河水的N污染，有的河水中的硝态氮含量比天然条件下增加数十倍甚至数百倍，更重要的是硝酸盐是强酸，会改变河水的酸碱性质，从而加剧了对环境中某些可溶物质的溶滤，使河水的矿化度增高、水质严重下降。

湿润多雨区，地表化学元素长期遭到雨水淋溶，尤其是迁移能力强的元素残存甚微或被淋溶殆尽，致使河水矿化度低，在这种地区河水的离子组成中HCO_3^-和Ca^{2+}占绝对优势，pH偏低，水呈弱酸性。干旱少雨地区，蒸发作用强，地表盐分累积，导致河水矿化度增加，这些地区河水中的离子组成中SO_4^{2-}、Cl^-、Na^+含量较高，河水多呈偏碱性，pH偏高。

在气象因素作用下，河水在年内不同时期的补给类型会不断变化，因而使河水矿化度呈现季节性变化。地表水补给时河水矿化度低，并随河水径流量增大而矿化度降低。全年以降水补给为主的河流，其矿化度变化幅度一般不大；在枯水期转为由地下水补给的河流，枯水期河水矿化度有增高趋势。

水中溶解的气体和某些生物原生质，因水温、光合作用的四季变化和日夜交替而呈现季节性特征和昼夜的差异。高温季节水中溶解氧会显著降低。

人类活动特别是工业废水废渣，生活污水和农田排水汇入河道，水路交通工具的排污，水渠开挖和水工建筑物的修筑等，都不同程度改变河水的化学成分和水化学动态，有时使河水变为污水沟而成为环境的污染源。

6.3.5 河口水文

1. 河口

河流的终段是河流与受水体的结合地段。受水体可能是海洋、湖泊、水库和河流等，因而河口可分为入海河口、入湖河口、入库河口和支流河口等。入海河口是一个半封闭的海岸水体，与海洋自由沟通，其中的海水被陆域来水所冲淡。入海河口的许多特性影响着近海水域，而且由于水体运动的连续性等，往往把河口和其邻近海岸水体综合起来研究，因此河口是海岸带的组成部分。根据动力条件和地貌形态的差异，一般把河口分为以河流特性为主的河流进口段，以海洋特性为主的口外海滨，河流因素和海洋因素强弱交替、相互作用的河口段。

2. 河口类型

大致可分为三种类型。①溺谷型河口：海侵淹没的河谷末端，海水直拍崖岸。由于河流较小，或流域来沙不多，虽在湾头或局部地段有泥沙堆积，但溺谷状态仍然保留。②三角洲河口：流域来沙丰富的河口，泥沙沉积于河口区，不仅改变溺谷形态，且有三角洲发育。③峡江型河口：在冰川作用过的地区，河槽受冰川挖掘刻蚀，谷坡陡峻，海侵后形成峡江，其河口的特点在于口门附近有深约几十米的岩坎，坎内水深可达数百米，向着内陆可延伸几百千米。这种河口常见于高纬度地带。

3. 河口潮汐

河口水位和水流受外海潮波影响而发生周期性的升降和流动。通常它比开阔海洋的潮汐大，变化规律更加复杂。潮波在河口的传播过程中，因受径流顶托和河床阻力的影响，能量逐渐耗损，涨潮时流速越来越慢，潮差越来越小。在涨潮流消失的地方，称为潮流界。在潮流界以上河水受潮水顶托，潮波仍可影响一定距离。在潮差为零的地方，称为潮区界。从河口的口门到潮区界之间的河段称为感潮河段。沿此河段高潮面和低潮面之间的河床容积，称为潮棱体。潮区界和潮流界的位置，随径流和潮流势力的消长而变动。例如，长江在枯水期的潮区界，可达离口门 640km 的安徽大通，但在洪水期则只达芜湖附近，潮流界在枯水期可达镇江，但在洪水期则只能到达江阴附近。潮区界离口门的远近，取决于潮差的大小、径流的强弱和河口的几何形态等因素的不同组合。南美洲亚马孙河口的潮波，可上溯 1400 多 km，中国黄河口的潮波，只上溯了 20～30km。

河口潮汐在一个周期中的涨落过程，大致可分为四个阶段：①涨潮下泄流阶段：外海潮波向河口推进之初，水位开始抬升，水面坡降逐渐变小，流速减慢，但水流方向仍指向海洋。②涨潮上溯流阶段：潮波继续向河口推进，水位继续抬升，水面转为向陆地倾斜，整个水流方向指向上游。③落潮上溯流阶段：潮波向上游推进到一定距离后，外海已开始落潮，河口水位开始下降，水面坡度渐趋平缓，流速逐渐减弱，但仍指向上游。④落潮下泄流阶段：河口水位继续下降，流速递减，水面转为向海倾斜，水流方向也转向海洋。这四个阶段的历时长短和潮波性质有关，一般落潮下泄流历时最长，涨潮上溯流历时次之。

4. 河口的混合类型

受水水体（海洋或湖泊等，一般指海水或盐水）和河流径流（淡水）在河口地区交汇时发生的混合和环流过程的类型。通常可以分为三种：①弱混合型，也称高度成层型，一般发生在河口较窄、盐水较深、河流的径流量较大的河口处，淡水体延伸较远，美国的密西西比河口的西南水道属于此种类型；②强混合型，也称均匀混合型，是指盐水较浅、河口较宽的河口地区，潮汐作用强烈、湍流发育，盐淡水混合均匀，钱塘江河口即属此型；③介于两者之间的为缓混合型，也称部分混合型，我国长江口和珠江口属于此型。

5. 河口三角洲的类型

流域来沙丰富的河口，泥沙沉积于河口区，三角洲发育。一般而言，三角洲发育于弱潮河口和某些中潮河口以及河流挟带的泥沙不易为沿岸流带走的地区。根据河流带来的泥沙条件，潮差大小、波能强弱和沿岸流的情况，可将河口三角洲分为六种类型。①波能低，潮差小，沿岸流弱，滨外坡度小，挟带细颗粒沉积物，普遍有和海岸垂直的指状沙洲，如现代的密西西比河三角洲。②波能低，潮差大，沿岸流弱，海盆窄，指状沙坝向滨外延伸，形成狭长的潮流脊沙坝，如奥得河三角洲。③波能中等，潮差大，沿岸流弱，海盆浅而稳定，水道沙体垂直于岸线，横向和沿岸沙坝相连，如伯德金河三角洲。④波能中等，滨外坡度小，沉积物少，在水道和拦门沙外有沿岸沙坝，如阿巴拉契柯拉三角洲。⑤波能高而持久，沿岸流弱，滨外坡度大，分布着大片的沿岸沙体，向陆地倾斜，如圣弗朗西斯科河三角洲。⑥波能高，沿岸流强，滨外坡度大，有和海岸并行的多列狭长沿岸沙坝，水道中沙体减少。中国的黄河三角洲河口和长江三角洲河口，分别属于第一类和第二类。

6. 河口水流分汊

水流分汊是河口常见的现象，有单汊、多汊和分汊再会合三种形式。三角洲汊河一般都较浅，在汊道的口门附近，常有沙体堆积，称为拦门沙。

6.3.6 河流径流量

河流径流量的变化特性一般都受制于气候条件，即大气水的变化特征决定了河流径流量的主要特性。所以在表征河流径流量的大小、状态时，都离不开对大气水的计算及评价。

6.3.6.1 河流径流量的变化特征

①具有大致的年变化周期，即年内径流量的四季变化，但是每年的丰水期、枯水期的长短不一，出现的时间也不尽相同，因而具有年内变化多年不同的规律；②河流径流量的年际变化特别大，一般丰水年的径流量是平水年的2～3倍，而枯水年的径流量仅相当于平水年的10%～20%，枯丰年分比较，径流量可以相差20～30倍；③在多年变化中有枯水年组和丰水年组交替出现的现象，即存在连续干旱年份（连续几年径流量低于多年平均径流量）和连续丰水年份（连续几年径流量高于多年平均径流量）之分。这种枯水年组和丰水年组延续的时间越长，所造成的危害就越大。

6.3.6.2 河流径流量的表示方法

（1）流量（Q）：系指单位时间内通过河流某一断面的水量，单位为 m^3/s 或 $10^n m^3/a$ 或 $10^n m^3/d$ 等等。流量 Q 在数值上等于过水断面面积与通过改过水断面的平均流速 V 的乘积，即

$$Q=VF$$

（2）径流总量（W）：指某一个时段 T 内，通过河流某一过水断面的纵水量，单位为 m^3。由下式求得：$W=QT$。

(3) 年径流总量（$W_{年}$）：即河流某断面一年的径流量的总值，单位为 m^3。

(4) 径流模数（M）：指单位流域面积（F）上平均产生的流量，单位为 $L \cdot s^{-1}/km^2$，由下式求得：$M=Q/F$。

(5) 径流深度（Y）：指计算时段内的在径流量均匀分布于测站以上整个流域面积上所得到的平均水层厚度，也就是将年径流总量换算成流域面积上的水深值，单位为 mm，计算式为：$Y=W/F$。

(6) 年径流深度（R）：计算时段为一年时的径流深度，单位也为 mm。

6.3.6.3 年正常径流量（Q_0）

年平均径流量 $\overline{Q}$ 是年径流量的多年平均值，是对径流量多年观测值的统计结果，随着统计年份的多少而不同，也随着统计方法的不同而出现差别。当实测资料的年份相当长时，多年平均径流量是个趋于稳定的数值，称之为年正常径流量，一般用 Q_0 表示。即

$$Q_0=\lim_{n\to\infty}\frac{1}{n}\sum_{i=1}^{n}Q_i$$

式中：Q_i 为每年的年径流量，m^3/s、$10^n\,m^3/a$ 或 $10^n\,m^3/d$；n 为利用资料的年数，a。

通常，采用实测年份资料的多年平均值作为正常值的近似值加以利用，即

$$Q_0\approx\overline{Q}=\frac{1}{n}\sum_{i=1}^{n}Q_i$$

考虑到样本误差，可以用均方误 σ_Q 来予以修正，σ_Q 可用下式求得

$$\sigma_Q=\sigma/\sqrt{n}$$

其中 σ 为实测年径流系列的均方差，即

$$\sigma=\sqrt{\frac{\sum(Q_i-\overline{Q})}{n-1}}$$

其中多年平均径流量 $\overline{Q}$ 的相对误差为

$$S=\frac{Cv}{\sqrt{n}}\times100\%$$

式中：Cv 为实测年径流系列的离差系数。

为了确保多年平均值的稳定性，一般要求 $S<10\%$，而且 n 在 20 年以上。

在进行地表水的水量评价时，都是采用了这样的原理，只是在计算保证率时，把径流量的多年特征进行了认真的求算，同时，在对水库进行水量计算时，把枯丰水年的径流量进行了调节计算，使连续枯水年和连续丰水年份的水量得到一个比较有保证的值。这方面的计算更多的是统计学的内容，其本质是质量守恒原理，所以多年的调节计算在此省略，可以参考相应的水文学和水资源量计算手册等获得这方面的知识。

6.3.7 冰川

冰川是分布在两极或高山地区、能自行运动、长期存在的天然冰体，是陆地表面重要水体之一，是由大气固态降水的积累演变而成的。以雪线（或称平衡线）为界一般把冰川划分为积累区（又称粒雪区）和消融区（又称冰舌区）。积累区的积雪经过一定的作用变质成冰，再通过自身运动输送到消融区，逐渐融化消失，由此构成一个冰川系统。

6.3.7.1　冰川分类

按形态和规模冰川分大陆冰川（简称冰盖）和山岳冰川两大类。地球上有两大冰盖，即南极冰盖和格陵兰冰盖，它们占世界冰川总体积的99%，其中南极冰盖占90%。南极大陆除个别高峰外，几乎全部为冰覆盖。格陵兰是世界最大的岛屿，约有83%面积为冰川覆盖。山岳冰川主要是由于海拔高度的增加导致气温降低而存在的，所以在不同纬度的山区广泛分布，包括南极大陆和格陵兰的一些山区。

6.3.7.2　冰川的性质

构成冰川的主要物质是冰川冰。冰川冰是由大气固体降水（降雪为主）逐步变质而成的，与河流、湖泊中由水冻结而成的冰具有不同的性质，是大而形态不规则的相互连锁的冰的单晶集合体。

1. 冰川冰的生成

密度为0.05～0.07g/cm^3 的降雪的晶体形态是不稳定的，降落到地面后经过变圆、融化、冻结、碰撞和压实或合并，使冰晶体间孔隙减少，发展颈状联结，形成粒雪。随着积雪不断增多，粒雪在自重压实下，进一步重结晶或经融水渗浸，产生再冻结。当密度达到0.82～0.84g/cm^3 时，冰晶间的空气被封闭为气泡，粒雪失去透气性和透水性能，就成为冰川冰。粒雪转化成冰川冰的时间从数年至数千年不等。

冰川冰含气泡较多时，呈现乳白色；进一步受压时气泡受排挤压缩而出现浅蓝色冰川冰。在冰川运动过程中，冰晶受动力作用晶粒不断增大，粒径可超过100mm；但是当剪应力大到可与压应力相比时，晶粒变小。

2. 冰川冰的结构

不同成因的冰川冰，具有不同的结构。①由冰川表面或冰内、冰下水流冻结而成的冻结冰，具有一般水成冰的共同特点：半自形柱粒状结构，晶粒粗大，排列规则，晶体沿热流方向伸长，绝大部分气泡被排挤在冰界处。②由于融水渗入粒雪层、重新冻结而成的渗浸冰，具有半自形粒状结构，冰晶细小，多呈等粒、等轴的多边形。③在强烈消融时，在暂时不透水的厚冰片上或在盖有粒雪的冰川冰表面上形成的渗浸-冻结冰，具有上述两种冰的特点。重结晶冰的晶形细小，不规则，属等粒、等轴他形粒状结构。④在强度不同的各种力的作用下形成的变质冰，具有不同的冰晶特征。

3. 冰川冰的物理性质

①力学性质：一般冰具有弹性，但对冰川冰来说，更为重要的是塑性或蠕变。在一定剪应力长期作用下冰样首先发生弹性变形，然后为塑性变形。塑性变形包括两个过程，即不破坏点阵连续性的冰晶内部的层间滑动和晶体边界发生大小形态变化的重结晶作用。在剪应力为常数的情况下，冰的塑性变形率开始时很高，以后逐渐转为一个稳定值。剪应力增长1倍，应变率可增长8倍。应变率的大小与温度有关系，在熔点温度时，0.1MPa的应力在1年内可使冰变形30%，但在－15℃条件下，冰变形只有同样应力和同样时间内的3%。冰的流动既不同于高黏性液体，也不同于完全的塑性体。②热学性质：冰的溶解热为79.7cal/g，比热容约为0.5cal/(g·℃)。冰川表面从太阳辐射和暖空气中吸收的热量大部分用于冰的溶化，而当溶水渗入积雪，遇冷再冻结所释放出来的热量，又可以提高冰温。因此在一些冰川上，出现了高处积雪层内温度反而高于低处冰舌上冰层温度的现

象。静压力每增加 0.1MPa，冰的熔点降低 0.0074℃，所以在 300m 厚的冰川底部冰的熔点就比冰川表面的低 0.25℃。③光学和电学性质：新雪对太阳辐射的反射率为 0.5～0.9，粒雪为 0.3～0.65，冰川冰仅为 0.15～0.35。对热红外波段，雪和冰的反射率小于 0.01，微波可较容易地穿透冰和干雪，因此微波探测技术常被用来测量冰川的厚度。

6.3.7.3 冰川的分布

两极和不同纬度的高山均有冰川分布，全球冰川总面积达 16227500km^2（表 6.6），占世界陆地面积约 11%。储水量估算为 24064109km^3，占世界淡水总量的 68.7%，所以相当可观。如果全球冰川都融化，全球的海平面将升高 60 多 m［注：按照现在的海洋面积计算，全部冰川融化后海平面将升高 66.66m；但是考虑到很多陆地面积将被占据（被海水淹没），再加上海水的弹性，若冰川真的全部融化，预计海平面将上升 50m 以上］，届时许多沿海城市将化为乌有。我国的冰川广泛分布在西部高山地区，面积约 5 万 km^2，占世界冰川总面积的 0.31%。

表 6.6　世界冰川分布

地区	冰川面积/km^2	冰川储水量/km^3	地区	冰川面积/km^2	冰川储水量/km^3
南极大陆	13980000	21600000	北美洲	67522	14062
格陵兰	1802400	2340000	南美洲	25000	6750
北极岛屿	226090	83500	非洲	22.15	3
亚洲	109085	15630	大洋洲	1014.5	107
欧洲	21415	4090	总计	16227500	24064100

6.3.7.4 雪线与冰川物质平衡

1. 雪线

年固体降水量与消融量处于平衡的地带称为雪线。由于随着高度增加气温降低，在一定山区某一高度以上形成常年积雪区，这个高度在山区呈现环状的线。雪线以上固体降水量的年平均收支差等于零，在雪线以上为正，雪线以下为负。雪线以上形成永久积雪，雪线是永久积雪的下限。通常在雪线以上随着高度增加温度逐渐降低，这对雪的堆积有利；但是随着高度增加，空气中的水汽含量也会减少，当达到了一定高度后降水减少，在太阳辐射作用下，积雪会融化，因此还存在一条上面的雪线，沿着这条上雪线，固体降水量的收支差也等于零。在有的高山区，存在上、下雪线，其间可形成封闭的、形状不规则的雪圈。

常用平衡线或零平衡线代替冰川雪线的概念，指的是冰川上物质纯积累量与物质纯消融量等于零的界线。一般根据一个或几个年度的物质平衡资料找出冰川物质平衡值等于零的若干观测点，这些点的连接线就是平衡线，该线所处的海拔高度即为平衡线高度。

2. 地形雪线

在雪圈范围内的积雪是纯气候因素的结果，但在雪线以下的山坡背阳和深洼处，降雪经过夏季也不融化，而形成常年的堆积。这种由于特殊地形而造成雪的长年堆积的下限称地形雪线。地形雪线与气候雪线的高差可达几十米，有时达几百米。

3. 雪线高度及影响因素

全球雪线高度由极地向赤道逐渐升高，而最高的雪线不在赤道和热带，而是在副热带高压区。珠穆朗玛峰北坡雪线高达6200m，是已知北半球位置最高的雪线。由副热带向两极，雪线又骤然降低，由于南半球海洋面积大，雪线几乎都低于北半球，在南纬62°～65°，雪线已降至海平面的高度，而北半球只有个别地点（格陵兰东北部的克里斯琴地）的雪线触及海平面，而且比南半球更接近极地。

雪线高度主要受气温、降水和地形等因素的影响。一般气温低、降水量大，雪线位置就低，反之就高。在局部地方，一年中最热月份的气温和暖季持续时间长短也都会影响雪线的高度，水汽来源方向、湿度、云量，日照和风等雪线的高度也有间接影响。地形对雪线的影响表现在坡向、坡度和山地位置的关系上。

4. 冰川物质平衡

冰川物质平衡取决于固态降水积累量的大小和热量的收支状况。冰川的物质收入主要来源于积累区（粒雪区）的固态降水，而邻近山坡上的雪崩和风吹雪有时也占相当比重。一般在积累区的气温较低，消融微弱甚至没有消融，冰川厚度会随着积累不断增加。积累区物质通过冰川运动，输送到下游消融区，那里气温较高，消融较强，除使冰面新雪完全融化外，还要融化相当厚度的从上游运动来的冰层。当运动来的冰量和消融量平衡时，冰川末端就呈现停滞状态。如果积累量超过消融量，冰川厚度增加，冰流速加大，经过运动波传递到冰川末端，就可能导致冰川前进，则雪线下移，称之为冰进。此时冰川面积增大，表明气候变冷。反之，会出现冰川末端的后退，称之为冰退。冰退时冰川面积减小。

6.3.7.5 冰川运动

冰川积累区的冰层达到一定厚度时，坡度和冰自重所产生的剪应力就使冰按照冰流律开始运动。格伦冰流律可以用下式表达

$$\varepsilon = At^{n}$$

式中：ε 为切应变率；t 为切应力；n 为常数，取值在1.5～4.2，平均值约为3；A 为系数，根据冰的温度、冰晶的大小及杂质含量等取不同的值。

山谷冰川的冰流速表面大于深部，中央大于两侧，在平衡线附近流速最大，而向源头或末端流速降低，冰川运动部分由塑性变形或蠕变产生，部分是块体滑动，有些冰川有时呈现快速前进状态称为冰川跃动。

冰川运动通常是很缓慢的，运动速度很小，但是不同冰川运动速度变化很大。中国天山乌鲁木齐河源Ⅰ号冰川1980—1981年间51个测点的平均年流速为6m，最大年速度测点仅为10.62m；珠穆朗玛峰北坡绒布冰川中游海拔5520m处，1966—1968年间最大年流速达到117m。阿尔卑斯山的火山谷冰川（长10～20km），一般年流速为80～100m，格陵兰的林克斯冰川每天的运动速度就达到28m。同一条冰川在不同部分的运动速度亦有明显差异：纵向上零平衡线附近流速最大，向源头或冰舌末端流速降低；横向上冰川中心线流速最大，向两侧逐渐减少；垂向上冰面流速大于冰内。冰川运动速度也具有季节变化，主要是由于冰厚度变化和冰床处融水的“润滑作用”影响所致。

6.3.7.6 冰川作用

冰川是由低温的水组成的具有刚塑性质的物体，它的作用及功能主要反映在以下三个

方面：作为塑性流体对地球表面物质的侵蚀、搬运、沉积作用；作为陆地上的最大的天然水体参与地球表面的水循环；由于其温度较低和巨大的热容性质以极其丰富的水量，使其具有调节全球气候和升降全球海平面的功能。

1. 侵蚀、搬运和堆积作用

冰川作为塑造地表形态的主要外营力之一，在冰川作用地区留下丰富的地貌遗迹。冰川侵蚀作用形成的冰川地貌称冰川侵蚀地貌，主要的有围椅形冰斗、U 形冰槽谷、锯齿状刃背和角峰等。冰川的搬运能力极强，可以轻易地搬运所有侵蚀的物质，包括直径达数十米的巨大岩砾；冰川堆积作用形成的冰川地貌称为冰川堆积地貌。冰川直接搬运堆积的岩块碎屑，统称为冰碛。冰碛岩块中特别巨大者称为漂砾。堆积在冰川末端的垅状冰碛称为终碛（尾碛），是冰舌顺谷地伸展的下限；在冰川两侧的垅状冰碛称侧碛，侧碛顶部高度指示当时的冰面高度。冰碛按搬运时在冰川内的分布部位可分为：分布在冰面的表碛，分布在冰川内部的内碛和分布在冰川底部的底碛。冰川融化水流所沉积的岩块及碎屑称为冰水堆积，多分布于冰川前端的外围或冰融水道中，特点是具有流水堆积物的性质，即具有一定的层序和磨圆度。分布于冰融水道两侧的称冰水阶地，分布在冰川前端外围的形成冰水平原，沉积在冰湖岩盆中的叫冰湖沉积。大陆冰川主要的蚀碛地貌有鼓丘、羊背石、漂砾蛇形丘、冰砾阜、三角洲和冰水平原等。

2. 冰川在水文循环中的作用

冰川接受大气固态降水，储存在冰川之内，通过融化成为液态水，补充河流和海洋，少量蒸发直接返回大气。从降水、冰体储存到融化、崩解入海和蒸发返回大气这一循环过程所需的时间以万年计；中、低纬度山岳冰川水循环速度比大陆冰川的快得多，中国西部高山冰川的总储水量约为 $5000km^3$，占全球冰川总储水量的 0.02%，每年融水量约 $55km^3$，加上蒸发，估计水文循环一次平均为 70～80a。冰川有多年调节的作用，在干热年份，扩大消融，大量融水补给河流；在湿冷年份，增加积累。

3. 冰川对气候的影响

冰川是气候的产物，其变化反映气候变化。同时冰川对气候有反馈作用，一经形成即成为影响气候的重要因子。由于冰雪对太阳辐射反射率很大，使在冰雪覆盖区可能接受的太阳辐射大大减少，因此冰川表面气温一般比相邻的非冰川地面低 2℃左右，而湿度却要高些，对冰川区形成较多的降水有利。南极冰盖是一个巨大的“冷源”，在南极苏联东方站海拔 3500m 处，年平均温度为−56℃，最低温度为−88.3℃。南极形成的大气冷环流，可越过赤道影响到北半球包括中国在内的天气变化。中、低纬度的山岳冰川对大范围的气候影响很小，但对调节当地气候仍有很大作用。

6.3.7.7 冰川与人类

人类的出现是地球上的重大事件，是目前划分地质年代的第四纪上限的标志。根据已有的资料显示，第四纪以前是干燥炎热的第三纪时期，第四纪开始地球表面温度出现了降低，产生了冰川。而后在几百万年的过程中，冰川从来没有消失过，但是却出现了多次冰进和冰退期，称为冰期和间冰期。因而地质学把第四纪也叫作冰川的世纪。研究发现，冰期的出现加速了人类的进化，寒冷的天气使人类不断地迁徙，促使人类使用火。因而可以说冰川是人类产生发展的重要源动力，冰川的出现为人类的进化奠定了基础。

冰川是自然界重要的、有很大潜力的淡水资源宝库。亚洲中部干旱区（包括中国西部、中亚、阿富汗、巴基斯坦和印度部分地区）历史悠久的灌溉农业的发展，相当程度上依赖着高山冰雪融水。在水能利用高度发展的阿尔卑斯山区和挪威，有大量水库修建在冰川末端以下河谷中，蓄积冰川融水发电，瑞士能源有一半以上靠冰川融水发电。冰川水质良好，是人类生活的优质供水水源。许多冰川景象瑰丽，是很好的旅游资源。

但冰川也会导致灾祸。冰雪崩、冰湖溃坝洪水、冰川泥石流、冰川的突然快速前进等，都能够导致人类生命财产的重大损失。如果未来气候真的大幅度转暖，使大量冰川融化，将导致海平面上升，严重危害滨海低地人们的生产和生活。当前城市大都集中在沿海地区，冰川消融将造成的人类灾难是可以预见的。所以应该加强环境保护，防止气候变暖、冰川消融。

6.3.8 沼泽

不同学科对沼泽赋予不同的定义。水文学认为地表水分过多地段就是沼泽；植物学认为沼泽是地表生长湿生（水生）植被的地段；泥炭地质学者认为沼泽是泥炭覆盖层未疏干时厚度不小于30cm，疏干时不小于20cm的地表过湿地段。实际上，沼泽是多水条件下各种因素作用结果而形成的自然综合体，也可以称作湿地。在沼泽地区，土壤经常为水饱和状态，地表长期或暂时积水，生长湿生和沼生植物，有泥炭累积或虽无泥炭累积但有潜育层存在。

6.3.8.1 沼泽的形成与分类

沼泽的形成过程包括水体沼泽化和陆地沼泽化两类，前者分为河流、湖泊沼泽化和海滨沼泽化，后者分为草甸沼泽化、森林沼泽化和人为因素引起的沼泽化。

1. 河流、湖泊沼泽化

在湖泊、河流的演变过程中，在岸坡平缓的部位的水运动减弱，光照和温度有利于沉水、浮水和挺水植物生长。苔草、芦苇、香蒲、藨草属、眼子菜等湿生和水生植物呈带状依次向湖心、河心推进，开始沼泽化过程。沼泽植物死亡后的残体，在氧气不足的条件下分解缓慢，加之产生的有机酸的防腐作用，更促进了有机残体的堆积，从而形成泥炭层。有些深水湖泊，陡岸附近因风浪影响小，湖水停滞或流动缓慢，水面首先出现浮水植物，继而生长沼委陵菜、漂筏苔草、水木贼等沼生植物，它们的根茎交织在一起形成植物浮毡。浮毡逐年加厚，但其下层则不断脱落，沉入湖底，堆积起来，当堆积厚度达到与植物浮毡相接时，湖泊消亡形成沼泽。

2. 海滨沼泽化

在海滨潮间带，潮水作用把潮滩泥沙由低滩运到高滩，同时河水带来的泥沙不断沉积，滩面逐渐淤高，较高部分受雨水淋溶，表层盐分减少，先有耐盐的微生物活动，继而耐盐的喜水植物侵入。起初，植物种类比较单一，生成一团团草丛，零散分布，以后逐渐连成一片，海滨低沼泽形成。长有植物的潮滩泥沙沉积迅速，随着潮滩向海推进，滩面继续抬高；在平均高潮位以上，海滩表层受淡水淋溶逐渐淡化，出现多种耐盐喜水植物，有的出现泥炭累积，也形成海滨沼泽。

3. 草甸沼泽化

坡降很小、地表水下渗困难的草甸，由于河流泛滥等原因造成地面积水或土壤过湿，通气条件恶化，喜湿植物侵入，形成很厚的草根层。草根层蓄水能力强，加剧了地表湿润状况，土壤长期为水浸渍，出现潜育层。在当地水热条件下，如果植物残体分解速度大于或等于累积速度，则形成无泥炭沼泽，如果分解速度小于累积速度，则形成泥炭沼泽。在冻土地区，适合低等植物生长的地方，季节性融冻也会促成沼泽化。

4. 森林沼泽化

针叶林地带和针阔混交林地带，因淀积层和永冻层阻碍地表水入渗使地表过湿，常引起沼泽化。另外，森林被采伐或火烧后，失去了树木巨大的吸水作用，土层过湿，甚至地面积水，喜水的沼生和湿生植物侵入，最终发育成沼泽。

5. 人为因素引起的沼泽化

多为壅水建筑物引起地下水位升高，使附近地表长期过湿，或耕地过量灌溉排水不良造成地下水位上升等，产生沼泽化。

6.3.8.2 沼泽的分布

陆地及滨海地区均有沼泽分布，世界沼泽总面积约 2682600km^2，中国约 110000km^2（不包括海滨沼泽面积）。沼泽主要发育在山前地下水溢出带、湖滨和河谷中，干旱地区的沼泽少、规模小。中国沼泽主要分布在大、小兴安岭，长白山地，阿尔泰山，天山坡麓，川西若尔盖地区，三江平原，一些湖泊（如洞庭湖、兴凯湖、博斯腾湖等）的湖滨和海滨地带，其他地区也有零星分布。沿海潮滩是耐盐草本海滨沼泽的主要分布区，红树林海滨沼泽仅见于福建省福鼎市以南到南海海滨，呈断续分布。

6.3.8.3 沼泽的剖面特征

根据沼泽的剖面结构，将沼泽分为有泥炭累积的泥炭沼泽和无泥炭累积的潜育沼泽。

（1）泥炭沼泽分为上、下两层：上层为活动层，由植物活根和疏松的植物残体组成，潜水位变动期间，是水文现象最活跃的一层，下层叫惰性层，全部由泥炭组成，结构密实，可视为相对不透水层。泥炭层厚度一般从几十厘米到十几米不等。

（2）潜育沼泽是由于发育潜育层而命名的。潜育层是指在整个土体或土体下部，土壤因长期处于水分饱和、缺乏空气的还原状态，产生有机与无机的低价态物质，如二价铁、锰，从而形成一层颜色呈蓝灰或者青灰的还原土层。潜育沼泽的结构自上而下分为：①草根层，由交织在一起的植物根系组成，长时间充水，有时也会完全干涸；②腐质泥层，含有多量有机质的泥层，是径流活动带的下限；③潜育层，土壤长期为潜水浸渍，呈灰蓝色或青灰色，多为质地黏重的土层。

6.3.8.4 沼泽的水理性质

1. 含水性

沼泽中有重力水、毛细管水、薄膜水、渗透水和化合水。重力水在重力作用下，能沿着斜坡流入排水沟，有时在沼泽表面形成湖泊和小河；毛细管水、薄膜水、渗透水和化合水，受分子力作用，不能从泥炭层或草根层中流出。毛细管水和部分薄膜水可由植物根系吸收，并由植物枝叶散发和蒸发；渗透水和化合水必须采取特殊方法才能释出。

沼泽含水量的变化与沼泽类型、泥炭的灰分含量和分解程度有关。草本泥炭沼泽的含水量多在 60%～80%，藓类泥炭沼泽则大于 90%，低灰分沼泽含水多为 70%～90%，高灰分沼泽含水量低，一般小于 50%。沼泽的含水量随泥炭分解度的增高而减小。我国泥炭沼泽含水量为70%～90%；无泥炭的潜育沼泽，若草根层很厚时（0.3～0.5m）其含水量与薄层泥炭相仿。

2. 持水性

指沼泽体保持水分的能力。沼泽持水能力取决于沼泽体的组成、泥炭的分解度和灰分含量。低灰分、弱分解的藓类泥炭具有很高的持水能力，它能保持大于本身绝对干重15～20倍的水量，正常灰分、中等或强分解的草本和草本-藓类泥炭，能保持大于本身重量3～9倍的水量。通常把自由水流出后泥炭中所含的水量称为最大持水量。如果沼泽中的含水量超过最大持水量时，超过的水分可以通过排水渠道自沼泽中排走；如果含水量小于最大持水量，则仅有部分水消耗于蒸发。草本泥炭沼泽的持水量一般为400%～800%（重量），藓类泥炭沼泽一般大于1000%，无泥炭的潜育沼泽持水能力多在300%～400%。

3. 沼泽的透水性

沼泽的渗透系数分垂向和水平两种。①垂向渗透系数由表层向下逐渐减小，泥炭沼泽上部的渗透系数较大，一般平均在1～10cm/s，分解弱的藓类泥炭可达20cm/s；泥炭层下部渗透系数多在0.001cm/s以下；强分解的泥炭通常不透水。泥炭的渗透能力主要取决于泥炭的分解度，随分解程度的增强而减弱。因为有机质分解时，形成许多极小的带电荷的胶体质点，把水分吸附在它的表面，阻塞了质点之间的空隙，因而渗透能力减弱。渗透系数的大小还与泥炭的灰分含量有关。泥炭的渗透系数与植物残体组成也有关。藓类-木本泥炭比草本泥炭空隙大、渗透系数也大。②沼泽水平渗透系数较大。夏秋暴雨之后，地下水位迅速上升，与此同时，在沼泽地1.0～20cm的表层，产生水分的侧向渗透运动。降水停止后，由于侧向水流流量很大，表层内蓄水量迅速减少，地下水位下降，当下降到距地表30～40cm时，侧向水流也很快停止。具有一定厚度草根层的潜育沼泽的草根层下部渗透系数为0.001～0.002cm/s。

4. 热容量和热导率

沼泽的热容量和热导率主要取决于沼泽土的含水量、分解度和残体组成。被水饱和的泥炭热容量比干泥炭大8～10倍。热导率与热容量一样，随着沼泽逐渐变干明显降低。由于沼泽土的热容量比矿质土低，其表面温度容易增高或降低，加之沼泽土的导热性差，很少将白天所获得的热量传导到深层蓄藏起来，这种不良的热力学特性，造成沼泽区特殊的气候状况。夏季晴朗的白天，沼泽植物覆盖层被太阳晒得很热，而在晴朗的夜间，由于散热冷却，植物覆盖层的表面气温迅速下降，甚至达到0℃以下。我国北方夏季泥炭沼泽地表温度的日变化可达18～20℃，而50～60cm深处以下则基本无变化。

6.3.8.5　沼泽水文特点

沼泽中的水含于植物草根层或泥炭层中，有时表面也有薄层积水。水是沼泽形成的主导因素，也是沼泽最活跃的组成部分。沼泽水是地表水和地下水的过渡类型。

1. 沼泽水量平衡

蒸发量大、径流量小是沼泽水量平衡的重要特点。在多年变化中，前者变化小，后者相对大。沼泽蒸发的大小与沼泽类型有关。高位沼泽的蒸发量与所在地区陆地正常蒸发量大体相当。潜育沼泽和低位沼泽的蒸发量较大，比所在地区陆地蒸发量大。沼泽蒸发取决于气候条件，也与沼泽蓄水多少有关。当沼泽蓄水较多时，蒸发量与辐射平衡值呈密切正相关，在夏季当沼泽前期蓄水量基本耗尽时，沼泽蒸发与降水量也呈密切正相关。

2. 沼泽的温度、冻结和解冻

表面有积水或表层饱和水的沼泽，其表面温度及日变幅都比矿质土的小。地表无积水而近于干燥的泥炭沼泽和干涸的潜育沼泽则相反，晴朗天气条件下，沼泽表面温度和昼夜温度日变幅都比矿质土壤温度高，变幅大。沼泽温度日变化波及的深度不管表面有无积水，一般都很小。高纬地区的沼泽有冻结现象，当潜水位到达沼泽表面时，冻结过程开始较晚，冻结慢，深度小。当表层的有机物质近于干燥时，冷却快，冻结早，但下层冻结很迟缓，冻结深度也小。同理，春天解冻迟，化透时间晚。

3. 沼泽水水质特征

沼泽水富含有机质和悬浮物，生物化学作用强烈，腐殖酸的含量从每升几毫克到每升上百毫克。水体浑浊，呈黄褐色，因有机酸和铁锰含量较高，沼泽水面常浮现红色。沼泽水矿化度较低，除干旱地区的盐沼和海滨沼泽外，一般不超过 500mg/L；水的硬度很低，pH 3.5～7.5，呈酸性和中性，以弱酸性为多。

4. 沼泽径流

沼泽径流是指沼泽表面流和沼泽表层流两种，其存在形式与沼泽表面形态有关。表面凸起的沼泽，主要受大气降水补给，降水渗入草根层（或活动层），在草根层的孔隙中运动，经沼泽再调节后补给河流。表面平坦或凹陷的沼泽，主要由地表径流和地下水补给，表面常有积水，表面流和沼泽表层流共存，其中表面流发生在地貌较低的部分。这类沼泽往往有过境水流，由降水和地下水补给的水一部分随过境水进入河流，一部分经沼泽调节后再补给河流。

（1）沼泽表面流：是在较低的坡地和凹地上的表面水流，与坡面流相同。

（2）沼泽表层流：是指在多孔介质中的渗流，它产生在泥炭沼泽的活动层（即从表面到潜水位活动的下限）和潜育沼泽的草根层（即从表面到腐质泥层）中的潜水位变动带内，呈层流状态，可用达西定律描述。流量大小取决于潜水位高低、各层渗透系数和厚度。渗透系数沿垂向的变化，决定于泥炭层或草根层的结构形态和泥炭层或草根层的密实程度。

沼泽自上而下各层的渗透系数逐渐减小。当潜水位接近沼泽表面时，过水断面大，渗透系数也大，沼泽表层流就大；当潜水位下降时，过水断面减小，渗透系数也迅速变小，沼泽表层流骤减；当潜水位降到惰性层和腐质泥层时，沼泽表层流减小到零。

6.3.8.6 沼泽资源

沼泽滋生蚊子，是疟疾和黄热病等疾病的病源地，但沼泽有许多资源，在生态中起良好的作用。沼泽是湿地的一种重要表现形式，它具有巨大的净化环境，调节径流，湿润气候的作用。因此沼泽是巨大的资源宝库。

（1）沼泽是一个巨大的生物蓄水库。它能保持大于其土壤本身重量 3～9 倍或更高的蓄水量。沼泽富含有水资源，世界上的沼泽水总储量约 11470km^3，占世界淡水总储量的 0.03%。所以它可以起到很好地调节水量的作用。中国三江平原沼泽和沼泽化土壤的草根层和泥炭层，孔隙度为 72%～93%，饱和持水量 830%～1030%，最大持水量为 400%～

600%，出水系数为 0.5 左右，因此其蓄水和透水力较强，全区沼泽湿地蓄水量高达 $38.4\times10^{8}\,m^{3}$。

(2) 沼泽生长纤维植物、药用植物和蜜源植物等，并且是众多飞禽候鸟的理想栖息场所，因而是宝贵的生物宝库。沼泽还蕴藏着大量泥炭，生长着许多种植物，等等。

(3) 沼泽是自然界最好的污水“净化池”，其处理污水、“藏污纳垢”的能力是惊人的。根据研究沼泽中芦苇对砷的净化能力为 96.06%，铁为 92.78%，锰为 94.54%，铅为 80.18%。

(4) 沼泽由于其自身的水理性质，具有重要的调节当地气候的功能。

(5) 沼泽是重要的旅游资源，是人类的良好的休闲地。世界上许多国家建立了沼泽自然保护区，有的直接把沼泽作为旅游胜地进行开发。

我国是国际湿地公约缔约国，第八届国际湿地缔约国会议 2003 年 8 月刚刚在西班牙闭幕，我国近年来相继出台了许多保护湿地的法规，并划定了许多湿地保护区，相信未来对沼泽资源的保护及开发利用必将有一个巨大的飞跃，为生态环境的保护和可持续发展做出贡献。

6.4 海洋水文学基础

无论站在怎样的角度，对于地球表面的任何物质而言，海洋都是一个庞然大物。它决定着地球表面的气候，即决定着地球表面的温度和水量分布，进一步说它决定着地球生命的存在条件，决定着人类的发展命运。海洋占地球表面积的 71%，其对于人类未来发展的极其重要性是不容置疑的。因而对海洋水文学基本知识的了解是非常重要的。海洋水文学着重研究海水的物理性质和化学成分，海洋中的波浪、潮汐、洋流、海岸带泥沙运动等。目前海洋水文学尚未独立形成，相关知识包含于海洋学中，本书仅对这些内容做简要介绍。

6.4.1 海水的物理性质

6.4.1.1 海水盐度

海水盐度是衡量海水中含盐量的一个标度。海水含盐量是海水的重要特性，是海水浓度的标志，其分布和变化与海洋中的许多现象和过程息息相关。它与温度和压力一起，是研究海水的物理过程和化学过程的基本参数。

在蒸发、降水、结冰、融冰和陆地径流的综合影响下，世界各大洋浅层海水盐度分布不均：两极附近、赤道区和受陆地径流影响的海区，盐度较小，在南北纬 20°的海区，海水的盐度则比较大；深层海水的盐度变化较小。根据盐度分布特征，可以研究海水运动以及海水中离子间的相互作用及平衡关系，探索元素在海水中的迁移规律。由于实际工作中现场难以直接准确测定海水密度，所以通常测定盐度、温度和压力，再根据海水状态方程式计算密度。

如何确定海水的盐度？随着科技进步，对海水盐度的确定方法不断地改进，使之更加准确。从海水盐度不同的定义可以了解这一点。

(1) 基于化学方法的盐度定义：19 世纪末期，欧洲成立专家小组专门研究海水的盐度、氯度和密度等有关问题。1902 年，M. H. C. Knudsen（克努曾）等提出了一种通过化学分析测定盐度的方法，即取一定量的海水样品，加盐酸酸化后再加氯水，蒸干后继续升温，最后在 480℃条件下烘至恒重，称量剩余的盐分。这种基于化学分析的测定方法定义盐度为：1kg 海水中的碳酸盐全部转换成氧化物，溴和碘以氯当量置换，有机物全部氧化之后所剩固体物质的总克数，单位是 g/kg，以‰表示。

该方法操作繁杂，不适用于海洋调查。研究发现，海水中的主要成分在水样中的含量虽然不同，但它们之间的比值是近似恒定的。所以从北海、波罗的海、红海等海区采集了 9 个表层水样，测定出海水中某一主要成分的含量，进而推算出海水盐度。由于海水中的氯含量最多，且可方便地用 $AgNO_3$ 滴定法加以测定，由此归纳出通过测定海水氯含量的方法来计算盐度 S 的公式，该式称为 Knudsen 盐度公式：

$$S‰ = 0.030 + 1.8050\mathrm{Cl}‰$$

式中：Cl‰称为海水的“氯度”，即 1kg 海水中的溴和碘以氯当量置换后氯离子的总克数，g/kg，以‰表示，氯度的量值要稍大于海水的实际氯含量。

（2）重新定义：盐度与氯度的上述关系式，建立在海水组成恒比规律的基础上，这是不严格的，况且当时所取的水样，多数为波罗的海表层水，难以代表整个大洋水的规律。实际上，关系式中的常数项 0.030，不符合大洋海水盐度变化的实际情况。随着电导盐度计的问世，测定盐度的方法更为方便，且精度大为提高。考克斯等（1967 年）对由大洋和不同海区不深于 100m 水层内采集的 135 个水样，准确地测定其氯度值计算盐度，同时测定水样的电导比 R_{15}，得出盐度 $S‰$与电导比 R_{15}的关系式为

$$S‰ = -0.08996 + 28.29720R_{15} + 12.80832R_{15}^2 - 10.67869R_{15}^3 + 5.98624R_{15}^4 - 1.32311R_{15}^5$$

式中：R_{15}为一个标准大气压（101325Pa）下 15℃水样的电导率 $C(S, 15, 0)$ 与盐度精确为 35.000‰（Cl‰=19.374‰）的标准海水电导率 $C(35, 15, 0)$ 之比值。

此方法测定盐度精度高、速度快。

（3）1978 年实用盐度标度（PSS78）：为使海水的盐度值与氯度脱钩，所以选择一种精确浓度的氯化钾（KCl）溶液作为可再制的电导标准，用海水相对于 KCl 溶液的电导比率确定海水的盐度值。为保持盐度历史资料与实用盐度资料的连续性，仍采用原来氯度为 19.374‰的国际标准海水为实用盐度 35.000‰的参考点。配制一种浓度为 32.4356‰高纯度的 KCl 溶液，它在一个标准大气压、温度为 15℃时，与同压同温条件下氯度为 19.374‰（盐度为 35.000‰）的国际标准海水的电导率恰好相同，它们的电导比为 1，即

$$K_{15} = C(35,15,0) \div C(32.4356,15,0) = 1$$

也就是说，当 $K_{15}=1$ 时，标准 KCl 溶液的电导率对应盐度为 35.000‰。把这一点作为实用盐度的固定参考点，导出实用盐度的计算公式为

$$S = \sum_{0}^{5} a_i K_{15}^{\frac{i}{2}}$$

式中：$a_0=0.0080$，$a_1=-0.1692$，$a_2=25.3851$，$a_3=14.0941$，$a_4=-7.0261$，$a_5=2.7081$；K_{15}为一个标准大气压、温度为 15℃时，海水样品的电导率与标准 KCl 溶液的电导率之比，当 $K_{15}=1$ 时，$S=35$。

实用盐度值为过去盐度值的 1000 倍，例如，过去盐度值为 0.03512（即 35.12‰），

实用盐度值则为35.12。在这里，氯度被看作是和实用盐度无关的一个独立变量。

6.4.1.2 海水的主要热性质

海水的热性质如比热、绝热温度、位温、热膨胀及压缩性，热导率与比蒸发潜热等，都是海水的固有性质，是温度、盐度和压力的函数。它们与纯水的热性质有所不同。

（1）比热：单位质量海水的热容称为比热容，简称比热，单位为J/(K·g)或J/(℃·g)。在一定压力下测定的比热容称为定压比热容，记为 C_p；在一定体积下测定的比热容称为定容比热容，用 C_v 表示。一般 C_v 比 C_p 偏小，其比值 $C_p/C_v=1\sim1.02$，海洋学中最常使用前者。由表6.7可以看出，C_p 值随盐度的增高而降低，但随温度的变化比较复杂，是有水的密度变化与温度有关的性质所决定的。大致规律是在低温、低盐时 C_p 值随温度的升高而减小，在高温、高盐时 C_p 值随温度的升高而增大。例如在盐度 $S>30$，温度 $t>10$℃时，C_p 值则全部随温度的升高而增大。

表6.7　1个标准大气压（1013.25Pa）下海面的比热 C_p　单位：J/(K·g)

盐度（S）	温度 t								
	0℃	5℃	10℃	15℃	20℃	25℃	30℃	35℃	40℃
0	4.2174	4.2019	4.1919	4.1855	4.1816	4.1793	4.1782	4.1779	4.1783
5	4.1812	4.1679	4.1599	4.1553	4.1526	4.1513	4.1510	4.1511	4.1515
10	4.1466	4.1354	4.1292	4.1263	4.1247	4.1242	4.1248	4.1252	4.1256
15	4.1130	4.1038	4.0994	4.0982	4.0975	4.0977	4.0992	4.0999	4.1003
20	4.0804	4.0730	4.0702	4.0706	4.0709	4.0717	4.0740	4.0751	4.0754
25	4.0484	4.0428	4.0417	4.0437	4.0448	4.0462	4.0494	4.0508	4.0509
30	4.0172	4.0132	4.0136	4.0172	4.0190	4.0210	4.0251	4.0268	4.0268
35	3.9865	3.9842	3.9861	3.9912	3.9937	3.9962	4.0011	4.0031	4.0030
40	3.9564	3.9556	3.9590	3.9655	3.9688	3.9718	3.9775	3.9797	3.9795

海水的比热很大，约为3.89J/(K·g)，其密度为1025kg/m^3，而地球表面附近空气的比热约为1J/(K·g)，密度约为1.29kg/m^3，所以1m^3 海水降低1℃放出的热量可使3100m^3 的空气的温度升高1℃。地球表面积近71%为海水覆盖，可见海洋对气候的影响是巨大的。

（2）体积热膨胀：当海水温度高于最大密度的温度时，若再吸收热量，除增加其内能使温度升高外，海水还会发生体积膨胀，其相对变化率称为海水的热膨胀系数（η），表示当温度升高1K(1℃）时，单位体积海水的体积增量值。即在压力盐度一定的情况下有

$$\eta=\frac{1}{V}\left(\frac{\partial V}{\partial t}\right)_{p,s} \quad 或 \quad \eta=\frac{1}{\alpha}\left(\frac{\partial \alpha}{\partial t}\right)_{p,s}$$

式中：V 为体积；t 为温度；α 为海水的比容，为密度的倒数，α 在数值上等于单位质量海水的体积。

海水的热膨胀系数比纯水的大，且随温度、盐度和压力的增大而增大。在低温时海水的热膨胀系数随压力的变化更为明显。例如盐度为35的海水，若温度为0℃，在1000m深处（$P\approx10.1$MPa）的热膨胀系数比在海面的大54%，但温度为20℃时，则仅大4%。

热膨胀系数由正值转为负值时所对应的温度，叫作海水最大密度的温度 $t_{\rho\max}$，它也是盐度的函数，随海水盐度的增大而降低。计算最大密度温度的经验公式为

$$t_{\rho\max}=3.95-0.2S-1.1\times10^{-3}S^2+2\times10^{-4}S^3$$

(3) 压缩性：压力增加时海水体积会缩小的特性叫作海水的压缩性。压力增加 1Pa 时单位体积海水的负增量称为压缩系数。若海水微团（描述海水的某一部分）在被压缩时，与周围海水有热量交换而得以维持其水温不变，则称为等温压缩。若海水微团在被压缩过程中，与外界没有热量交换，则称为绝热压缩。定盐条件下的等温压缩系数为

$$\beta=-\alpha\left(\frac{\partial\alpha}{\partial p}\right)_{s,t}$$

式中：β 为压缩系数，Pa；α 为海水的比容。

海水的压缩系数随温度、盐度和压力的增大而减小。海水的压缩系数很小，可把海水看作不可压缩的流体，但在声学研究中，压缩系数又是重要参数。因为海洋深度很大，海水受压缩的量实际上是相当可观的。如果海水真的不可压缩，则海面将会比实际的升高 30m 左右。

(4) 绝热变化：当一海水微团做垂直位移时，其所受压力会随着其所处深度的变化而变化，从而使其体积发生相应变化。在绝热下沉时，压力增大使其体积缩小，外力对海水微团做功，增加了其内能导致温度升高；反之，当绝热上升时，体积膨胀而温度降低。在没有与外界热量转化的条件下，海水微团内的温度仅由于压力变化所导致的体积改变而发生的变化称为绝热变化。海水绝热温度变化随压力的变化率称为绝热温度梯度，以 Γ 表示。由于海洋中的现场压力与水深有关，所以 Γ 的单位可以用 K/m 或℃/m 表示。它也是温度、盐度和压力的函数。可通过海水状态方程和比热计算或直接测量而得到。海洋的绝热温度梯度很小，平均约为 1.1×10^{-4}℃/m。

(5) 位温：海洋中某一深度（压力为 P）的海水微团，绝热上升到海面（压力为大气压 P_0）时所具有的温度称为该深度海水的位温，常用 Θ 表示。海水微团此时相应的密度叫作位密，常用 $\rho\Theta$ 表示。显然海水的位温比其现场时的温度要低。其现场温度为 t，绝热上升到海面温度降低了 Δt，则该深度海水的位温 $\Theta=t-\Delta t$。有些问题用位温分析比用现场温度分析更优。

(6) 比蒸发潜热：使单位质量海水转化为同温度的蒸汽所需的热量称为海水的比蒸发潜热，以 L 表示，单位是 J/kg 或 J/g。其具体量值受盐度影响很小，与纯水非常接近，可只考虑温度的影响。其计算方法有许多经验公式，迪特里希（Dietrich，1980）给出的公式为

$$L=2502.9-2.720t\text{（单位 J/g，适用范围为 0～30℃）}$$

海水蒸发，海洋不但失去水分，同时将失去巨额热量，由水汽携带而输向大气内。这对海面的热平衡和海上大气状况的影响很大。例如热带气旋的生成、维持和不断增强的机制之一就是“暖心”的生成和维持。“暖心”是最重要的热源之一，就是由海水蒸发使携带巨额热量的水汽进入大气后凝结而释放出来的。海洋每年由于蒸发平均失去 126cm 厚的海水，从而使气温发生剧烈的变化，但是海水温度由于其巨大的热容却变化不大。

(7) 饱和水汽压：海水具有较高的含盐量，其饱和水汽压比纯水低。该性质限制了海

水的蒸发，从而使海洋因蒸发而损失的水量和热量相对减少。

（8）热传导：相邻海水温度不同时，热量由高温处向低温处转移，即热传导。单位时间内通过某一截面的热量，称为热流率，单位为 W。单位面积的热流率称为热流率密度（q），单位是 W/m^2。其量值的大小除与海水本身的热传导性能密切相关之外，还与垂直于该传热面方向上的温度梯度有关，即 $q=-\lambda\frac{\partial t}{\partial n}$，式中，$n$ 为热传导面的法线方向，λ 为热传导系数，单位是 $W/(m^2\cdot℃)$。

仅由分子的随机运动引起的热传导，称为分子热传导，热传导系数为 10^{-1} 量级。例如在 101325Pa 气压和 10℃ 时，纯水的 $\lambda_t=0.582W/(m^2\cdot℃)$，而 30℃ 时，$\lambda_t=0.607W/(m^2\cdot℃)$，即随温度的升高而增大。水的热传导系数 λ_t 在液体中除水银之外是最大的。由于水的比热很大，所以尽管其热导性好，但水温的变化相当迟缓，其热传导性是很差的。海水的热导系数比纯水的稍低，且随盐度的增大略有减小。

由海水块体的随机运动所引起的海水的热传导称为涡动热传导或湍流热传导。涡动热传导系数（λ_a）主要和海水的运动状况有关，在不同季节、不同海域中差别很大，其量级一般为 $10^2\sim10^3$。由此看出涡动热传导在海洋的热量传输过程中起主要作用，而分子热传导只占次要地位。如果海面温度保持 30℃，单靠分子热传导，若使 0℃ 的海水在 300m 的深度上升到 3℃ 则需要 1000 年。

（9）沸点升高和冰点下降：海水的沸点和冰点与盐度有关，即随着盐度的增大，沸点升高而冰点下降。Millero 等（1976）给出的海水冰点温度的计算公式为

$$t_f=-0.0575S+0.001715023S^{3/2}-2.154996\times10^{-4}S^2-7.53\times10^{-8}P$$

式中：S 为实用盐度；P 为压力，Pa。

6.4.1.3 海水的一些力学性质

（1）海水的黏滞性：海水动力黏滞系数 μ 和运动黏滞系数 ν 除了随温度的升高却迅速减小以外，随着盐度的增大具有略有增大的特点。

（2）海水的渗透压：如果在海水与淡水之间放置一个半渗透膜，水分子可以透过，但盐分子不能透过，在淡水一侧的水会渗向海水一侧，使海水一侧的压力增大，直至达到平衡状态。此时膜两边的压力差称为海水渗透压，它随海水盐度的增高而增大。盐度低时随温度的变化不大，盐度高时随温度的升高增幅较大。这是海洋生物学家们所关注的问题。海水与淡水之间的渗透压，根据理论计算可达约 250m 的水位差。

（3）海水的表面张力：海水的表面张力随温度的增高而减小，随盐度的增大而增大。但是海水中杂质的增多会使海水表面张力减小。

6.4.1.4 海水状态方程

海水密度是个重要参数，表层海水的密度可以直接测量，但深层海水密度至今尚无法直接测量。海水状态方程就是通过海水状态参数温度、盐度、压力求解海水密度或比容的关系表达式。不同学者给出的海水状态方程不同，在此仅介绍 1980 年国际海水状态方程（EOS80），如下式：

$$\rho(S,t,p)=\rho(S,t,0)\left[1-\frac{(np)}{K(S,t,p)}\right]^{-1}$$

式中：$\rho(S,t,p)$ 为待求的海水密度；$\rho(S,t,0)$ 为一个标准大气压（海压为 0Pa）下的海水密度；S 为实用盐度；t 为温度,℃；p 为海压，Pa；$K(S,t,p)$ 为割线体积模量。

其中，割线体积模量 $K(S,t,p)$ 可由下式求得

$$K(S,t,p)=K(S,t,0)+A(np)+B(np)^2$$

式中：
$$K(S,t,0)=Kw+(54.6746-0.603459t+1.09987\times10^{-2}t^2-6.1670\times10^{-5}t^3)S+(7.944\times10^{-2}+1.6483\times10^{-2}t-5.3009\times10^{-4}t^2)S^{3/2}$$

$$A=Aw+(2.2838\times10^{-3}-1.0981\times10^{-5}t-1.6078\times10^{-6}t^2)S+1.91075\times10^{-4}S^{3/2}$$

$$B=Bw+(-9.9348\times10^{-7}+2.0816\times10^{-8}t+9.1697\times10^{-10}t^2)S$$

$$Kw=19652.21+148.4206t-2.327105t^2+1.360477\times10^{-2}t^3-5.155288\times10^{-5}t^4$$

$$Aw=3.239908+1.43713\times10^{-3}t+1.16092\times10^{-4}t^2-5.77905\times10^{-7}t^3$$

$$Bw=8.50935\times10^{-5}-6.12293\times10^{-6}t+5.2787\times10^{-8}t^2$$

一个标准大气压下海水密度 $\rho(S,t,0)$ 可由下式求得

$$\rho(S,t,0)=\rho_w+\alpha S+\beta S^{3/2}+\gamma S^2$$

式中：
$$\alpha=8.24493\times10^{-1}-4.0899\times10^{-3}t+7.6438\times10^{-5}t^2-8.2467\times10^{-7}t^3+5.3875\times10^{-9}t^4$$

$$\beta=-5.72466\times10^{-3}+1.0227\times10^{-4}t-1.6546\times10^{-6}t^2$$

$$\gamma=4.8314\times10^{-4}$$

$$\rho_w=999.842594+6.793952\times10^{-2}t-9.095290\times10^{-3}t^2+1.001685\times10^{-4}t^3-1.120083\times10^{-6}t^4+6.536332\times10^{-9}t^5$$

国际海水状态方程的适用范围是：温度－2～40℃，实用盐度 0～42，海压 0～10^8Pa，压力匹配因数 $n=10^{-5}$。

国际海水状态方程也可写成比容的计算形式，如下式：

$$\alpha(S,t,p)=\alpha(S,t,p0)\left[1-\frac{np}{K(S,t,p)}\right]$$

6.4.1.5 海冰及其物理性质

海洋中各种形式的冰称为海冰。海冰和冰山是高纬海区特有的海洋水文现象。海冰可以是由海水冻结而成，也可以是滑入海中的大陆冰川、河流淡水冰。世界大洋有 3%～4%的面积被海冰覆盖，是海洋水文学的重要研究内容之一。这里讨论的主要是海水冻结冰。

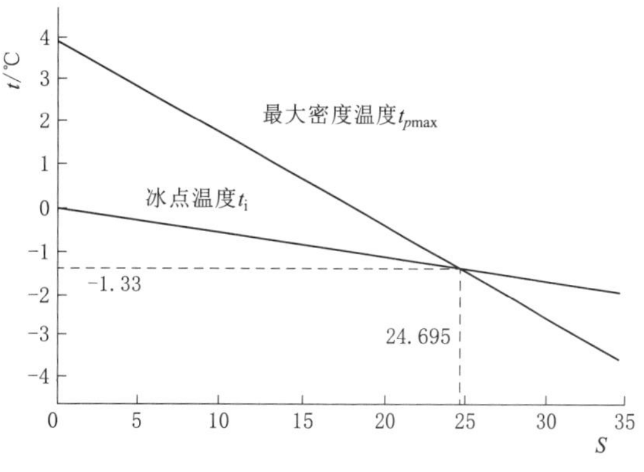

图 6.5　最大密度温度与冰点温度随盐度变化图

从海水最大密度温度与冰点温度随盐度变化图（图 6.5）中可以看出，海水最大密度温度随盐度的增大而降低的速率比其冰点随盐度增大而降低的速率快。即当盐度低于 24.695 时，海水结冰情况与淡水相同；当盐度高于 24.695 时（海水盐度通常如此），海水冰点高于最大密度温度，海水结冰情况就与淡

水不同。当海面降至冰点，因为源于海水增密的对流混合作用，海水不能结冰。只有当对流混合层的温度同时到达冰点时，海水才会开始结冰。海水的结冰，主要是纯水的冻结，会将盐分大部排出冰外而增大了冰下海水的盐度，既加强了冰下海水的对流又降低了其冰点，所以使冰下海水继续冻结的速度大大减缓。

按结冰过程的发展阶段可将海冰分为初生冰（最初形成的针状或薄片状的细小冰晶）、尼罗冰（初生冰继续增长，冻结成厚度10cm左右有弹性的薄冰层）、饼状冰（圆形冰盘状的海冰）、初期冰（由尼罗冰或冰状饼形成的较厚的冰层）、一年冰（由初期冰发展而成的厚冰，厚度为30cm至3m，时间不超过一个冬季）和老年冰（至少经过一个夏季而未融化的冰）。

按海冰的运动状态可将海冰分为固定冰和流冰两类。固定冰是与海岸、岛屿或海底冻结在一起的冰。当潮位变化时，能随之发生升降运动。流（浮）冰是自由浮在海面上，能随风、流漂移的冰。（不包括由大陆冰川或冰架断裂后滑入海洋中的冰）

（1）海冰的盐度：是指海冰融化成水的盐度，一般为3～7。海水结冰使其中的盐分多被排挤出来，部分来不及流走的盐分以卤汁的形式被包围在冰晶之间的空隙里形成“盐泡”。此外，海水结冰时，还将来不及逸出的气体包围在冰晶之间，形成“气泡”。因此，海冰实际上是淡水冰晶、卤汁和气泡的混合物。海冰盐度的高低取决于冻结前海水的盐度、冻结的速度和冰龄等因素。冻结前海水的盐度越高，海冰的盐度可能也高。结冰时气温越低，结冰速度越快，来不及流出而被包围进冰晶中的卤汁越多，海冰的盐度就越大。

（2）海冰的密度：纯水冰0℃时的密度一般为917kg/m^3，海冰中因为含有气泡，密度一般低于此值，新海冰的密度大致为914～915kg/m^3。冰龄越长，由于冰中卤汁渗出而密度越小，夏末时的海冰密度可降至860kg/m^{3}左右。所以海冰总是浮在海面上。

（3）海冰的热性质：海冰的比热比纯水冰大，且随盐度的增高而增大。纯水冰的比热受温度的影响不大，但海冰的比热随温度的降低而降低。在低温时，由于含卤汁少，比热随温度和盐度的变化不大，接近于纯水冰；但在高温时，特别在冰点附近，由于海冰中的卤水随温度的升降有相变，即降温时卤水中的纯水结冰析出，升温时冰融化进入卤水之中，从而使其比热分别有所减小和增大。其减小和增大值因其盐度而有极大差异，低盐时其比热小，高盐时比热将比纯水冰大数倍，甚至十几倍。海冰的溶解潜热也比纯水冰的大，但其热传导系数比纯水冰小，是由于海冰中含有气泡。海冰的热膨胀系数随海冰的温度和盐度也有变化。

（4）海冰的其他物理性质：海冰的抗压强度约为纯水冰的3/4，显然是由于存在许多空隙造成的。海冰对太阳辐射的反射率比海水大，海水的反射率平均只有0.07，而海冰可高达0.5～0.7。由于海冰的覆盖面积比陆冰大，故其反射的能量无论对海洋自身或者气候状况的影响都是不可忽视的。

6.4.2 海水成分

6.4.2.1 海水主要溶解成分及其影响因素

海水中含量大于1ppm❶的化学成分有11种，分别是钠、镁、钙、钾和锶5种阳离

---

❶ 1ppm指百万分之一。

子，氯根、硫酸根、碳酸氢根（包括碳酸根）、溴根和氟根5种阴离子和硼酸分子。这些成分的总量占海水中所有溶解成分的99.9%以上（表6.8）。被河川搬运入海的岩石风化产物和火山喷发物，是海水主要溶解成分的主要来源。尽管各大洋海水的含盐量随海域和深度而异，但因为海水中的含盐量相当稳定，加上海水的不停运动，使各成分充分混合，所以海水主要溶解成分的含量间有恒定的比例。但也不尽然，由于生物的作用，海底热泉和大陆径流等因素的影响，局部海区的某些主要溶解成分的含量并不严格遵守恒比关系。因此，不同的主要溶解成分的相对含量守恒性略有差异。

表6.8　　海水主要溶解成分（$S=35$）

主要溶解成分	主要存在形式	含量/ppm	氯度比值
Na^+	Na^+	10.76	0.55556
Mg^{2+}	Mg^{2+}	1.294	0.06680
Ca^{2+}	Ca^{2+}	0.4117	0.02125
K^+	K^+	0.3991	0.02060
Sr^{2+}	Sr^{2+}	0.0079	0.00041
Cl^-	Cl^-	19.35	0.99894
SO_4^{2-}	SO_4^{2-}，$NaSO_4^-$	2.712	0.14000
HCO_3^-	HCO_3^-，CO_3^{2-}，CO_2	0.142	0.00735
Br^-	Br^-	0.0672	0.00347
F^-	F^-，MgF^+	0.0013	0.000067
H_3BO_3	$B(OH)_3$，$B(OH)_4^-$	0.0256	0.00132

溶解成分的浓度（10^{-6}）与氯度或盐度之比称为氯度比值或盐度比值。通常用这样的比值来衡量海水中溶解成分含量。有以下因素影响海水溶解成分含量：

（1）生物影响。上层海水中的生物在生长繁殖过程中，吸收Ca^{2+}和Sr^{2+}等溶解成分，其残体在下沉和在分解过程中逐渐将Ca^{2+}和Sr^{2+}释放于水中，因此在深层和中层的水中，Ca^{2+}和Sr^{2+}的氯度比值大于表层水。

（2）陆地河川入海径流影响。海水中溶解成分的含量，阳离子为$Na^+>Mg^{2+}>Ca^{2+}$，阴离子为$Cl^->SO_4^{2-}>HCO_3^-$（包括CO_3^{2-}）；而全球河水中溶解成分的平均含量，阳离子为$Ca^{2+}>Na^+>Mg^{2+}$，阴离子为HCO_3^-（包括CO_3^{2-}）$>SO_4^{2-}>Cl^-$。因此，河口区的海水受河水的影响大，其溶解成分的氯度比值发生变化，其Ca^{2+}、SO_4^{2-}和HCO_3^-的氯度比值常常比较高。

（3）结冰和融冰的影响。海水在高纬度海区结冰时，Na^+、SO_4^{2-}会进入冰晶之中，故其结冰后的海水氯度比值降低；融冰时正好相反。

（4）溶解氧的影响。在缺氧或无氧海域，由于硫酸盐还原菌滋生，可将一些SO_4^{2-}还原成H_2S，使SO_4^{2-}的氯度比值变小。这与陆地水中SO_4^{2-}的变化是一样的。

（5）海底泉水的影响。一般海底热泉含盐量很高，但也有一些与大陆联系密切的淡水泉分布，它们都会影响附近海水溶解成分。

6.4.2.2 海水微量元素

海水中存在地球上发现的几乎所有元素，海水中含量小于1ppm的元素称为微量元素。它们广泛地存在于海水的一切物理过程、化学过程和生物过程之中，对海水的性质及海洋生物影响是非常大的。其存在形式可分为三类：溶解态、胶态和悬浮态。溶解态又分成四种形式：①自由金属离子；②无机离子对和无机络合物；③有机络合物和螯合物；④结合在高分子有机物质上。胶态也有两种形式：①形成高度分散的胶粒；②被吸附在胶粒上。悬浮态包括存在于沉淀物、有机颗粒和残骸等悬浮颗粒之中的微量金属元素。成胶态和悬浮态的微量金属元素，主要存在于近岸和河口海域，在大洋中含量很低。

影响微量元素在海水中的分布及其变化的因素很多，大致可以归结为以下几点：①生物过程：海洋生物生长过程中会吸收和排放某些微量元素，从而影响海水中微量元素的分布变化，海水中的铜、镉、钡、锌、铬、镍等元素的浓度变化是生物过程造成的；②吸附过程：悬浮在海水中的黏土矿物、铁和锰的氧化物、腐殖质等颗粒在下沉过程中，大量吸附海水中各种微量元素，将它们带到海底，使它们离开海水而进入沉积物中；③海—气交换过程：某些微量元素在表层海水中的浓度高，在深层浓度低，如铅，说明其主要来自大气，因而它在海水中的分布受海—气界面的交换过程所控制；④热液过程：海底地壳内部热液的喷涌，会直接影响周围海水中的微量元素含量；⑤海水—沉积物界面交换过程：在海洋沉积过程是物理化学生物的综合作用过程，其对微量元素的影响是显著的。

6.4.2.3 海水溶解气体

包括大气中所有的气体成分，如氮、氧、惰性气体、二氧化碳和人类活动释放到大气中的其他气体成分。在海洋中的化学、生物、地质过程和放射性核素衰变过程中，也会产生一些气体，如一氧化碳、甲烷、氢、硫化氢、氧化亚氮、氦和氡等。溶解在海水中的气体，往往通过海洋与大气的界面不断进行交换，其量是相当可观的（表6.9）。

表6.9 由海洋输入大气的气体量 单位：10^{12} g/a

气体	交换量	气体	交换量
一氧化碳	50～100	氧化亚氮	70～210
甲烷	3～20	二甲硫醚	7.2
氢	4	碘甲烷	0.27

溶解于海水的气体中，以惰性气体最稳定，它在海水中含量分布的变化通常很小；氢、甲烷和一氧化碳等微量气体，主要在海洋的生物化学过程中产生，故其含量的时空变化比较大，人工合成气体本来不是海洋中所固有，它们在海洋中的分布比较复杂，一些放射性气体，如二氧化碳—14，氡—222和氪—85等，都有自身的衰变规律，在海洋中的分布更加复杂。氧和二氧化碳的含量分布及其变化，与海洋中的化学过程、物理过程，生物过程和地质过程密切相关，是主要关注对象。

溶解在海水中的氧是海洋生命活动不可缺少的物质，其含量在海洋中的分布，既受化学过程和生物过程影响，还受物理过程的影响。其来源主要是大气和植物的光合作用。大气中的游离氧能够溶入海水，海水中的溶解氧能够逸入大气，在海—气界面上的这种交换，通常处于平衡状态。因此，海水中氧的消耗，可以从大气中得到补充。浮游植物在有光的环境里，通过光合作用，吸收二氧化碳和海水营养盐，而制造有机体和释放氧；在无光环境里，通过呼吸作用使一些有机体被氧化，消耗氧而释放二氧化碳。由于氧在海水中的溶解度随温度的升高而降低，随海水盐度的增加而减少，在浮游生物生长繁殖的海域，表层海水的溶解氧含量既有昼夜变化，也有季节变化，加上海流等因素的影响，因此溶解氧在海洋中的分布是不均匀的。

按照溶解氧垂直分布的特征，常把海洋分成三层（图 6.6）：①表层——风浪的搅拌作用和垂直对流作用使氧含量出现极大值。②中层——在表层之下，由于下沉的生物残骸和有机体在分解过程中消耗了氧，使氧含量急剧降低而出现氧含量的极小值深度。③深层——在氧含量极小值水层之下，氧含量随深度而增加。海水中的溶解氧不仅为海洋生物提供了生存环境，而且使海水处于氧化环境；缺氧的海水中属于还原环境。这些严重影响海水中的一切物理化学及生物作用过程。

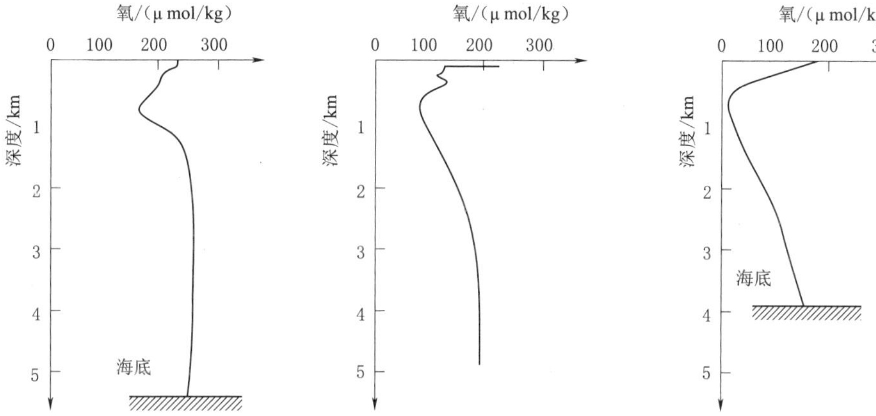

(a) 东北大西洋（29.5°N 56.5°W）　(b) 印度洋（13°S 75°E）　(c) 东北太平洋（38.0°N 124.8°W）

图 6.6　氧在三大洋海盆中的垂直分布

6.4.2.4　海水中的悬浮物

海水中含有大量包括胶粒在内的各种悬浮物质。它们的粒径一般在几微米至几百微米之间。悬浮物可分为有机和无机两类：①有机悬浮物组分：主要是生物残骸、排泄物和分解物，由纤维素，淀粉等碳水化合物、蛋白质、类脂物质和壳质等所组成；②无机悬浮物组分：包括石英，长石、碳酸盐和黏土等来自大陆的矿物碎屑，在海水化学过程中所生成的硅酸盐、钙十字石、碳酸盐、硫酸盐和水合氧化物等次生矿物等等。海洋水体中的悬浮物，大都要沉降到海底。其沉降速率主要取决于颗粒的大小和几何形状，例如粒径为 2～20μm 的球状悬浮物，其沉降速度约为 0.1～10m/d。在深度达 3650m 的海域，从表层沉降到洋底要经过 1～100a 的时间。实际上，在沉降的过程中，它们经历着溶解、沉淀、絮凝、离子交换，吸附和解吸等一系列的物理化学过程。这些过程对海水微量元素的含量分布起着重要的控制作用。

6.4.2.5　海水有机物

存在于海水中的有机物，从其在海水中的存在状态而言，可分为三类：溶解有机物（DOM）、颗粒有机物（POM）和挥发性有机物（VOM）。在研究海水有机物分布时多以溶解有机碳（DOC）、颗粒有机碳（POC）分别代表 DOM 和 POM。有时尚用溶解有机氮（DON）、溶解有机磷（DOP）、颗粒有机氮（PON）和颗粒有机磷（POP）表示。海水中有机物的分布是不均一的，在不同海域有不同的有机物含量（表 6.10）。

表 6.10　　河口海域和大洋中各种形态有机物平均含量　　单位：μg/L

溶解有机物	河口	大洋	颗粒有机物	河口	大洋
DOC	2900	800	POC	2000	150
DON	280	100	PON	280	25
DOP	25	15	POP	40	4

溶解有机物主要成分是浮游植物的分泌物、动物的分泌物和排泄物、死生物自消解和受细菌分解过程中的产物等，包括从低分子到高分子的、种类繁多和结构复杂的有机化合物。主要有氨基酸类、碳水化合物（糖类）、脂肪酸类、尿素等。

颗粒有机物通常指悬浮在海水中的直径大于 0.5～1μm 的有机物，还包括从胶粒至细菌聚集体和浮游生物体等物质。它们水解之后，可生成各种氨基酸、叶绿素、糖类、类脂化合物和三磷酸腺苷等。

挥发性有机物是指蒸汽压高、分子量小和溶解度小的有机化合物，包括一些低分子烃、氯代低分子烃、氟代低分子烃、DDT 的残留物和一氧化碳等。其中以甲烷的含量最高。它们能在风力、波浪等动力条件下蒸发，逸入海洋上空的大气中。

这三类有机物，在海洋中经历着错综复杂的相互转变过程：大部分有机物最终被氧化成二氧化碳，后者又经浮游植物吸收，通过光合作用而重新变成有机碳，形成了有机碳在海洋中的循环。其中溶解有机物在海水中的含量虽低，但是其对海水的性质和海洋生物的影响最为突出。

6.4.2.6　海水营养盐

海水营养盐主要指海水中的 N、P、Si，即磷酸盐、硝酸盐和硅酸盐含量。营养盐在海水中的含量分布，与海洋生物活动密切相关，这种分布通常和海水的盐度关系不大。其主要来源为大陆径流带来的岩石风化物质、有机物腐解产物及排入河川中的废弃物以及海洋生物的腐解产物、极区冰川作用、火山及海底热泉等等，大气中的灰尘也为海水提供营养元素。磷酸盐（以 P 计）、硝酸盐（以 N 计）和硅酸盐（以 Si 计）含量各个大洋中的垂直分布如图 6.7 所示。

一般在河口和海水表层及浅部，营养盐以氧化态出现，在缺氧环境中则主要以还原态形式存在。如海洋中的 N，是生物碎屑和排泄物中的 N 的有机成分，有些成分经过溶解和细菌的硝化作用，逐步产生可溶的有机氮、铵盐、亚硝酸盐和硝酸盐等。同时，硝酸盐可被细菌作用而还原为亚硝酸盐，它可进一步转化成铵盐，也可由脱氮作用被还原成 N_2O 或 N_2，这些主要是生物过程起主导作用，但是光化学作用也能使一些硝酸盐还原或使铵盐氧化。溶解在海水中的无机氮，除 N_2 外，主要以 NH_4^+、NO_2^- 和 NO_3^- 等离子形式存在。

6.4.3　海水波浪运动

海水波浪运动是海水的主要运动形式之一。海水波浪主要是由风引起的，风速越大，

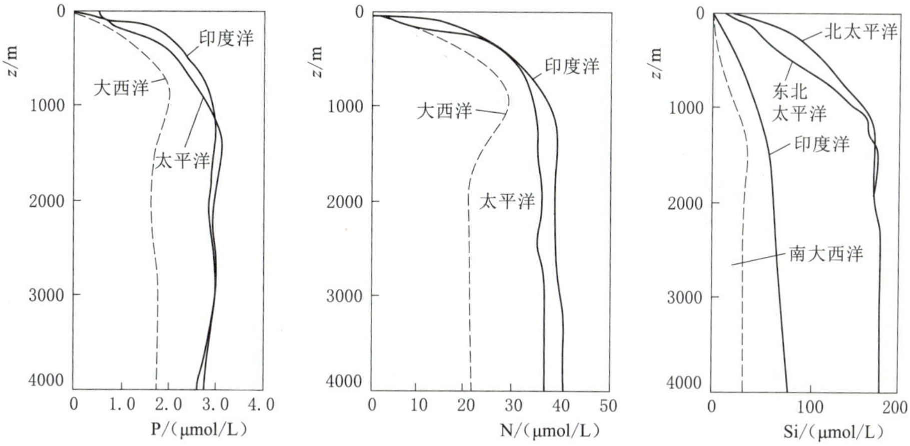

(a) 磷酸盐 (b) 硝酸盐 (c) 硅酸盐

图 6.7 世界各大洋中磷酸盐、硝酸盐、硅酸盐的铅直分布

波浪的规模、波浪运动的速度和能量也越大。波浪的水平运动方向与风的运动方向是一致的，当其遇到阻碍时，运动的方向就会出现折射。在不同的风速、风向和地形条件下，海水波浪的尺寸变化很大，通常波动周期为 0.5～25s，波长为几厘米至几百米，波高为几厘米至 20m 多，在罕见的情况下，波高可以达到 30m 以上。

海水波浪是塑造海岸的主要力量。它既可以侵蚀海岸，形成海蚀地貌类型，如海蚀崖、波切台、海蚀阶地等，同时它也可以将大量的碎屑物质进行搬运和沉积再分配，形成海滩、沙洲、沙嘴和沙坝等。海水波浪还是使海面附近物质运动变化的主要力量，它可以使浅部海水发生混合，使达到氧饱和。因为海水表面发生的波浪，一方面做水平运动，另一方面也做向深处的运动。当其向深处运动时，由于受到静水压力的影响，随着由海水表面向深处的不断延伸，波浪运动的速度迅速降低。一般波浪向深处运动的下限为 200m。

一般当海水深度大于波浪运动极限深度时，波浪中水的运动轨迹是圆形的，这样的波浪叫作震荡流，当海水深度小于波浪运动极限深度时，由于运动水体与海底发生摩擦，以及由于水的深度对波浪的限制作用，使海水在波浪中的运动轨迹变成椭圆形，而且越到水的下部层椭圆轨迹的扁度越大。在到达水底时，波浪变成了一种沿海岸带地表流动的水流，叫作海水的底流。此时只有上部水层还保持着波浪运动的形式。当上部水体形成波峰时，底流做向岸方向的运动；当上部水体为波谷时，底流做离岸方向的运动。当波浪的水平运动方向（风向）与海岸带呈斜角时，底流的向岸和离岸运动的方向也与海岸线呈现不同的角度，由此形成了对海岸带碎屑物质的不断的冲刷和搬运。

海水波浪运动虽然是一种液体的波动，但是由于所受到的风向和风力在不断地发生着变化，所以海水波浪具有随机性的特点，外观通常是杂乱无章的，其波高、波长和波动周期都可以看作随机量。但是海水波浪具有一般流体波动的特点，即具有折射、衍射、绕射和反射等等。海水的折射是海浪传播时因为水深变化而不断改变传播方向的现象，一般发生在近岸浅水中。当海浪在深度小于其波长的一半的水中传播时，波速（v）随着海水深度的减小而减小，即 $v=(gH)^{1/2}$，g 是重力加速度，H 是海水深度。对周期一定的简单波动来说，其波速随着深度的增大而增大。当波峰线和等深线不平行时，同一波峰线上各点的水深不同，位于较深处一端的波峰的移动速度大于较浅处一端的移动速度，从而使波峰线弯转，其弯转的方向具有使波峰线逐渐和等深线平行的趋势，与波峰线垂直的波向线也随之发生弯转，产生波浪的折射。当海浪在传播过程中遇到障碍物时，可以绕过这些障碍物而传播到它们的几何掩蔽区内，形成绕射；同时波浪还可以在遇到障碍物时产生反向的传播现象，就叫作波浪的反射。

6.4.4 海水潮汐作用

海水在引潮力作用下产生的长周期波动现象称为海水潮汐作用。它在垂直方向表现为潮位升降，在水平方向表现为潮涨涨落。潮汐的升降和涨落，与人们的多种活动有密切的关系：船只航行和进港出港、舰艇活动，沿海地区的农业、渔业、盐业、港口建设、大地测量、环境保护等，都必须掌握潮汐变化的规律。此外，利用潮汐进行发电，也是能源开发的一个重要方面，潮汐作用对海岸带的侵蚀和沉积作用及生物的活动都产生重大影响。

6.4.4.1 引潮力

月球、太阳或其他天体对地球上单位质量物体的引力和对地心单位质量物体的引力之差。任意天体对地球某处的引潮力的大小，与天体的质量成正比，与地心到天体中心的距离的三次方成反比，还与天体到该处的天顶距有关（天顶距越接近 90°，引潮力越小）。因此，地球上引潮力的大小和方向都因时因地而异。虽然太阳的质量比月球大得多，但因它离地球更远，结果它的引潮力只有月球的 46%。其他天体对地球的引潮力与月球或太阳相比更小，都可以忽略不计。由月球的引潮力引起的潮汐，叫作太阴潮，由太阳引潮力引起的，叫作太阳潮。两者都属于天文潮。引潮力不仅产生了海洋潮汐，而且还会引起固体地球潮汐（地潮）和大气潮汐（气潮）。对海洋来说，地潮在海潮之下，气潮在海潮之上，它们都对海水潮汐产生影响。

6.4.4.2 潮汐过程

月球和太阳相对于地球的运动都有周期性，故潮汐也有周期性。当潮位上升到最高点时，称为高潮或满潮，在此刻前后的一段时间，潮位不升也不降，称此阶段为平潮，接着潮位开始降落，当它降到最低点时，称为低潮或干潮，在此刻前后的一段时间，潮位又不升不降，称此阶段为停潮。停潮之后，潮位又开始上升。平潮和停潮的时间长短都因地而异。规定平潮的中间时刻为高潮时，当时的潮位高度为高潮高，停潮的中间时刻为低潮时，当时的潮位高度为低潮高。相邻的高潮和低潮的潮位高度差，称为潮差。从低潮至高潮的过程，称为涨潮，从高潮至低潮的过程，称为落潮。涨潮阶段的潮差为涨潮差，时间间隔为涨潮时，落潮阶段的潮差为落潮差，时间间隔为落潮时。

6.4.4.3 潮汐不等现象

由于日月地系统时刻在运动着，因而潮汐的过程每天不同，称为潮汐不等现象。其中比较主要的有半月不等、月不等、赤纬不等和日不等四种。

（1）半月不等现象：农历每月的朔（初一）和望（十五或十六），月球，太阳和地球的位置大致处于一条直线上，这时月球和太阳的引潮力的方向相同，它们所引起的潮汐相互增强，使潮差出现极大值。这种极大值每半个朔望月（14.7653d）出现一次，相应的潮汐称为大潮或朔望潮。大潮过后，潮差逐渐减小，在农历每月的上弦（初八或初九）和下弦（廿二或廿三）时，月球和太阳的引潮力的方向接近正交，因而互相削弱的情况最为显著，故潮差达极小值。这种极小值也是每半个月出现一次，相应的潮汐称为小潮或方照潮。这种大潮，小潮的依次更替，称为半月不等现象。

（2）月不等现象：由于月球绕地球运动的轨道为椭圆，月球从近地点出发，经过远地点又回到近地点，需要27.5546d，从而月球对地球的引潮力也随着产生相应的周期变化。由这一原因所导致的潮差变化，叫作潮汐的月不等现象。

（3）赤纬不等现象：由于月球轨道面（白道面）与天球赤道面斜交，所以月球的赤纬不断变化。在每个回归月中，月球半个月处于赤道面以北，半个月在赤道面以南。因为在上半月和下半月的引潮力效应不同，所以周期为半个回归月（13.6608d），相应的潮汐变化称为赤纬不等现象。

（4）日不等现象：潮汐曲线每天相邻的高潮和低潮的高度差逐日变化的现象，其周期为27.3216d，相应的潮汐变化称为日不等现象。

6.4.4.4 潮汐类型

潮汐现象可看成由许多周期不同且振幅各异的分潮所组成。在这些分潮中，以太阴半日分潮 M_2、太阳半日分潮 S_2、太阴太阳合成日分潮 K_1 和太阴日分潮 O_1 为最重要，它们的振幅分别为 H_{m2}、H_{s2}、H_{k1} 和 H_{o1}。通常把这四个基本分潮的振幅的比值 $(H_{k1}+H_{o1})/(H_{m2}+H_{s2})$ 叫作潮汐的特征值。根据特征值大小，将潮汐分为以下四种类型：

（1）半日潮：特征值小于0.25。这种潮汐在一个太阴日（24h 25min）中有两次高潮和两次低潮，相邻的高潮或相邻的低潮的潮高大体相等。

（2）混合的不正规半日潮：特征值为0.25～1.5。这种潮汐在一个太阴日中有两次高潮和两次低潮，但两次高潮或低潮的潮高不等，涨潮时和落潮时也不等。

（3）混合的不正规全日潮：特征值为1.5～30。这种潮汐，在半个月内的大多数时间为不正规半日潮，少数几天在一个太阴日内会出现一次高潮和一次低潮的全日潮现象。

（4）全日潮：特征值大于30。这种潮汐，在每半个月中有连续7d以上的天数在一个太阴日内出现一次高潮和一次低潮，而少数几天潮差较小，而且呈现出半日潮现象。

大洋潮汐是在月球、太阳等的引潮力的作用下所引起的强迫振动，在地转和地形的影响下形成各自的旋转潮波系统。中国沿海的潮汐主要是太平洋的潮波传入所产生的，在受到各海区的地转和地形的影响下，产生各自的潮波系统。中国沿海的潮汐类型的分布，是由主要潮波系统的分布决定的。一般说来，除南海外，中国沿海大多为半日潮类型，南海大多为混合潮类型，而北部湾是世界上最典型的全日潮海区，这是因为该海区的固有振动周期接近24h的缘故。

6.4.5 海洋环流

海洋中除了由引潮力引起的潮汐运动外，海水沿一定途径做大规模流动的现象叫作海洋环流，简称海流或洋流，有人称之为大洋环流。海流一般是三维的，不仅具有水平的流动，也具有垂向的流动。习惯上称水平的叫海流，而把垂向的流动叫作上升流和下降流。水平的海流运动距离很大，可以达到数百至数千甚至数万千米。海洋环流是首尾相接的环状流动，呈现相对独立的海流系统或称作流旋。

引起海洋环流的动力有几种：一是风应力，即风对洋面摩擦引起的力；二是地转力（科氏力，Coriolis Force），即地球自转产生的偏转力；三是重力，包括海水热盐效应造成的海水密度分布的不均匀性所产生的密度差力，或称作压强梯度力；以及由于河流的流入或融冰引起的海面倾斜而产生的倾斜力。另外，水的黏滞力和海洋固体边界的摩擦力等，也会对海洋环流产生影响，其作用是与上述三种力相反的。

大洋上的结冰、融冰、降水和蒸发等热盐效应，造成海水密度在大范用海面分布不均匀，可使极地和高纬度某些海域表层生成高密度的海水，而下沉到深层和底层在水平压强梯度力的作用下，作水平方向的流动，并可通过中层水底部向上再流到表层，这就是大洋的热盐环流。大洋表层生成的风漂流，构成大洋表层的风生环流。在以上力的综合作用下，在赤道至南北40°范围内的各大洋中，分别形成为主的环流系统，在北半球呈顺时针方向运动，在南半球呈逆时针方向运动。在海洋的大陆架范围或浅海处，由于海岸和海底摩擦显著，加上潮流特别强等因素，便形成颇为复杂的大陆架环流、浅内海环流、海峡海流等浅海海流等等。

海流按其水温低于或高于所流经的海域的水温，可分为寒流和暖流两种，前者来自水温低处，后者来自水温高处。海流对海洋中多种物理过程、化学过程、生物过程和地质过程，以及海洋上空的气候和天气的形成及变化，都有影响和制约的作用。

6.4.6 海洋的其他水文现象

6.4.6.1 海底浊流

这是一种夹杂有许多固体颗粒物质在内的、在海底形成的海流。它不像海流那样经常性地运动，它是在受到扰动（如地震）的情况下，原来沉积在海底的饱水的松散沉积物由于密度差力的作用，在海水的挟带下发生迅速的位移产生的。由于其密度较大，俗称海底密度流。它所具有的能量即对海底的侵蚀作用和对海底松散沉积物的搬运作用是极其强大的。海底浊流可以运行上千公里，一次挟带的沉积物的数量非常巨大，是改造海底的重要力量。海底浊流挟带的固体颗粒在运行速度减慢时不断地沉积下来，形成海底浊积物，是深海沉积物的主要来源。该种沉积物很少有砾，以硬砂岩型的砂为主体，分选性差，厚度较大。

6.4.6.2 海啸

海洋中由于海底地震，海底火山爆发以及大风暴等引起的巨浪的统称。海底地震引起的海啸称地震海啸，暴风引起的海啸称风暴海啸或气象海啸。海啸的波长可达五六百千米，每小时传播速度达几百千米，周期约在15～60min之间。一般海啸在大洋传播的过程中，波高很小，而且由于波长很大，故不易被人们察觉。但当它传播到浅海地区时，由于能量集中，波高会显著增大，有的达数十米，造成很大的破坏力，并能引起海岸地貌形态的急剧改变。往往可形成海岸的灾害，造成人员及财产的损失。2011年3月11日的日本东北部海域发生里氏9.0级地震并引发海啸，造成重大人员伤亡和财产损失。地震震中位于宫城县以东太平洋海域，震源深度海下10km。东京有强烈震感。地震引发的海啸影响到太平洋沿岸的大部分地区。地震造成日本福岛第一核电站1～4号机组发生核泄漏。

6.4.6.3 海洋污染与环境容量概念

1. 海洋污染

由于人类活动，直接或间接地把物质或能量引入海洋环境，造成或可能造成损害海洋生物资源、危害人类健康、妨碍捕鱼和其他各种合法活动、损坏海水和海洋环境质量等有害的影响，称为海洋污染。在许多海域尤其是发达地区海流的河口区域，海洋污染是非常严重的。其表现在以下几个特点：①污染源广。除人类在海洋的活动外，人类其他活动所产生的各种污染物，或通过江河径流，或通过大气扩散和雨雪沉降，最终都将进入海洋。目前间断性经常发生的赤潮灾害，就是沿海对营养盐类向海水中的排泄量过大引起的，其对沿海渔业及旅游以及整个生态环境的保护带来巨大危害。②持续性强。海洋是地球上位能最低的区域，它不可能像大气和河流那样，通过一次暴雨和一个汛期使污染得以减轻甚至消除。污染物进入海洋后，很难再转移出去，不能溶解和不易分解的物质在海洋中越积越多。它们可以通过生物的浓缩作用和食物链传递，对人类造成潜在威胁。③扩散范围广。世界海洋是相互连通的整体，且不停地运动着。混入海水的污染物在海流的携带下，从一个海区搬运到另一个海区，从沿岸、河口搬运到海洋，污染物可以运行很远的距离。④防治困难。海洋污染有很长的积累过程，不易及时发现，一旦形成污染，需要长期治理才能消除，且治理费用高。如油轮泄油污染事故的处理是很费精力和财力的。

2. 海洋环境容量

海洋由于含有大量的颗粒、胶体及丰富的化学成分，对污染物具有很强的净化能力，称为海洋的自净能力。但是，这种自净力是有限度的。与陆地上河流的水环境容量的概念是类似的，海洋环境容量是指在充分利用海洋的自净能力和不造成污染损害的前提下，某一特定海域所能容纳的污染物质的最大负荷量。海洋环境容量的大小即为特定海域自净能力强弱的指标。环境容量的概念主要应用于海洋环境质量管理，它是在海洋环境管理中实行对个别污染物排放浓度的控制，过渡为污染物总量控制。环境容量越大，可接纳的污染物就越多，越小则越少。只有采取总量控制的办法，才能有效地消除或减少污染的危害。

6.5 水文地质学基础

水文地质学是研究地下水的科学，有人称之为地下水文学。水文地质学研究与岩石圈、水圈、大气圈、生物圈以及人类活动相互作用下地下水的形成、运动、转化，研究地下水量和水质的时空变化规律，并研究如何运用这些规律去兴利除害，为人类服务。地下水是赋存在地面以下岩土空隙中的水。因此水文地质学（地下水文学）既属于水文学范畴，又属于地质学的重要范畴，由于岩土空隙的分布及连通性严格受到地质结构构造的控制，因而水文地质学的称谓更符合其研究的内容和范畴。

6.5.1 岩土中的空隙

迄今人类能够达到的地壳表层十余公里范围内，都或多或少存在着空隙，空隙中大都含有水，特别是深部 2km 以内，空隙分布较为普遍，地下水是连续分布的。岩土空隙是地下水储存场所和运动通道。空隙的多少、大小，形状、连通情况和分布规律，对地下水的分布和运动具有控制作用并对其化学性质的形成具有重要影响。岩土空隙可分为三类，松散岩土中的孔隙，坚硬岩石中的裂隙和可溶岩石中的溶隙。

6.5.1.1 孔隙

1. 孔隙度与孔隙比

松散岩土是由大小不等的颗粒组成的。颗粒或颗粒集合体之间的空隙，称为孔隙。孔隙体积的多少可用孔隙度或孔隙比表示。

孔隙度是指某一体积岩土（包括孔隙在内）中孔隙体积所占的比例。若以 n 表示岩土的孔隙度，V 表示包括孔隙在内的岩土体积，V_n 表示岩土中孔隙的体积，则

$$n=V_n/V \quad 或 \quad n=(V_n/V)\times100\%$$

孔隙比（ε，简称隙比）是指某一体积岩土内孔隙的体积（V_n）与固体颗粒体积（V_s）的比值，即

$$\varepsilon=V_n/V_s \text{ 或 } \varepsilon=(V_n/V_s)\times100\%$$

孔隙度和孔隙比是一种比值，可用小数或百分数表示。

因为 $V=V_n+V_s$，故孔隙度与孔隙比之间有如下关系：$\varepsilon=n/(1-n)$。松散岩土压缩（或膨胀）变形时，孔隙体积（V_n）发生变化，而颗粒体积（V_s）不变，故孔隙比与孔隙体积变化成正比。在涉及变形时，采用孔隙比方便些；而涉及水的储容与流动时，则多采用孔隙度；尤其研究重力水运动时，是采用能够容许重力水流动的有效孔隙度（n_e）。

2. 影响孔隙度及孔隙比大小的因素

孔隙度与孔隙比的大小主要取决于组成松散岩土的颗粒的分选程度及颗粒排列情况以及颗粒的形状及胶结充填情况，对于颗粒较小的黏性土，其黏粒聚合结构及次生孔隙也是重要影响因素；往往与组成岩土颗粒大小没有正比关系（表6.11）。由表6.11看出，颗粒较大的松散岩土，其孔隙度反而较小。

表6.11　　松散岩土的孔隙度　　%

岩土名称	砾石	砂	粉砂	黏土
孔隙度变化区间	25～40	25～50	35～50	40～70

由几何学可知，颗粒大小不影响孔隙度大小；六方体排列为最松散排列，四面体排列为最紧密排列。假设构成松散岩土的颗粒均为等粒圆球，当其为立方体排列时，其孔隙度为47.64%，为四面体排列时则孔隙度仅为25.95%。由于自然界中松散岩土颗粒的排列方式是随机的，因此孔隙度大多介于此两者之间。自然界中的松散岩土是由大小不等的颗粒组成的，分选程度越差，即颗粒大小越悬殊的松散岩土，由于细小颗粒充填于粗大颗粒之间的孔隙中，故孔隙度便越小。组成岩土的颗粒形状越不规则，棱角越明显，通常排列就越松散，孔隙度也越大。黏土的孔隙度往往可以超过上述理论上最大孔隙度值。这是因为黏土颗粒表面常带有电荷，在沉积过程中黏粒聚合，构成颗粒集合体，可形成直径比颗粒还大的结构孔隙，再加上黏性土中往往还发育有虫孔、根孔、干裂缝等次生空隙。

6.5.1.2　裂隙

固结的坚硬岩石，包括沉积岩、岩浆岩和变质岩，一般不存在或只保留一部分颗粒之间的孔隙，而主要发育各种地质应力作用下岩石破裂变形产生的裂隙。按照成因岩石裂隙可分为成岩裂隙、构造裂隙和风化裂隙。

成岩裂隙是岩石在成岩过程中由于冷凝收缩（岩浆岩）或固结干缩（沉积岩）而产生的。岩浆岩中成岩裂隙比较发育，尤以玄武岩中柱状节理最有意义。构造裂隙是岩石在构造变动中受力而产生的。这种裂隙具有方向性，大小悬殊（由隐蔽或较闭合的节理到大断层），分布不均一。风化裂隙是风化营力作用下，岩石破坏产生的裂隙，主要分布在地表

附近。

裂隙的多少以裂隙率表示。裂隙率（K_r）是裂隙体积（V_r）与包括裂隙在内的岩石体积（V）的比值，即

$$K_r = V_r / V \text{ 或 } K_r = (V_r / V) \times 100\%$$

裂隙的多少还可用面裂隙率或线裂隙率说明。面裂隙率即单位面积岩石上裂隙面积所占的比例，即

$$K_a = \sum b_i l_i / F \quad \text{或} \quad K_a = (\sum b_i l_i / F) \times 100\%$$

式中：$\sum b_i l_i$ 为测量面积内每根裂隙的宽度和长度乘积的总和；F 为进行裂隙测量的岩石面积。

线裂隙率，即与裂隙走向垂直方向上单位长度内裂隙所占的比例，即

$$K_L = \sum b_i / l \quad \text{或} \quad K_L = (\sum b_i / l) \times 100\%$$

式中：K_L 为线裂隙率；$\sum b_i$ 为裂隙宽度总和；l 为测量线段的长度。

6.5.1.3 溶隙

可溶的沉积岩，如岩盐、石膏、石灰岩等，在地下水溶蚀下会产生空隙，称为溶隙；溶隙的体积（V_k）与包括溶隙在内的岩石体积（V）的比值即为岩溶率（K_k），即

$$K_k = V_k / V \quad \text{或} \quad K_k = (V_k / V) \times 100\%$$

自然界中溶隙规模悬殊，大的溶洞可宽达数十米，高数十乃至百余米，长达几至几十千米，而小的溶孔直径仅几毫米。岩溶发育带岩溶率可达百分之几十，而其附近岩石的岩溶率几乎为零。

6.5.1.4 岩土中空隙及其与地下水关系

自然界岩土中空隙的发育状况远较上面所说的复杂。例如，松散岩土固然以孔隙为主，但某些黏土干缩后可产生裂隙，而这些裂隙的水文地质意义，甚至远远超过其原有的孔隙，固结程度不高的沉积岩，往往既有孔隙，又有裂隙。可溶岩石，由于溶蚀不均一，有的部分发育溶隙，而有的部分则为裂隙，有时还可保留原生的孔隙与裂缝。因此，在研究岩土空隙时，必须注意观察，收集实际资料，在事实的基础上分析空隙的形成原因及控制因素，查明其发育规律。

岩土中的空隙，必须以一定方式连接起来构成空隙网络，才能成为地下水有效的储容空间和运移通道。松散岩土、坚硬基岩和可溶岩石中的空隙网络具有不同的特点，决定了其所赋存的地下水的分布与流动形态。

松散岩土中的孔隙分布于颗粒之间，连通良好，分布均匀，在不同方向上，孔隙通道的大小和多少都很接近。赋存于其中的地下水分布与流动都比较均匀。孔隙的大小对地下水运动影响很大，而孔隙度大小则不一样。

坚硬基岩的裂隙是宽窄不等、长度有限的线状缝隙，往往具有一定的方向性。只有当不同方向的裂隙相互穿切连通时，才在某一范围内构成彼此连通的裂隙网络，裂隙的连通性远较孔隙为差。因此赋存于裂隙基岩中的地下水相互联系较差，分布与流动往往是不均匀的。

可溶岩石的溶穴是一部分原有裂隙与原生孔缝溶蚀扩大而成的，空隙大小悬殊且分布极不均匀。因此，赋存于可溶岩石中的地下水分布与流动通常极不均匀。

6.5.2　岩土中水的存在形式

岩土中水的存在形式如图 6.8 所示。在水文地质学中，岩土中空隙中的水是水文地质学研究的对象。

- 岩土中的水
  - 岩土“骨架”水
    - 沸石水
    - 结晶水
    - 结构水
  - 岩土空隙中的水
    - 结合水
      - 强结合水
      - 弱结合水
    - 液态水
      - 重力水
      - 毛细水
    - 固态水
    - 气态水

图 6.8　岩土中水的存在形式

6.5.2.1　结合水

松散岩土的颗粒表面和坚硬岩石空隙壁面均带有电荷，水分子又是偶极体，在静电作用下，固相表面具有吸附水分子的能力。根据库仑定律，电场强度与距离平方成反比。因此离固相表面越近，水分子受到的静电引力越大；随着距离增大，吸引力减弱，而水分子受自身重力的影响就越显著。受固相表面的引力大于水分子自身重力的那部分水，称为结合水。该部分水受到固相表面的束缚而不能够在自身重力作用下运动。

结合水分为强结合水和弱结合水。将最接近固相表面的结合水称为强结合水，其外层称为弱结合水。强结合水（又称吸着水）所受到的引力可相当于 101325×10^{4} Pa，水分子排列紧密，其密度平均达 $2g/cm^{3}$ 左右，常温常压下不能流动，但可转化为气态水而运动。弱结合水（又称薄膜水）处于强结合水的外围，受到固相表面的引力比强结合水弱，但仍存在范德华尔斯（Vander Waals）引力和强结合水最外层水分子静电引力的合力的影响。弱结合水的外层逐渐过渡到毛细水和重力水。弱结合水外层的水才能被植物吸收利用，而强结合水则不能。

结合水与普通液态水所不同的最大特征是具有抗剪强度，其抗剪强度由内层向外层逐渐减弱。

6.5.2.2　重力水

在自身重力影响下自由运动的地下水叫作重力水。固体表面附着的结合水以外的那部分水分子，重力对它的影响大于固体表面对它的吸引力，因而能自由运动。

重力水中靠近固体表面的结合水以外的那一部分，仍然受到固体引力的影响，水分子的排列较为整齐。通常在流动时呈层流状态，而不做紊流运动。远离固体表面的重力水，就不再受固体引力的影响，只受重力控制。这部分水在流速较大时容易转为紊流运动。岩土空隙中的重力水能够自由流动。井泉取用的地下水都属重力水，是水文地质学研究的主要对象。

6.5.2.3　毛细水

将一根玻璃毛细管插入水中，毛细管内的水面即会上升到一定高度，这便是发生在固、液、气三相界面上的毛细现象。毛细现象是由于水的表面张力造成的。松散岩土中细小的孔隙通道构成毛细管，因此在地下水面以上的包气带中广泛存在毛细水。

根据毛细水的存在状态，可以将其分为三种：①支持毛细水：由于毛细力的作用，水从地下水面沿着小孔隙上升到一定高度，形成一个毛细水带，此带中的毛细水有下部地下水面支持，因而成为支持毛细水（图 6.9 中 *a*）。②悬挂毛细水：细粒层次与粗粒层次交互成层时，在一定条件下，由于上下弯液面毛细力的作用，在细土层中会保留与地下水面不相连接的毛细水，这种毛细水称为悬挂毛细水（图 6.9 中 b）。③孔角毛细水（触点毛细水）：在包气带中颗粒接触点上悬留的那部分毛细水。即使是粗大的卵砾石，在颗粒接触处也总可以达到毛细管的程度而形成弯液面，将水滞留在孔角上（图 6.9 中 c）。

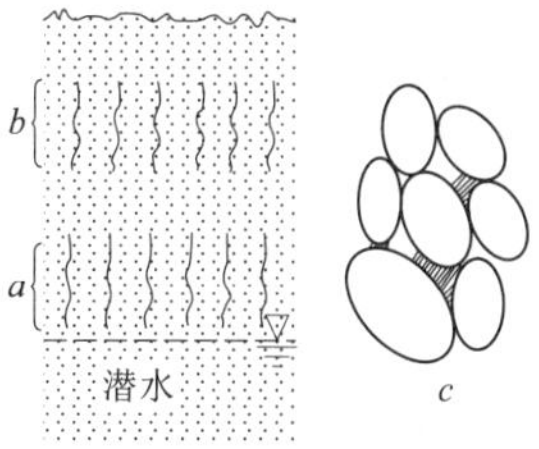

图 6.9 不同类型的毛细水示意图

6.5.2.4 气态水、固态水及矿物中的水

气态水存在于未饱和水的岩土空隙中。气态水可以随空气流动而流动，也能够从水汽压力（绝对湿度）大的地方向小的地方迁移。气态水在一定温度压力条件下与液态水相互转化，两者之间保持动平衡。

岩土的温度低于水的冰点温度时，空隙中的液态水即转为固态水，冬季常形成冻土。

除了存在于岩土空隙中的水，还有存在于矿物结晶内部及其间的水，这就是沸石水、结晶水及结构水。如方沸石（$Na_2Al_2S_{i4}O_{12}\cdot nH_2O$）中就含有沸石水，这种水通常不能流动，不参与水文循环，但在加热时可以从矿物中分离出来。

6.5.3 岩土的水理性质

岩土空隙大小、多少、连通程度及其分布的均匀程度，都对其储容、滞留、释出以及透过水的能力有影响。表征岩土水理性质的指标有容水度、给水度、持水度等等。

6.5.3.1 容水度

容水度（R）是指岩土完全饱水时所能容纳的最大的水体积（V_{max}）与岩土总体积（V）的比值，可用小数或百分数表示。即

$$R=V_{max}/V \quad 或 \quad R=(V_{max}/V)\times 100\%$$

一般来说容水度在数值上与孔隙度（裂隙率、岩溶率）相当。但是对于具有膨胀性的黏土，充水后体积会增大，这时其容水度可以大于孔隙度。

6.5.3.2 含水量

含水量说明松散岩土实际保留水分的状况，有重量含水量与体积含水量之分。松散岩土孔隙中所含水的重量（G_w）与干燥岩土重量（G_s）的比值，称为重量含水量（W_g），常用百分数表示。即

$$W_g=(G_w/G_s)\times 100\%$$

含水的体积（V_w）与包括孔隙在内的岩土的总体积（V）的比值，称为体积含水量（W_v），即

$$W_v=(V_w/V)\times 100\%$$

当水的比重为 1，岩土的干容重（单位体积干土的重量）为 γ_a 时，重量含水量与体积含水量的关系为：$W_v=W_g\gamma_a$。

孔隙充分饱水时的含水量称作饱和含水量（W_s）。饱和含水量与实际含水量之间的差值称为饱和差。实际含水量与饱和含水量之比称为饱和度。

6.5.3.3 给水度

岩土的给水度（μ）等于单位体积岩土在重力作用下所释放出的水量，常用小数表示。在自然界中，当地下水面下降时，在下降范围内饱水岩土及其相应的支持毛细水带中

的水，将因重力作用而下移并部分地从原先赋存的空隙中释出。因而水文地质学中把地下水位下降一个单位深度，从地下水位延伸到地表面的单位水平面积岩土柱体，在重力作用下释出的水的体积，称为给水度（μ）。

给水度的大小受岩性条件的影响，主要表现为空隙的大小与多少的影响。空隙宽大的岩土，重力释水时，滞留于岩土空隙中的结合水与孔角毛细水较少，理想条件下给水度的值接近孔隙度、裂隙率与岩溶率。如粗砂、砾砂等，最大给水度会达到0.35。而空隙细小的岩土，重力释水时大部分水以结合水与悬挂毛细水形式滞留于空隙中，给水度往往很小。如黏性土给水度最小可为0。

给水度还与重力释水的速度及释水的时间有关。重力释水并非瞬时完成，而是缓慢过程。同样的条件下，释水的时间越长，给水度越大。

6.5.3.4 持水度

重力释水后能够保持在岩土中的水与岩土总体积的比值叫作持水度，也用小数表示。自然界地下水位下降一个单位深度时，单位水平面积岩土柱体中反抗重力而保持于岩土空隙中的水量，称作持水度（S_r）。

给水度、持水度与孔隙度的关系是：$n=S_r+\mu$。

显然，所有影响给水度的因素也就是影响持水度的因素。包气带充分重力释水而又未受到蒸发、蒸腾消耗时的含水量称作残留含水量（W_0），在数值上相当于最大的持水度。

6.5.3.5 透水性

岩土的透水性是指岩土允许水透过的能力。表征岩土透水性的定量指标是渗透系数（K），将在后面做详细讨论。影响岩土透水性能的主要因素是岩土空隙的大小及其连通性，只有在空隙大小达到一定程度以后，岩土透水性能才与孔隙度的大小的正比关系显现出来。一般给水度大的岩土，其透水性能就好，只要其空隙之间具有良好的连通性。

6.5.4 地下水的分类

地下水是指赋存于地面以下岩土空隙中的水。而狭义的地下水是指赋存于饱水带岩土空隙中的水。所以研究地下水应该把地面以下水的分布存在状况做全面的了解。

6.5.4.1 包气带与饱水带

地表以下一定深度上，岩土中的空隙被重力水所充满，形成地下水面。地下水面以上称为包气带，以下称为饱水带（图6.10）。

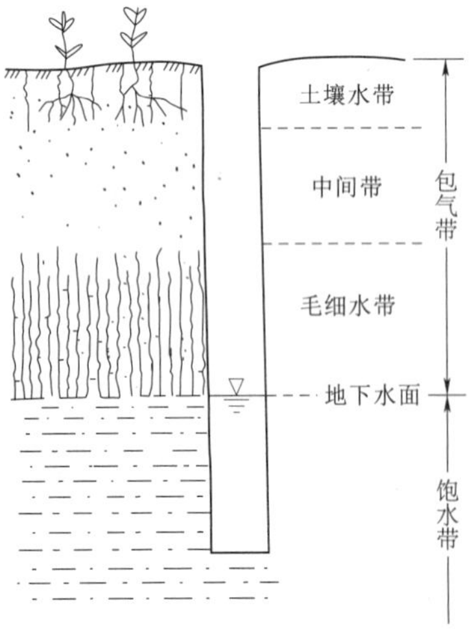

图6.10 包气带（含土壤）与饱水带

在包气带中，空隙壁面吸附有结合水，细小空隙中含有毛细水，未被液态水占据的空隙中包含空气及气态水。空隙中的水超过吸附力和毛细力所能支持的量时，便以过路重力水的形式向下运动。上述以各种形式存在于包气带中的水统称为包气带水。

包气带自上而下可分为土壤水带、中间带和毛细水带。包气带顶部植物根系发育与微生物活动的带称为土壤层，其中含有土壤水。土壤富含有机质，具有团粒结构，能以毛细水形式大量保持水分。包气带底部由地下水面支持的毛细水构成毛细水带。毛细水带的高度与岩性有关。毛细水带的下部也是饱水的，但是因受毛细负压的作用，压强小于大气压强，故毛细饱水带的水不能够进入井中。包气带厚度较大时，在土壤水带与毛细水带之间还存在中间带。如果中间带由粗细不同的岩性构成时，在细粒层中可含有成层的悬挂毛细水。细粒层之上局部还可滞留重力水。

包气带水来源于大气降水的入渗，地表水体的渗漏，由地下水面通过毛细上升输送的水分，以及地下水蒸发形成的气态水。包气带的赋存与运移受毛细力与重力的共同影响。重力使水分下移；毛细力则将水分输向空隙细小与含水量较低的部位，在蒸发影响下，毛细力常常将水分由包气带下部输向上部。在雨季，包气带水以下渗为主；雨后，浅表的包气带水以蒸发与植物蒸腾形式向大气圈排泄，一定深度以下的包气带水则继续下渗补给饱水带。

包气带的含水量及其水盐运动受气象因素影响极为显著。另外，天然以及人工植被也对其起很大作用。人类生活与生产对包气带水质的影响已经越来越强烈。

包气带又是饱水带与大气圈、地表水圈联系必经的通道。饱水带通过包气带获得大气降水和地表水的补给，又通过包气带蒸发与蒸腾排泄到大气圈。因此，研究包气带水盐的形成及其运动规律对阐明饱水带水的形成具有重要意义。

饱水带岩土空隙全部为液态水所充满。饱水带中的水体是连续分布的，能够传递静水压力，在水头差的作用下，可以发生连续运动。饱水带中的重力水是开发利用或排除的主要对象，也是水文地质学着重讨论的对象。

6.5.4.2 含水层、隔水层与弱透水层

按照岩层的渗透性能的强弱，可把自然界岩土（层）分为透水层、弱透水层与不透水层，不透水层就叫隔水层。事实上，从广度上来看，自然界中并不存在绝对不发生渗透的岩层，只是某些岩层（如缺少裂隙的致密结晶岩）的渗透性特别低。因此从这个意义上说判断岩层是否透水（即地下水在其中是否发生具有实际意义的运移）还要取决于时间的尺度。从漫长的地质历史时期考虑，地壳岩层都具有渗过水的能力。

人们通常是从解决实际问题的角度来认识这个问题。通常把饱含水的透水岩层称为含水层；不透水岩层就称为隔水层。具体地讲，含水层是指能够透过并给出相当数量水的岩层；隔水层则是不能透过与给出水，或者透过与给出的水量微不足道的岩层。显然这种定义具有相对性。在实际工作中总是根据具体研究目的而确定岩层的含隔水性质。对岩性相同、渗透性完全一样的岩层，很可能在有些地方被当作含水层，而在另一些地方却被当作隔水层。在水量丰沛的地区，出水量小，透水能力弱的岩层会作为隔水层；而在严重缺水地区，即便出水量小，同样的出水量也可以作为含水层。即使在同一个地方，渗透性相同的某一岩层，在涉及不同问题时的理解是不一样的。如某种岩层的渗透性比较低，从供水的角度它可能被看作隔水层；但是从水库的渗漏以及其稳定性的角度来认识时，可能就要作为含水层来对待了。总之，含水层、隔水层与弱透水层的定义取决于运用它们时的具体条件，因而含水层、隔水层的含水和隔水的概念通常是相对的。

尤其是对待这样的问题：一个地区存在上下两个含水层，中间夹有渗透性能很小的岩层，通常可以称作隔水层的岩层。但是当其中一个含水层由于采水而出现水位下降，两个含水层中的水之间出现很大的水位差时，水位较高的含水层中的水会通过渗透性能很低的

岩层做垂向运动补给水位较低的含水层。虽然中间的岩层渗透性能很低，但是由于两个含水层水位差大、过水面积大，因而透过水的量是非常可观的，实践证明了这一点。这时该岩层就不能够称作隔水层，而应该叫作弱透水层。把两个含水层透过该弱透水层发生垂向水量交换（补给及排泄）的现象称作地下水的越流。

6.5.4.3 潜水、承压水与上层滞水

按照地下水的埋藏条件，可以把地下水分为三类：潜水、承压水与上层滞水（图6.11）。由图可以看出，潜水和承压水在一定条件下是能够相互转化的。

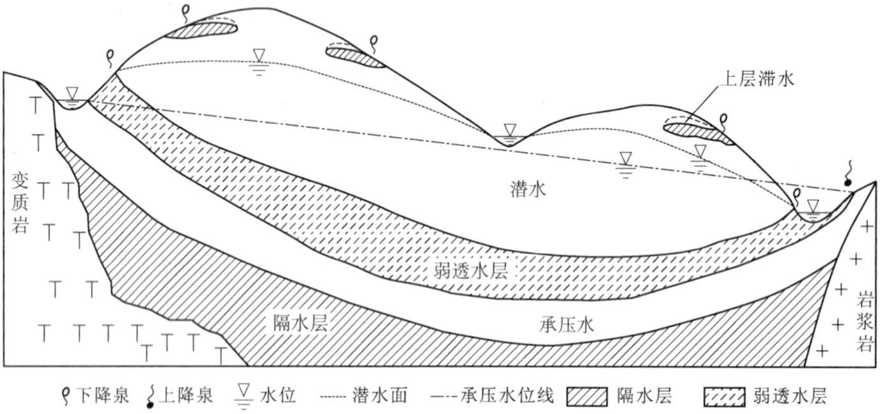

图6.11 潜水、承压水、上层滞水与上升泉、下降泉示意图

（1）承压水：充满于两个隔水层或弱透水层之间的含水层中的水。承压含水层与上部的隔水层或弱透水层的界面称作含水层隔水顶板或上隔水层底板，与下部的隔水层或弱透水层的界面称作含水层隔水底板或下隔水层顶板。两个隔水层或弱透水层与承压含水层界面之间的距离叫作承压含水层厚度。承压含水层中的水具有承压性质，其水位在上隔水层的底板以上，如果穿过上隔水层而揭露承压含水层，则承压水会自动地越过上隔水层的底板，有时到达地面或高出地面一定距离。

（2）潜水：饱水带中第一个具有自由表面的含水层中的水称作潜水。潜水没有隔水顶板，或只有局部的隔水顶板。潜水的表面为只承受大气压强的自由水面，称作潜水面；从潜水面至隔水底板的距离为潜水含水层的厚度。潜水面到地面的距离为潜水埋藏深度，有时叫地下水位埋深，简称埋深。潜水含水层厚度与潜水面潜藏深度随潜水面的升降而发生相应的变化。

（3）上层滞水：当包气带存在局部隔水层（弱透水层）时，其上会积聚具有自由水面的重力水，称作上层滞水。上层滞水分布最接近地表。其突出特点是，上层滞水位于当地区域地下潜水位以上。

综上，可以将地下水的分类情况列成表6.12。根据地下水的埋藏条件，可以把地下水分为包气带水（含上层滞水）、潜水和承压水。由于赋存于不同岩层中的地下水，受其含水介质特征不同的影响，具有不同的分布与运动特点，按照含水介质类型地下水可分为孔隙水、裂隙水和岩溶水。即根据地下水赋存于岩层中的空隙类型，分别叫作各类型空隙的地下水。

表 6.12　　地下水分类表

分类	孔隙水	裂隙水	岩溶水
包气带水	包气带中非饱和水及局部隔水或弱透水层上赋存的具有自由水面重力水（上层滞水）	裂隙岩层浅部季节性存在的非饱和裂隙中的水，有结合水、毛细水、重力水	可溶岩层上部包气带中岩溶空隙中的水，有结合水、毛细水、重力水
潜水	地表松散沉积物中的具有自由水面的重力水	地表浅层坚硬岩层的裂隙中具有自由水面的重力水	地表浅层可溶岩层岩溶空隙中具有自由水面的重力水
承压水	山间盆地及平原松散岩类孔隙中水头高于上覆弱透水层底板的重力水	赋存在各类坚硬岩层裂隙中水头高于上覆隔水或弱透水岩体底板的重力水	赋存在可溶岩的岩溶空隙中的水头高于上覆隔水岩体底板的重力水

6.5.5 地下水的补给、径流与排泄

地下水是地球水循环的重要组成部分，大部分积极参与地球的水循环。由于地下水具有能量和溶解能力，所以地下水是在不断地运动变化着的地球表面物质运动的载体。地下水的形成（产生）、运动和消亡（散失）的过程，分别叫作地下水的补给、径流和排泄。

天然条件下，地下水接受大气降水、凝结水、地表水的补给；之后在含水层中按照水能量降低的方向运动，形成地下水径流；然后再通过蒸发、植物蒸腾、泉水等方式向地面及大气中排泄（散失），完成水在地下的循环。

在人类活动影响的条件下，地下水的补给、径流与排泄的途径及方式发生了变化。补给方式多了专门人工补给工程补给、人工蓄水构筑物渗漏补给及灌溉水的渗漏补给，还有由于开采地下水造成其水位下降以后获得的邻近含水层中水的径流补给、上下含水层的越流补给以及在原来排泄区（点）的地表水及大气水的倒灌补给等；径流方式许多情况下改变了天然地下水径流的方向，成为围绕地下水开采井群形成的地下水降落漏斗的运动为主，许多情况下改变了天然地下水径流的方向；在许多地下水开采程度较高的地区人工开采成为了主要排泄方式等。然而，不同埋藏条件下的不同类型地下水的主要补给径流排泄条件仍然具有天然状态时的基本特征。

（1）潜水：由于潜水含水层上面不存在完整的隔水或弱透水层，与包气带直接连通，因而在潜水的全部分布范围都可以通过包气带接受大气降水、地表水的补给，包括人工方式的补给。潜水在重力作用下由水位高处向水位低处径流。潜水的排泄，除了流入其他含水层以外，泄入大气圈与地表水圈的方式有两类：一类是径流排泄，径流到地形低洼处，以泉、泄流等形式向地表或地表水体排泄；另一类是蒸发排泄，是通过土面蒸发或植物蒸腾的形式进入大气。

（2）上层滞水：接受大气降水、地表水的补给和人工方式的补给，通过蒸发或向隔水底板（弱透水层底板）的边缘下渗排泄。雨季获得降水入渗补充，积存一定水量。旱季水量逐渐耗失。当分布范围小且补给不很经常时，不能终年保持有水。

（3）承压水：在承压水含水层的裸露区，可以得到大气降水及地表水的补给，也可以通过径流或越流的方式获得上下含水层的补给等；排泄方式天然条件下以泉水为主，或向上下含水层通过径流或越流实现，而在人工条件下以人为开采和向上下含水层越流排泄为主。

自然界中不同类型水（包括地下水与地表水、大气水）之间的相互转化的方式是千变万化的，尤其是当人为的影响成为重要的因素时更是这样。

6.5.6 地下水运动规律

地下水受到地质条件的限制，其存在状态及运动形式与地表水是不同的。在地表面，水不能够从地势低处流向高处，除非地表水具有了动能。而在地下水中，这种情况成为可能，但是仍然取决于水所具有的能量（表现为压力或水位），如向斜构造中的承压水，补给区接受补给以后，先向地势低处径流，通过最低点后再向地势高处径流（图 6.10）。更重要的是，地下水在岩层中的运动要经受含水介质的影响，犹如在地表面的水运动时要受到固定物体的影响一样。只是很多情况下水在地表面表现为宏观特征，而在地下则呈现微观的性质。在此先明确几个与地下水运动有关的概念：

（1）渗流：地下水在岩土空隙中的运动被称为地下水渗流。渗流是一种假想的水流，它既充满了空隙介质的空间又占据了其骨架（如岩土颗粒）所占的空间，来替代存在并运动于空隙介质中的真实水流。渗流的密度、黏滞性等性质与真实水流相同；渗流运动时所受的阻力与真实水流相同；渗流通过任一断面的流量及任一点的压力或水头都和真实水流相同。

（2）渗透速度（v）：是渗流流经的任一断面的流量（Q）与断面面积（F）的商，即 $v=Q/F$。

（3）流量（Q）：任一断面单位时间的渗流量，或单位时间内流过任一过水断面的水量。

（4）有效空隙度（n_e），它是重力水流动的空隙体积（除去结合水占的空间）与岩土总体积之比。其值大小与空隙度大小及空隙的大小有关，而且总小于空隙度。没有特别说明，在研究重力水流动的问题时，引用的空隙度通常都是有效孔隙度。通常对于松散岩土而言，有效孔隙度总小于孔隙度，颗粒越细，其差别越大。由于孔角毛细水和悬挂毛细水在重力释水时是不能够自由释出的，所以下式成立：

$$\text{孔隙度 } n > \text{有效孔隙度 } n_e > \text{重力给水度 } \mu$$

地下水在岩土空隙中的运动可作为渗流处理，发生渗流的区域称为渗流场或渗流区。在岩层空隙中渗流时，水的质点作有秩序的、互不混杂地流动，称作层流运动。水的质点无秩序地、互相混杂地流动，称为紊流运动。作紊流运动时，水流所受阻力比层流状态大，消耗的能量较多。在具有狭小空隙的岩土（如砂、裂隙小的基岩）中流动时，重力水受介质的吸引力较大，水的质点排列较有秩序，故均作层流运动。在宽大的空隙中（大的溶穴、宽大裂隙），水的流速较大时，容易呈紊流运动。

水在渗流场内运动，各个运动要素（水位、流速、流向等）不随时间改变时，称作稳定流。运动要素随时间变化的水流运动，称作非稳定流。严格地讲，自然界中地下水都属于非稳定流。但是，为了便于分析和运算，可以将某些运动要素变化微小的渗流，近似地看作稳定流。

6.5.6.1 达西定律

1856 年，法国水利学家达西（H. Darcy）通过大量的实验，得到线性渗透定律。实验是在装有沙的圆筒中进行的（图 6.12）。水由筒的上端加入，流经沙柱，由下端流出。

上游用溢水设备控制水位，使实验过程中水头始终保持不变。在圆筒的上下端各设一根测压管，分别测定上下两个过水断面的水头。下端出口处设管嘴以测定流量。

根据实验结果，得到下列关系式（即达西公式）：

$$Q=KF(h/L)=KFI$$

式中：Q 为渗透流量（出口处流量，即为通过沙柱各断面的流量）；F 为过水断面面积（在实验中相当于沙柱横断面积）；h 为水头损失（$h=H_1-H_2$，即上下游过水断面的水头差）；L 为渗透途径（上下游过水断面的距离）；I 为水力坡度（相当于 h/L，即水头差除以渗透途径）；K 为渗透系数。

因为通过某一过水断面的流量 Q 是流速（渗透速度）v 与过水断面面积 F 的积，$Q=vF$，由此得出达西定律的另一表达式：$v=KI$。

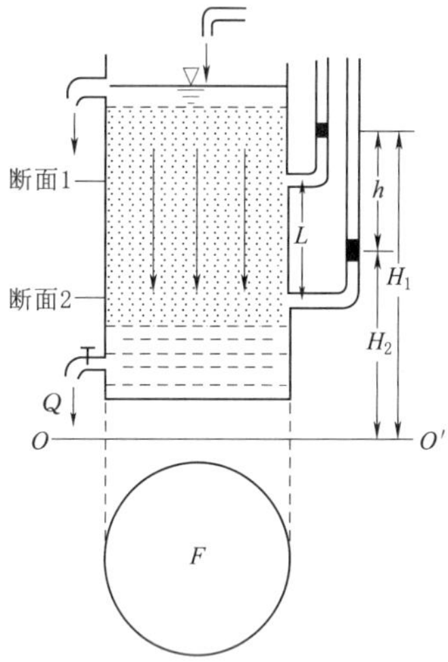

图 6.12 达西试验装置简图

6.5.6.2 渗透流速（v）与地下水真实运动速度

渗透流速也叫渗透速度，是一种假想速度，并不是真实水流的速度。假设地下水的真实流动速度为 u，则与渗透速度 v 的关系为：$v=n_e u$。其中 n_e 为有效孔隙度，有时简写为 n，即 $v=nu$。由于空隙介质中流体的流动速度是不同的，靠近渗透介质边缘较小，处于空隙介质空隙中心的速度较大，所以真实速度 u 应该是断面的平均真实速度。

6.5.6.3 水力梯度（I）

水力坡度是沿渗透方向的水头损失（水压减小）与相应渗透途径长度的比值。水头损失是由于水在空隙中运动时，克服与隙壁以及流动快慢不同的水质点之间的摩擦阻力而消耗的机械能。表达式为

$$I=\Delta h/L$$

当以微分形式表达时，称为水力梯度，其表达式为

$$I=-\frac{\mathrm{d}H}{\mathrm{d}n}n$$

式中：n 为流体运动方向的单位矢量。矢量 I 在空间直角坐标系中的三个分量为

$$I_x=\frac{\partial H}{\partial x},\ I_y=\frac{\partial H}{\partial y},\ I_z=\frac{\partial H}{\partial z}$$

由此，达西定律可写为：$v=KI=-K\frac{\mathrm{d}H}{\mathrm{d}L}$，相应地就有渗透流速 v 在空间直角坐标系中的三个分量：

$$v_x=-K\frac{\partial H}{\partial x},\ v_y=-K\frac{\partial H}{\partial y},\ v_z=-K\frac{\partial H}{\partial z}$$

6.5.6.4 渗透系数（K）

渗透系数是水文地质学中最为重要的指标。从达西定律可以看出，渗透系数 K 与渗透流速 v 具有相同的单位，一般采用 m/d 或 cm/s。渗透系数是水力梯度为 1 时的渗透流速。水力梯度一定时，渗透系数越大，渗透流速就越大。所以渗透系数可定量说明岩土的

渗透性能，渗透系数越大，岩土的透水能力越强。

达西定律是描述重力水做层流运动时的线性定律，对于重力水的紊流运动是不适用的。地下水做紊流运动时，服从哲才定律：$Q=KFI^{0.5}$，或 $v=KI^{0.5}$。地下水做混合流时，可以采用斯姆列盖尔提出的公式：$Q=KFI^{m}$，或 $v=KI^{m}$，其中 m 在 0.5～1。

6.5.7 地下水系统

6.5.7.1 地下水含水系统

地下水的分布受赋存介质的空间展布制约。连续分布的饱水带中的水可传导压力和热量以及其他伴随着地下水运移的物质或能量，多以渗流的形式在具有空隙的岩土构成的渗透介质场中运动。如前所述，根据渗透性能，将自然界里的岩土分为透水的、不透水的或者强或弱透水的等类型。尽管从地质历史的角度看，自然界里（这里指地面以下一定的深度以内）没有完全隔水或不透水的岩土体，但是在万年量级以内的时间段里，由透水性弱的如岩浆岩变质岩等构成的山地或凸起地形，就自然地成为地下水的阻隔体，将不同盆地间的地下水分割开来，使之不发生水力联系及水量的交换。然而，当缺乏这样的阻隔的时候，尤其是在一个盆地内，不同的地下水含水岩土层之间，垂向上或横向上都必然地会发生水力联系和水量的交换，同时伴随着物质的迁移、能量的交换。通常就把这样的由天然不透水或透水性极差的岩土体圈闭的，具有统一水力联系的含水岩层组成含水岩系，称为地下水含水系统，该系统是连续渗透水流充满空隙的地质岩土组合体系。

如图 6.13 所示，鲁中山区总体属于地壳隆起区，在地质构造作用下，形成了若干个相互独立的断陷盆地，盆地之间由致密的古老变质岩构成的高地形山地或丘陵，成为地表水及地下水的天然分水岭。每个盆地内不同类型地下水之间或多或少地具有水力联系，地下水时刻不停地由高能处（补给区）向低能处（排泄区）运动着，形成了水在地下的循环，但是不同盆地的地下水之间却很难发生水力联系和水量的交换等，因而每个盆地及其所处的环境条件就构成相对独立的地下水含水系统，习惯上把含水盆地称之为水文地质单元。

6.5.7.2 地下水流动系统

地下水流系统是指从源（补给）到汇（排泄）的运动着的水流构成的、具有统一时空演变过程的地下水体，是运动的水流体系。以河间地块及河流两侧的水流为例（图 6.14）可以看出，在分水岭两侧的地下水分别向着自己的方向运动而相互不干扰，形成各自的地下水流系统。当然，出现降水不均衡，河间地块不均匀，两个河流的水位不同，或者在任何一处打井后抽取地下水等，都会引起地下水流场的变化，从而改变地下水流系统。

6.5.8 其他相关内容

6.5.8.1 有效应力原理

设想在饱水松散土层中的任一水平单元面积 A，其承受的总应力 P 为该单元之上松散岩土骨架与水的重量之和。此总应力 P 由此处砂层骨架（固体颗粒）与水共同承受。水所承受的应力相当于孔隙水压力：$P'=\gamma_w h$，其中 γ_w 为水的容重，h 为 A 上的水的测压管高度。孔隙水压力 P'可理解为 A 处水对上覆地层的浮托力，它使实际作用于砂层骨架上的力小于总应力。把实际作用于砂层骨架上的应力叫作有效应力，用 P_z 表示。那么，$P=P_z+P'$，或者：$P_z=P-P'$。即有效应力等于总应力减去孔隙水压力，这就是

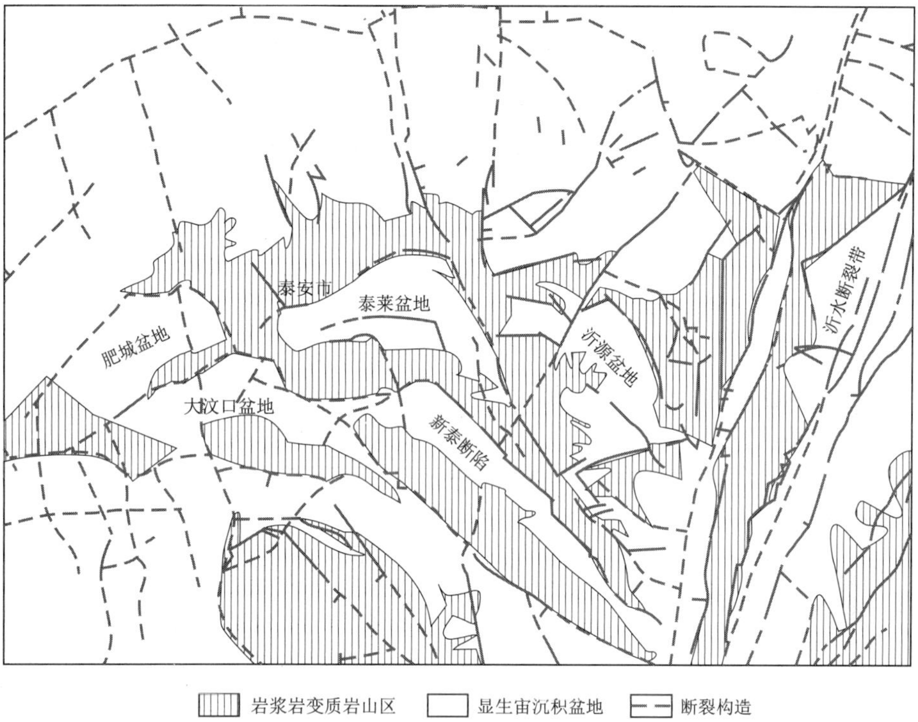

图 6.13 鲁中山区地质构造略示意图

有效应力原理。利用该原理可以解释抽水引起地面沉降的机理。

地下水开采后，水位降低、水压力减小，新的压力平衡将是：$P_z+\Delta P_z=P-(P'-\Delta P')$，即有效应力增加，原来由水承受的应力转嫁到土层骨架承担。土层是通过颗粒的接触点承受应力的，在有效应力增加后，使颗粒排列更为紧密，孔隙度降低，土层受到压密，反映至地面即产生地面沉降。砂砾类岩土的压密变形基本呈弹性，在水位恢复后砂砾类土层大体上可以恢复原状；但是黏土类岩土则是塑性变形，即使水位恢复，也不能够恢复原状。这就是为什么在由于地下水开采产生地面沉降地区，在人工回灌地下水使其水位抬升后，有的可以基本恢复原状有的则不能够的原因。

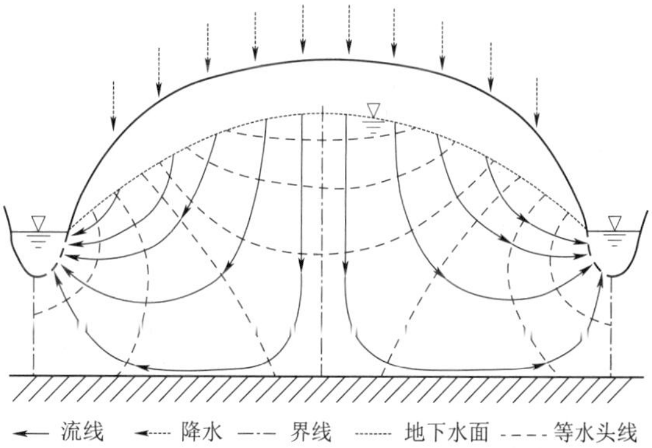

图 6.14 河间地块地下水流场示意图

6.5.8.2 储水率与储水系数

实际上，在上述松散土层孔隙度减小的过程中，由于压力减小，土层中的水也会因此而有少量膨胀。在承压水含水层，水位降低并没有使含水层疏干，也没有重力水释放，抽水量除了从四周通过径流补给以外，还有水的弹性释放以及含水介质压缩挤压出的水。单位体积承压含水层中由于水位变化一个单位高度而释放（或储存）的水的体积叫作储水率，用 μ_s 表示。承压含水层厚度（M）与储水率的积称作储水系数（也叫作储存系数），用 μ^* 表示，即 $\mu^*=\mu_s M$。它与潜水含水层的给水度是相对应的，但是差别1～3个数量级。通常储水系数的大小一般为0.005～0.00005之间。它们在地下水量计算时很有用。

6.5.8.3　导水系数与导压系数

与储水系数一样，对于承压含水层而言这些是很有用的指标。导水系数（T）为含水层厚度（M）与渗透系数（K）的积，即 $T=KM$。由于对于潜水含水层来说，在抽水时含水层厚度是变化的，所以导水系数一般是针对承压含水层的。导压系数（a，也叫压力传导系数）定义为导水系数与储水系数的商，即 $a=T/\mu^*$。

6.5.8.4　降水入渗系数

是表征大气降水对地下水补给强度的指标，因此也叫降水入渗补给系数，通常用 α 表示。由于次降水强度和持续时间以及地下水埋藏条件的不同，该系数不好确定，所以一般采用年降水量（R）与地下水得到的补给量（Wg）的比值来表示，即 $\alpha=R/Wg$。天然条件下其值的大小一般在0.05～0.5，城市中修建建筑物和硬化路面以后，使该值减小。

6.5.8.5　地下水径流系数

也叫地下水径流模数，是表征地下水径流强度的指标。它与地表水径流模数一样，可以说明当地地下水的富水程度。一般用单位面积单位时间（通常是一年）地下水的径流量来表示，即单位是：$m^3/(km^2\cdot a)$。衡量一个地区或区域是否富含地下水，单凭当地岩层的空隙发育强度是不够的，还要看储水的岩层空隙的发育强度。比如岩溶发育的石灰岩处于地下水面以上，只能作溶洞观赏，如果其下伏岩层为含水性很差的地层，那么这儿就是贫水的区域。地下水径流系数越大，地下水的富水程度越高，反之亦然。

6.5.8.6　单位涌水量

衡量某含水层的富水程度一般采用单井的单位涌水量（q）来表示。$q=Q/s$，Q 为单井涌水量，s 为相应的水位降深值，即 $s=H_0-H_1$，其中 H_0 为初始水位，H_1 为抽水时的水位。单位涌水量越大，富水程度越高，反之亦然。

6.5.8.7　地下水与环境

地下水是生态环境系统的重要组成部分，是生态环境系统中的敏感因子：积极参与水循环，与大气水和地表水具有密切的联系，地下水与其赋存的岩土共同构成力学平衡系统，地下水形成一个处于动平衡状态的渗流场。人类活动使某一范围地下水在数量和能量上发生变化的同时，使水循环动态平衡、水岩力学动态平衡以及地下水流场平衡均会遭受破坏，并产生一系列连锁反应。这些反应往往朝着不利于人类的方向发展，主要表现在：地下水开采使地下水位下降，引发严重的环境退化问题，如地面沉降、岩溶地面塌陷、植被减少、土地沙化、地面裂缝等；地下水补充过量也会引起环境退化，如土壤盐渍化、土壤的次生沼泽化、岩土体由于地下水压力升高引发的使之增加了指向临空面的推力造成失稳等；地下水污染或地下水成分改变，是人类活动作用于地下水最为严重的负效应。

6.5.8.8　地下水动态

地下水在与环境条件的相互作用下，各要素（如水位、水质、水温等）随时间的变化叫作地下水动态。地下水具有系统性，把地下水形成、运动、变化、消亡（排泄）的场所称作水文地质单元，一个完整的水文地质单元及其环境条件构成地下水系统——地下水含水系统或地下水流动系统。地下水系统与环境之间时刻都在进行着物质和能量的交换，所以地下水动态的监测及其规律研究是掌握地下水状态的重要手段。不同类型的地下水与主要环境要素之间的关系可以简要概括为以下内容：

潜水与大气圈及地表水圈联系密切，气象、水文因素的变动，对它影响显著。丰水季节或年份，潜水接受的补给量大于排泄量，潜水面上升，含水层厚度增大，地下水面埋藏深度变小。干旱季节或干旱年份排泄量大于补给量，潜水面下降，含水层厚度变小，地下水面埋藏深度变大。潜水的动态有明显的季节变化特点。潜水积极参与水循环，资源易于补充恢复，但是由于受气候影响较大，且含水层厚度一般比较有限，因此其资源通常缺乏多年调节性。潜水的水质主要取决于气候、地形、含水介质岩性、地表环境等条件。湿润气候及地形切割强烈的地区，有利于潜水的径流排泄，往往形成含盐量不高的淡水。干旱气候下由细颗粒组成的盆地平原以潜水的蒸发排泄为主，常形成含盐高的咸水。潜水容易受到污染，对潜水水源应注意卫生防护。

上层滞水位于包气带中，由于水量小，动态变化显著，只有在缺水地区才能成为小型供水水源或暂时性供水水源。包气带中的上层滞水，对其下部的潜水的补给与蒸发排泄，对潜水起到一定的滞后调节作用。上层滞水极易受污染，利用其作为饮用水源时要格外注意卫生防护。

承压水的补给面积有限，所以很多承压水的补给来源大部分是地下水，有的不是通过直接的方式，而是通过间接的方式实现的，如地下水的越流等。承压水补给排泄条件好时，其与大气降水的关系也较为密切；很多承压水区地下水位变动也具有季节性，只是随着与补给区距离的加大，这种季节性变动的滞后期有加大的趋势。承压水也很容易遭受污染，而且在污染后很难得到恢复。重视承压水的保护同样重要。

6.5.8.9 地下水均衡

水均衡原理同样适用于地下水，即在某一个时段内，某一地下水含水系统或单元的地下水变化量等于进入量（补给量）与排出量（排泄量）之差。

6.5.8.10 地下水的温度与地热

地下水温度是地下水环境温度的指标，是地下水的重要参数，反映地下水与环境之间能量交换的指数之一。地球表面及浅部有两个热源——太阳辐射和地球内部热流，因而从表面向地球深部有变温带、常温带和增温带之分，处于各带中的地下水就具有了各个带的温度特征，当然需要正常的地下水运动速度，不能够太快。一般昼夜温差影响深度为1～2m，变温带的下限深度在15～30m不等；在此深度下较小范围深度内为常温带，其年温差变化小于0.1℃，温度接近当地年平均气温；之下即为地球内部热流引起的增温带，按照平均地温梯度2～3℃/100m可计算一定深度处的地下水温度。然而各处由于地质条件不同，其地温梯度差别很大，通常变化于1.5～4℃，但是个别地区表现出特别的异常，西藏羊八井的地温梯度达到300℃/100m。具有较高温度的地下水称作地下热水，简称地热水。一般把具有异常高的地温梯度的地区称为地热异常区。有人把地热水简称地热，严格来看是不合适的。地热是地球内部的热能，地热水是地热能加热了的地下水。

6.5.9　地下水量的计算

地下水的赋存和运动是复杂的，严格受地质条件的控制，通常将控制地下水存在与运动的地质条件叫作水文地质条件，主要包括空隙的形状、大小、连通性等，因而地下水量的计算相应地就比地表水复杂得多。为了获得地下水的量的计算公式，一般都要做基本假设，如含水层等厚、水平、向四周无限延伸、各个方向上透水能力相同，等。然后通过抽水试验，获得相应的观测数据，由此利用相应的公式推求水文地质参数，如渗透系数、储水系数等。取得了这些系数，了解了计算区域的边界条件，如前后左右上下各方向是透水的还是隔水（不透水）的，程度如何，然后才可以利用相应的公式（或建立起相应的模型）进行地下水量的计算。水文地质试验分稳定流和非稳定流两种，前者要求出水量和地下水位均趋于稳定，后者则否。由于不同的取水条件，会对开采地下水影响很大，因此计算公式是通过取水管井中提水获得的；由于不完整井的地下水流是三维流（图 6.15），目前尚无成熟的简明的数学处理办法，所以以下计算地下水的公式都是完整井的井流计算公式。

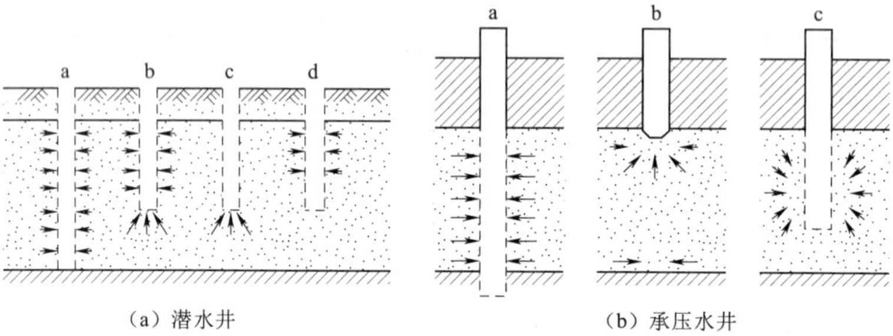

图 6.15　取水管井

a—地下水完整井；b、c、d—地下水非完整井

6.5.9.1　集水建筑物的类型

为了各种目的开采地下水开采，需要工程手段揭露含水层，这些揭露含水层的人工建筑物称为集水建筑物，如钻孔（井）、集水廊道等。前者为垂向集水建筑物，后者为水平集水建筑物，新疆地区的坎儿井就是此类。根据揭露含水层的类型不同，又可分为潜水的和承压水的；按照揭露含水层的程度和集水建筑物进水条件，又分为完整的和不完整的两种。完整的集水建筑物，可揭露整个含水层，并在其全部厚度上（井壁或渠壁等）都能进水。若不能满足上述条件，则为不完整的集水建筑物（图 6.15）。著名的稳定流和非稳定流井流计算公式都是由完整井导出的。

6.5.9.2　地下水向完整井的稳定运动

潜水井内抽水，井及其周围含水层中的水位就会下降，在空间形成漏斗状的水位下降区［图 6.16（a）］，称为降落漏斗；在承压水井中抽水，随着井内水头的下降，在抽水井周围也会形成漏斗状的水头下降区，也叫作降落漏斗［图 6.16（b）］。两个降落漏斗虽然在形状上相似，但潜水井的降落漏斗是在含水层内形成和发展的，抽出的水是包含有含水层疏干的部分；而承压水则不然，在降落漏斗范围内，没有含水层被疏干，这是最大的差别。稳定流运动是指，如果抽水设备的抽水强度不变，则经过一段时间后，漏斗扩展的速度将逐渐变小并趋于零，从而达到一种稳定状态。在地下水补给来源充沛，开采量远小于补给量的地区，经过相当长时间的抽水后，就会出现这种情况。

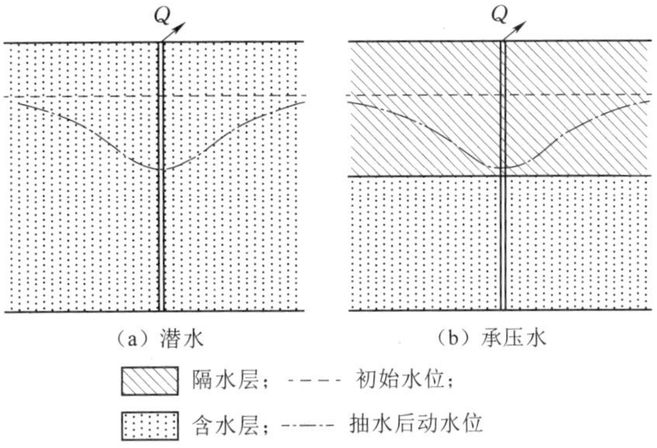

图 6.16　地下水降落漏斗示意图

基本假设：井是布置在均质各向同性的水平含水层中；有水平的初始水面；井离边界很远；降落漏斗可以无限扩展而不受限制；在任何一个通过井轴的垂直断面上水头降落的分布是相同的，即水流是轴对称的径向运动，在沿任何与井同心的圆柱形过水断面上的水头都相同。显然这样形成的降落漏斗是轴对称的，流线在平面上是指向钻孔的放射状直线。

1. 潜水完整井

根据上述基本假设，潜水完整井抽水形成的流线在剖面上为一系列曲线，最上面是降落曲线，下面则是曲率逐渐变缓成为与隔水层近似平行的直线。等水头面为曲圆柱面，地下水的流速出现垂向分量。靠近抽水井的地段，由于水力坡度大，流线弯曲厉害；远离抽水井地段，坡度小，流线曲率小。当抽水降深远比含水层的厚度小，且地下水流线的曲率也很小时，可将曲圆柱面简化为直圆柱面（裘布依假设）。

为了方便起见，采用柱坐标系，取井轴为水头 H 垂向坐标，向上为正，沿含水层底板为极半径 r 坐标（图 6.17）。在这种坐标系中，潜水流厚度 h 和水头 H 在数值上是一致的。根据裘布依假设，把过水断面近似地看成为同心的直圆柱面，与井轴距离为 r 的任意断面：

面积为 $\omega=2\pi rH$，水力坡度为 $I=\dfrac{\mathrm{d}H}{\mathrm{d}r}$。

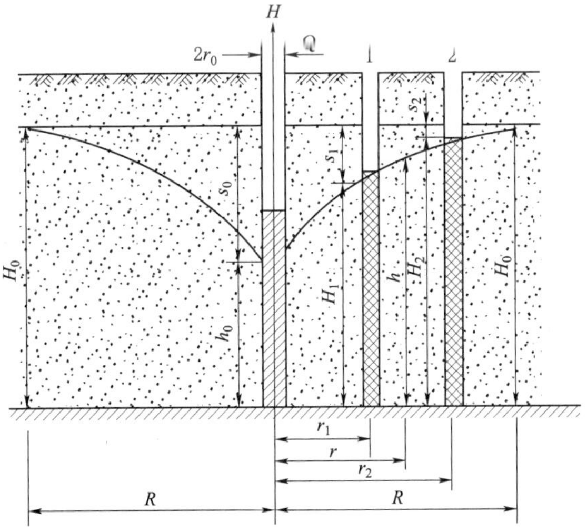

图 6.17　地下水向潜水井运动的计算图

根据达西定律，得井的出水量 Q 的计算公式为

$$Q=KI\omega=2\pi rHK\frac{\mathrm{d}H}{\mathrm{d}r}$$

将该方程在 $r=r_0$ 至 $r=R$ 的区域内积分，可得

$$\frac{Q}{\pi K}\int_{r_0}^{R}\frac{\mathrm{d}r}{r}=2\int_{h_0}^{H_0}H\,\mathrm{d}H$$

$$Q=\frac{\pi K(H_0^2-h_0^2)}{\ln\dfrac{R}{r_0}}$$

该式是潜水完整井的稳定流公式。如引入水位降深 $s_0=H_0-h_0$，并把自然对数改为常用对数表示，则公式即变为

$$Q=1.366K\frac{(2H_0-s_0)s_0}{\lg\frac{R}{r_0}}$$

以上公式只适用于单个抽水井。如果有观测孔时（图 6.17），可利用观测孔的坐标和水位代替前面公式中的 R、r_0 和 H_0、h_0，即相当于改变一下边界条件。

若有一个观测孔时，潜水完整井流量公式为

$$Q=1.366K\frac{H_1^2-h_0^2}{\lg\frac{r_1}{r_0}}=1.366K\frac{(2H_0-s_0-s_1)(s_0-s_1)}{\lg\frac{r_1}{r_0}}$$

若有两个观测孔时，潜水完整井流量公式为

$$Q=1.366K\frac{H_2^2-H_1^2}{\lg\frac{r_2}{r_1}}=1.366K\frac{(2H_0-s_1-s_2)(s_1-s_2)}{\lg\frac{r_2}{r_1}}$$

式中：H_1、H_2 为离井轴的径向距离，为 r_1 和 r_2 的两个观测孔中的稳定动水位；s_1、s_2 为离井轴的径向距离为 r_1 和 r_2 的两个观测孔中的稳定的水位降深。

2. 承压水完整井

承压水完整井抽水时形成的流线比潜水井要简单得多。在平面上是指向钻孔的放射状直线，在剖面上是一系列平行的直线，等水头面是同心的直圆柱面（图 6.18）。

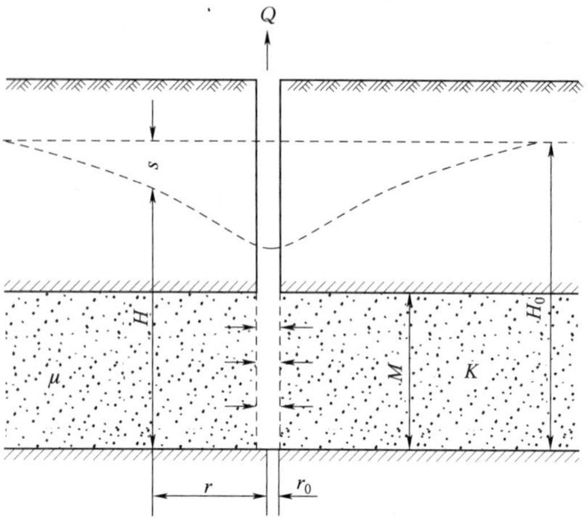

图 6.18　承压水完整井的水流运动

采用与潜水完整井类似的方法建立坐标系，距离井轴为 r 的任意断面上的过水断面面积和水力坡度分别为 $\omega=2\pi rM$，

$$I=\frac{dH}{dr}\text{代入达西公式中，得}$$

$$Q=KI\omega=2\pi rMK\frac{dH}{dr}$$

式中：M 为含水层厚度。

同理将上式在 $r=r_0$ 到 $r=R$ 的区域内积分

$$\int_{h_0}^{H_0}dH=\frac{Q}{2\pi KM}\int_{r_0}^{R}\frac{dr}{r}$$

可得

$$Q=\frac{2\pi KM(H_0-h_0)}{\ln\frac{R}{r_0}}$$

该式就是承压水完整井的稳定流公式。用常用对数表示时，则为

$$Q=2.73\frac{KMS_0}{\ln\frac{R}{r_0}}$$

当有一个观测孔时，承压水完整井稳定流的流量公式为

$$Q=\frac{2\pi KM(H_1-h_0)}{\ln\frac{r_1}{r_0}}=2.73\frac{KM(H_1-h_0)}{\lg\frac{r_1}{r_0}}=2.73\frac{KM(s_0-s_1)}{\lg\frac{r_1}{r_0}}$$

当有两个观测孔时，承压水完整井稳定流的流量公式为

$$Q=2.73\frac{KM(H_2-H_1)}{\lg\frac{r_2}{r_1}}=2.73Q=\frac{KM(s_1-s_2)}{\lg\frac{r_2}{r_1}}$$

6.5.9.3 非稳定运动

目前只有承压完整井的非稳定流井流计算公式。由于非承压完整井及其他井的地下水运动呈现多维流形态，所以不能够进行数学的模拟。描述承压水非稳定运动的基本微分方程为

$$\frac{\partial}{\partial x}\left(T\frac{\partial H}{\partial x}\right)+\frac{\partial}{\partial y}\left(T\frac{\partial H}{\partial y}\right)+\frac{\partial}{\partial z}\left(T\frac{\partial H}{\partial z}\right)=\mu^*\frac{\partial H}{\partial t}$$

式中：T 为含水层的导水系数，$T=KM$，由达西定律可知，它在数值上等于水力坡度为 1 时通过整个含水层厚度的单宽流量，m^2/d。

对于上述基本微分方程，泰斯（Theis）于 1935 年给出了在下述条件下的解：含水层是均质各向同性、等厚水平的，平面上向四周无限扩展，没有上下含水层对它的越流补给，地下水随着水头降低可以瞬间排出，初始水面水平，地下水流是平面流（二维），抽水井直径可以视为无限小。

根据这些假设条件，上述微分方程转换为柱坐标系，形成以下定解问题：

$$\begin{cases}\frac{\partial^2 H}{\partial r^2}+\frac{1}{r}\frac{\partial H}{\partial r}=\frac{\mu^*}{T}\frac{\partial H}{\partial t}\\ H(r,0)=H(t=0)\\ H(\infty,t)=H_0(t\geqslant 0)\\ \lim\limits_{r\to 0}\left(r\frac{\partial H}{\partial r}\right)=\frac{Q}{2\pi T}(t>0)\end{cases}$$

方程组（数学模型）中第二式为初始条件，第三、四式为边界条件。

其解为：$s=\frac{Q}{4\pi T}W(u)$，其中 $u=\frac{r^2\mu^*}{4Tt}$，$W(u)=\int_u^\infty\frac{e^{-u}}{u}du$

式中：$W(u)$ 为井函数；s 为距离井轴 r 处的水位降深；μ^* 为含水层的储水系数；T 为含水层的导水系数；Q 为水井抽水量；t 为抽水延续时间。

目前还没有关于非承压水的非稳定流问题的精确解，只有在约束了许多条件后获得的近似解。在这里就不介绍了。

第7章 水环境与水资源

自然界水是有限的，即使人们总希望称地球是水球的时候，也不要忘记，地球表面的水的96%以上是在海洋里，加上陆地上的水，接近97.5%都是咸水！且这仅有的2.5%的淡水的近70%是在南北极及大陆的冰川及积雪里！如此算下来，人类真正能够利用的淡水是江河湖泊和地下水中的一部分，仅占地球总水量的0.75%！更何况人类生活的陆地上的水，分布极度不均，有的地区淡水极度稀缺，我国就是一个干旱缺水严重的国家。我国的淡水总量为28000亿m^3，占全球的6%，仅次于巴西、俄罗斯和加拿大，名列世界第四位。但是，我国的人均水（淡水）量只有2300m^3，仅为世界平均水平的1/4，是全球人均水量最贫乏的国家之一。因而通常把淡水称为水资源，淡水是地球上紧缺的可以利用又必不可少的物质！

正因如此，水资源已经影响到人们的日常生活。然而，任何事物或物质，都有它自身的发展运动变化规律，当然水也不例外。水会在不同的温度、压力条件下呈现不同的物理化学性质；水能在大气环境、地表环境和地下环境中表现出不同的运动属性和物理化学生物状态；自然界中不同的地形地貌条件、不同的气候条件和不同的生物条件，都会对水的形成运动变化起决定性的影响作用；当然人类的活动强度对自然界水的循环运动的影响也是巨大的，在许多地区人为作用目前已经远远超过了自然的作用，达到了对自然界水的实际控制，导致了水环境的人为化；等等。因此水资源的多寡优劣，决定于水环境的优劣，即决定于水环境的状态及其发展方向是否向着有利于水资源的足量优质的持续供给的方向发展。

显然水资源与水环境是相辅相成、不可分割的同一事物的两个方面，水环境优，则水资源多、水质量优，反之亦然。从这个角度来看，水环境是前提、是条件，水资源是结果。相应地在进行水资源研究时，应该首先研究水环境，水环境问题解决了，水资源的问题也就解决了。必须强调，本章讨论的水环境和水资源，是指自然界的水环境和水资源，不涉及人工器皿中的水的环境和水量、水质，也不涉及地球以外的水环境和水资源。

7.1 水环境及其意义

7.1.1 环境的基本概念

环境是相对于中心事物而言的。与某一中心事物有关的周围事物，就是这个中心事物的环境。对于不同的对象或主体，其环境的含义就有差别。《新华词典》中对环境的解释是：周围的地方，周围的情况和条件。根据属性和存在状态，环境分为自然环境和人文环境，其中社会环境归为人文环境，是人类生活中的人际关系。

在环境科学领域，环境的含义是：以人类社会为主体的外部世界的总体，即人类赖以生存和发展的物质条件的综合体，包括自然环境和社会环境。按照这一定义，环境包括了已经为人类所认识的，直接或间接影响人类生存和发展的物理世界的所有事物。它既包括未经人类改造过或适度改造过的众多自然要素，如阳光、空气、陆地、天然水体、天然森林和草原、野生生物等；也包括经过人类改造过和创造出的事物，如水库、农田、园林、村落、城市、工厂、港口、公路、铁路等。它既包括这些物理要素，也包括由这些要素构成的系统及其所呈现的状态和相互关系。

7.1.2 水环境的基本概念

顾名思义，水环境就是指水所处的环境，水体周围的时空条件。通常提起水环境，人们会很自然地想到目前水环境遭到破坏，水质量是如何如何的不好，或者水质量是如何向着恶化的方向发展，等等。平时人们更多地将水环境偏重于其质量，如我国的水环境标准就是强调水的质量状况。实际上，作为环境，对任何考察对象来说都是全面的，只强调一个方面是片面的和不完整的。同样的水化学条件，在不同的水物理水动力条件下，水质量的发展变化趋势是不同的，有时还差别很大。有人提出水环境概念是指影响水量和水质的全部要素。因而应该对水环境定义为：水环境是指自然界水的形成、运动、变化所处的物理的、化学的和生物的条件及其转化。水环境是构成环境的基本要素之一，是人类社会赖以生存和发展的重要基础，也是受人类影响和破坏最严重的地域。具体而言，从空间分布上可将水环境分为大气水环境、地表水环境、地下水环境；从时间跨度上又可将水环境分为古水环境、现代水环境和未来水环境；从形式上对以上各类水环境又可分为水物理环境、水化学环境、水生物环境。凡是影响水资源的量及质的因素，都是水环境要考虑的影响要素。

水环境中的水物理环境，是指自然界水的形成、运动和变化的物理条件。如地下水的补给、径流、排泄条件，地下水物理环境演化就是指这些条件的改变过程及其结果，在水文地质学中把这些叫作水文地质条件及其改变；而对地表水而言，其水物理环境及其演化就是指地表水的补给、径流、排泄条件及其改变，通常把这些叫作地表水文条件及其改变；对大气水也如此。对于地表水和地下水而言，水环境的研究要覆盖其流域的全部范围。

水环境中的水化学环境则指的是自然界水的形成、运动和变化的化学条件。如各类水的水质改变是由于其水化学环境的改变造成的。相应地，水生物条件就是指自然界水的生物条件，如各类水的生物群落分布、密度等；氧化环境中喜氧细菌发育，促使氧化作用加强，如 NH_4^+ 向 NO_2^- 的转化、再向 NO_3^- 的转化过程中的硝化细菌，H_2S 向 SO_3^{2-}、SO_4^{2-} 转化的硫化细菌等；还原环境的厌氧细菌的发育，促使还原作用加强，如 NO_3^- 向 NO_2^-、NH_3 和 NH_4^+ 转化的反硝化细菌和 SO_4^{2-} 向 H_2S 转化的脱硫细菌等。

须指出的是，以上各种具体的水环境不是孤立的，相互之间是密切联系的，或消长或继承或增强：古今水环境是继承关系，而某些水化学环境与水生物环境间有时是消长关系，如脱硫细菌的增多会使硫酸盐含量减低，有时则表现为增强关系；再如，硝化细菌的增多会使硝态氮含量增加。在此须明确自然和天然的关系：正如前面已经谈到的一样，自然或自然界是指地球表面人类活动所涉及的范围（大气圈、水圈、岩石圈、生物圈）或时空状态，而天然则是指无人为影响或很少有人为影响的自然存在。为便于表述，不加特别说明时，以后所谈水环境是指自然水环境。自然界水（简称自然水，下同）是参与大自然水循环的水，人工修建的水库、池塘中的水属于自然水，而暂时保存于人类生活储水器皿中的水，如保存于水缸、饮水具、供暖循环系统、自来水系统中的水不属于自然水。

7.1.3 水环境内涵的拓展

随着经济实力的增强以及人们对于水环境要求的日益提高，欧美和日本一些发达国家率先在水环境优化和治理方面加大了力度，以确保水资源的可持续利用，并且取得了良好的效果。实践告诉人们，水环境优化与治理必须实现由点、线到面的转变，即从单一的污染点的治理和单一河流治理转变到整个流域的治理；同时，由于水环境的优化治理牵涉到社会的方方面面，因此水环境优化治理往往需要“综合治理”，随之水环境的内涵也得到了拓展。水环境保护内容表现在软硬两个方面，在硬的方面，除了保持水量（流量）、净化水质外，还包括了生态体系的保护和资源、能源的有效利用；而在软的方面，则包含了水环境的视觉方面的效果和人文方面的效果等。具体内容有：

（1）在硬的方面：①视觉方面的效果。如城市景观的标志，有水域与绿荫、倒影、夜景；与自然的动感共存，有流动、冰冻、河流的弯曲延伸等。②人文方面的效果。作为交流、活动的场所，如宗教、婚礼场所、龙舟比赛场地等；作为艺术创作的场所，有绘画、摄影背景，诗歌、文字描述对象等；通过地域舒适环境的建设，可作为环境教育基地、湿地展现示范基地、“母亲河”宣传活动场所、各类各级的公园建设等。

（2）在软的方面：①视觉方面的效果。如城市景观的标志，有水边与绿荫、倒影、夜景；与自然的动感共存，有流动、河流的弯曲延伸等。②人文方面的效果。作为交流、活动的场所，如宗教、龙舟比赛等；作为艺术创作的场所，有绘画、诗歌、文字等；通过地域舒适环境的建设，可作为环境教育基地、进行“母亲河”宣传活动等。

7.2 水资源及其意义

7.2.1 资源

资源，是“资材的来源”的意思。《辞海》的定义是：资材之源，一般指天然的财源。《现代汉语词典》定义“资源是生产资料和生活资料的天然来源”。英文中的资源，是由再重复（re）和来源（sourc）共同组成的；俄文中的资源（ресурсн）也具有财富的来源的意思。可见，资源的含义在不同的民族语言里是接近的，都是自然的材料来源的意思，但是不完全相同。原有意思都包括了“天然”的成分，略显狭隘了。

广义的资源指人类生存发展和生活享受所需要的一切物质的和非物质的要素，包括自然资源、人力资源、环境资源、文化资源等。

7.2.2 水资源

7.2.2.1 水资源的含义

水是生命之源，和土地一起构成地球上最重要的基础性资源。水资源是人类赖以生存和发展的基本物质之一，也是人类生息不可替代和不可缺少的自然资源。

在国外，较早采用“水资源”这一概念的是美国地质调查局（USGS），1840年便开始统计河流水量，编写了相关公报并对区域水资源状况进行统计。1894年该局设立了水资源处，其主要业务范围是对地表河川径流和地下水的观测。1963年，英国通过了水资源法，在该法中将水资源定义为“具有足够数量的可用水源”。1965年，美国通过了水资源规划法案，同时成立了水资源理事会（Water Resources Council），此时水资源具有浓厚的行业内涵。在《英国大百科全书》中，水资源被定义为“全部自然界任何形态的水，包括气态水、液态水和固态水”，此定义宽泛，是从水的有用性、使用价值的广义角度定义的，迄今仍被广泛引用。1977年联合国教科文组织（UNESCO）建议“水资源应指可以利用或有可能被利用的水源，这个水源应具有足够的数量和可用的质量，并能在某一地点为满足某种用途而可被利用”。这个定义突出了水的可利用性。《中国大百科全书》中认为，水资源是“地球表层可供人类利用的水。包括水量（质量）、水域和水能资源。一般指每年可更新的水量资源”。因为人类生活在陆地，大部分陆地生物生命靠淡水来维系，人类饮用和主要植被生长都需要淡水的滋养，因此也有人把水资源理解为人类可资利用的淡水资源。

由此可知，迄今人们所给出的水资源的定义，由于所站的角度不同而不同。如果加以分类的话，可以归结为以下三种：①广义的水资源：就是把水资源理解为人类长期生存、生活和生产过程中所需的自然界各种形态的水，包括可资利用的天然的和非天然的水，即人类能够直接或间接使用的各种水和水中的物质，能作为生产资料和生活资料的水，以及在社会生产中具有使用价值和经济价值的水都可称为水资源。②更广义的水资源定义，是指地球上水的总体，水以固态、液态和气态的形式，存在于地球表面和地球岩石圈、大气圈、生物圈之中。③狭义的水资源则是指人类能够直接使用的淡水，是指自然界水循环过程中，大气降水落到地面后形成径流，流入江河、湖泊、沼泽和水库中的地表水，以及渗入地下的地下水。

在这里必须要说明的是，在现实生活中，水资源具有相对的意义。实际上，水资源的含义在不同的场合、为了不同的目的是不同的。更加具体而且实用的水资源的定义应该是：自然界中可资利用的具有适宜的水质和水量的水。我们知道，自然界中是不存在纯净的（蒸馏）水的，自然界中的水是含有许多物质成分的水溶液。如果不加区别地把自然界水统称为水资源，有时是很危险的。比如工业废水和城市污水，在不加处理之前是不能够为人们所利用的，所以工业废水和城市污水在经过处理之前一般都是污染源，而不是水资源，应该是水害源。再比如，海水不能够为人们所饮用，但是它作为冷却水就具有使用价值，即海水虽然不能够作为人们的饮用水资源，但是却可以作为某些工艺的冷却用水资源；当海水由于某种原因入侵内陆，对陆地上以淡水形式存在的可为人们所利用的地表水和地下水形成威胁，这时就会称入侵内陆的海水为害源，尽管人们现有的工艺技术可以淡化海水。通常对于饮用水卫生标准而言，如果自然界某种水的某些（个）物质组分超标，那么该种水就是不适宜人们饮用的，属于不合格水源；然而，在严重缺水地区，如沙漠区，只要水可以解渴而短期饮用对人体无明显的或致命的伤害，就可以定为水资源。苏联的O. A. 阿列金根据矿化度（M）的大小把干旱地区的地下水分为五级：$M<1$g/L的为好水；$M=1\sim2$g/L的为较好水；$M=2\sim2.5$g/L的为可饮用水；$M=2.5\sim3$g/L的为勉强可饮用水；将$M=12$g/L定为牲畜勉强可饮用水的矿化度的上限。可见，在严重干旱缺水地区，矿化度小于12g/L的地下水都是要作为水资源来加以评价和开发利用的。这样的例子不胜枚举，具体水资源分类和评价内容在后面的章节中逐步介绍。

7.2.2.2 水资源的特点及属性

1. 水资源的特点

作为宝贵的资源，水具有很多其他资源所不具备的特点。

（1）水资源是基础性的自然资源。水资源是支撑可持续发展的土地、水、森林、草原、矿产、能源、海洋、气候、物种和旅游等十大资源中的母体资源，与土地一样是最基础性的自然资源。

（2）水资源具有循环性。水资源与其他固体资源的本质区别在于其所具有的流动性，它是在循环中形成的一种动态资源，具有循环性。水循环系统是一个庞大的天然水资源系统，甚至超出了一般认为的水圈的范畴（有人定义水圈不包括大气水在内），水资源在开发或开采利用后，能够得到大气降水的补给，处在不断地开发开采、补给和消耗、恢复的循环之中，可以不断地供给人类利用和满足生态平衡的需要。因此水资源具有可恢复性或可再生性。

（3）水资源的部分不可再生性。如果按照最广义的定义，地球上的水资源总量达13.86亿km^3，极其丰富。但其中96.5%是海水，约覆盖地球总面积的71%，但因含盐量高，通常不能作为淡水资源直接被人类和陆地大部分植被所利用。可恢复的淡水资源仅有4.7万km^3。由此可见，尽管地球上的水是取之不尽的，但适合陆地植被灌溉及人类饮用的淡水水源却是十分有限的。

陆地淡水水资源总量的近70%为固体的冰川，在两极和山岳，有近30.1%是地下水，其中大部分是浅层地下水，可以和地表水互相转换，但超采就会产生不同程度的地面沉降等生态蜕变，而且有的需较长的时间才能补给，因此相对于人类的生命周期和生产周期而言，这部分不可更新或近乎不可更新的水是不可再生的，也就是最好不用的水。

（4）水资源时空分布的不均匀性。水资源在自然界中具有一定的时间和空间分布。时空分布的不均匀性是水资源的又一特性。全球水资源的分布极不均匀，在有些地区水的径流模数可达到51.0L/(s·km^2)，而澳洲仅为1.3L/(s·km^2)，亚洲为10.5L/(s·km^2)。最高和最低相差数倍或数十倍。

我国水资源在区域上分布极不均匀。总的说来，东南多，西北少；沿海多，内陆少；山区多，平原少。在同一地区中，不同时间分布差异很大，一般夏多冬少。我国的华北广大地区，雨季的7月、8月、9月三个月份的降水量，占到全年降水量的70%以上。

（5）水资源具有利害两重性。水既可兴利，又可为害。如水过多可能造成洪涝之灾，地下水位过高可能使农业减产、地下工程建筑被水浸没、形成次生盐渍化等水害。人类开发利用水资源主要目的是满足人们的某种或多种需要，即所谓“兴利”；但是，开发利用不当也会造成许多危害，如，大量开采地下水会导致严重地面沉降、地裂缝等地质灾害，沿海地区大量开发利用地下水可造成海水倒灌，城市及工业区过量开发地下水可导致其水质恶化、污染加剧等水质公害。事实上，灌溉得当，农业可以增产；筑坝建库可用于防洪、发电、养殖、航运，减少灾害，振兴经济；充盈的水资源可以使生态环境向有利于人类的方向发展，形成良性循环。

（6）水资源具有不可替代性。世界各国国民经济的各部门和人民生活都离不开水。科学技术发展到今天，人类虽然已能人工合成胰岛素、化学纤维、人工心脏和人工智能等相继出现，但从实用意义上说，却还不能人工造水，因此水资源是没有任何其他物质可替代的。随着人口的增长，经济的发展以及人类物质文化生活水平的提高，人类社会对水的需求日益增长，水资源已经成为经济社会发展的一个重要的制约因素。

(7) 水资源有固、液、气三相。水资源是十大自然资源中较少见的有固液气三相的资源。其中气相即在大气中的水蒸气，人类目前还无法自由利用。淡水资源中有 69.5% 以冰川和永久性积雪存在，其中绝大部分还难以利用。主要可用的淡水水体呈液相，因此，水又是一种流动性的资源。

(8) 水是一种质量十分脆弱的资源。由于水是一种良好的溶剂，几乎可以溶解自然界所有物质，加之其具有的流动性和分布的广泛性，与其他自然资源相比，因此水是一种质量十分容易改变、容易被侵害的资源，人类可以在 0.1s 的时间内，轻易地使水变质。水资源状态即水环境十分脆弱，且破坏以后难以恢复或修复。自恢复能力很弱。

(9) 水资源是一种重要的环境资源和生态资源。水是一种重要的环境因子和生态因子，水资源状况决定了一个地区的环境状况和生态状况，因此水资源是一种十分重要的环境资源和生态资源。保护环境、保持生态，既是水资源的可持续性的必然要求，反过来还必须依靠充足而优质的水资源做保障。

(10) 水资源是难以跨区域和国际交换的资源。显而易见，由于对水资源使用量大，并主要以液相使用，运输十分困难，再加上使用的经常性，使之难以像其他商品一样跨区域交换和国际交换。但可以通过引水渠、运河等实现跨区域调水。

总之，水资源作为一种部分可更新的人类必需的自然资源，其特点是鲜明的。

2. 水资源的属性

与水环境类似，水资源的属性很多，但是可归结为两类：一类是自然属性，另一类是社会属性。水资源作为人类赖以生存和发展的重要自然资源，具有有限性、不可分割性、利害双重性等自然属性。自然界水的循环，决定了地球上的水不是某个人或某个团体的私有财产，而是属于全人类的，更准确地说是属于地球上的生命世界的，因此其社会属性不容忽视。同时又不可否认的是，在商品经济社会，由于水的稀缺性和供水工程建设与运营的成本，水资源又具有商品属性，具有经济价值。

水资源处在不断的消耗和补充过程中，在某种意义上水资源具有“取之不尽”的特点，恢复性强。可实际上全球淡水资源的总量是十分有限的。如前所述，全球的淡水资源仅占全球总水量的 2.5%，且大部分储存在极地冰帽和冰川中，真正能够被人类直接利用的淡水资源仅占全球总水量的 0.796%。从水量动态平衡的观点来看，在任何一个区域内，某一期间的水量消耗量接近于该期间的水量补给量，就是可持续的、可以取用的水的极限量，否则将会破坏水平衡，出现缺水或过度取用水的状况，会造成一系列不良的环境问题。可见，虽然水循环过程是无限的，但水资源量是有限的，并非取之不尽，用之不竭。

20 世纪 70 年代以来，水资源的开发利用出现了新的问题，主要表现在以下三方面：

(1) 水资源出现了短缺，所谓短缺是指相对水资源需求而言，水资源供给不能满足生产生活的需要，导致工农业生产开工不足，饮用等生活用水发生危机，造成巨大社会问题和经济损失，因而逐渐显现出水资源是国民经济持续快速健康发展的“瓶颈”，水资源保障事业是国民经济基础行业，优先发展它是一种历史的必然的趋势。

(2) 工农业生产和人民生活过程中排放出大量的污水，它们一方面污染了水源，导致水资源功能下降，使本来就具有的水资源供需矛盾更加尖锐，给经济及社会环境带来极大不利影响，严重地制约着经济社会的可持续发展，另一方面，为了缓解水资源的供需矛盾和日益严重的水环境恶化的世界性难题，污水处理回用已迫在眉睫。

(3) 水资源开发利用带来了一系列生态和环境问题，必须正确处理它们对生态和环境所造成的冲击，尽可能将其对生态和环境所形成的不利影响降低到最低程度，是未来水资源开发利用所面临的重大问题。因此，从现实角度来看，水资源不仅具有自然属性，更重要的是它还具有社会属性，这种社会属性从某种程度上说是商品属性。因此水资源应该被看作既是一种经济资源和社会资源，又是一种环境资源和生态资源。

7.2.2.3　水资源的分类

如前所述，不同的部门和不同的目的对水资源的需求不相同，如何合理地开发、利用水资源是一个极为错综复杂的多面体问题，因而需要从不同的方面和角度来研究水资源的分类和特点。水资源的分类有以下几种分类。

1. 大气水、地表水和地下水

按水的形成和存在条件，自然界中的水分为大气水、地表水、地下水三种（有人把土壤水单独列出，就成为四种）。它们无时不在互相转化和影响着，它们之间的相互转化，通常称为“三水转化”（或“四水转化”），是水循环的核心。当作为资源进行评价时，由于不同类水的性质不同，常分别进行评价，因而可以把水资源分为大气水资源、地表水资源和地下水资源三种，或再加上天然水资源四种（事实上，土壤水是地下水的一部分）。

2. 可利用水资源和不可利用水资源

从利用水资源的经济技术条件方面考虑，将水资源分为可利用和不可利用水资源两类。可利用水资源也称为可支配水资源，是指水资源中可供人们利用的部分。在目前的经济、技术条件下天然水资源中不可利用的部分称为不可利用水资源或不可支配水资源，但随着经济技术的发展，它们可以逐渐被人们所支配、利用，故又称为潜在水资源。我国的黄淮海平原区虽然当地有一定数量的径流，但因其年际、年内分配极为不均匀，径流多集中在丰水年的汛期，常以洪涝水的形式出现。对这部分径流很难控制调蓄，可利用的水量少，是一种典型的潜在水资源。其他还有如未经处理的污废水、开采困难的地下水、稍加处理即可利用的微咸水等，都属此列。

3. 恢复性水资源和不可恢复性水资源

按水资源的恢复能力，水资源可分为恢复性和不可恢复性水资源两类。在全部淡水储量中有一部分是“静态”水资源，如冰川、永久雪盖、内陆湖泊等地表水体，在地质历史时期形成的储存在深层的地下淡水等。这部分水体的水更换很慢，水循环交替期比较长甚至很长，一旦被大量取用，就很难恢复，可称为不可恢复性水资源。另一部分则为“动态”水资源，如大气降水、河床水、土壤水和浅层地下水，这部分水的循环交替期短，更换得快，故称为可恢复性水资源。

4. 消耗性水资源的非消耗性水资源

按用水部门的用水情况，将水资源分为消耗性和非消耗性两类。如航运用水，并不消耗水资源，是非消耗性水资源。灌溉用水中耗散于蒸发部分的水资源为消耗性水资源。

以上四种分类，是人们常用的分类方法。在上述分类方法的指导下，各地进行着水资源的评价。鉴于我国地域广、气候类型多样、社会经济发展不均衡等事实，提出另外的两种水资源分类方法。

5. 水资源的水质量分类法

按照水质量分类方案，进行不同水质量类别的水资源的分类方法。如依据环境分类方法将自然界水分为五类，我们可以在计算评价水资源时，按照不同的水质量类别，分别计算其水资源量，如一类水资源量、二类水资源量等，如此就会得出不同质量的水资源的量。

这种水资源分类方法，既可以对目前所拥有的水资源总量有所把握，又可以了解不同质量类别的水资源量分别是多少；而且通过不同时期的数据，可以明显地反映出当地环境保护的效果或环境污染对水环境造成的危害的程度。

6. 水资源的用途分类法

水资源的用途分类法与水质量分类方法相似，只是把前面的水质量改为水用途即可实现。如可以供人类饮用的为一类，必须符合国家饮用水规范；可以用于灌溉的水资源量；可以用作城市绿化、工业冷却的水资源量；仅可以用作冲厕、清扫大街、清洁污水河道的水资源量；可以用作特殊工业用水的水资源量；暂时无用途、但具有潜在的处理后可用做水资源的有害水量，等等。这里允许不同类别间的重复计算，可以采取向下兼容的办法。这种分类也较为直观地表现当地的水资源质量和数量现状，做到有的放矢地工作，避免盲目地夸大或缩小当地水资源的供给能力和未来的可供水潜力。

7. 一次性水资源和可再生性水资源

随着经济技术条件的改善，污水和废水处理率增加，中水回用事业获得迅猛发展，水资源的重复利用率不断得到提高，可再生性水资源越来越多。当评价某地的供水能力的时候，务必考虑水的重复利用问题。须对一次性水资源量和再生性水资源量分别作出评价，既可以充分利用水资源，提高人们对重复利用水资源的认识，又可以扩大解决水资源供给途径，为生态和环境保护以及经济社会可持续发展提供有力的水资源保障。

7.3 水资源评价

水资源评价是对某一确定区域内自然界水的数量、质量以及存在状态、可利用程度等进行综合研究和评价的过程，包括对水量和水质动态研究、水环境状况研究、水的开发利用程度及其变化趋势的研究等。水资源评价应该区分不同的水类型、按照不同的水资源分类方法，分别进行评价。鉴于目前对土壤水的开发利用尚无成熟办法，即不能够集中进行土壤水的开采或提取，而只作为植被生长需水来加以利用。迄今人们所进行的水资源评价，只对人们能够利用现有的技术手段可以集中取用的地表水和地下水进行。有时也对大气水进行评价，但都是为了地表水和地下水评价服务的，如降水量及降水水质（酸雨）评价等。因为，大气水的直接采集和应用的难度较大，最终都是通过大气水转化为地表水和地下水以后才可以为人们所利用的。显然这样做有其不足的地方，在今后的水资源评价中，应该对上述“四水”均应该进行相应的评价。

正如前面所谈到的，由于以往人们对水资源要么只注重了量的大小而忽视或淡化了水质量的作用，要么只注重了水资源的自然属性而忽视了水资源的社会属性，或只注重了局部水资源的开发利用而忽视了水资源的社会公有属性，或只注重了水资源在工农业生产及人类生活中的用途而忽视了其所具有的环境及生态用途等，使水资源的开发利用几近掠夺式地进行和延续着。随着水资源供需形势的紧张以及水污染的加重，使人们不得不开始重视水质的问题和从全局或战略的高度来考虑水资源的评价以及开发利用问题，尤其是要考虑水的社会分配问题。所以对水资源的评价，应该从量的大小的评价转变到量的大小和质的适宜性同时评价的轨道上来，从局部评价到整体和全局评价上来，从物质的量和质的评价到社会需求评价上来。实现这种转变，首先要树立正确的水资源价值观和道德观。

7.3.1 树立水资源的价值观和道德观

7.3.1.1 水资源的价值观

原始人类取用水时是在近乎天然的条件下进行的，人们依水而居、傍水而生，对水资源的利用是无偿的。那时水资源只具有使用价值，而不具有价值。然而进入文明时代以后，随着水利工程设施的修建，人们通过使用这些工程设施来获取利用水资源时，水资源就同时具有了使用价值和价值，在某种意义上说，水资源成为了商品。水资源不仅是生命的必需成分，来供给生命的使用和消耗，同时它也是创造社会价值的原料。所以人们引水用水，就如同到市场上买东西，支付费用就成为天经地义的了。城市中的自来水，早就是一种商品了嘛。所以建立水资源的价值观，摒弃那种无偿用水、挥霍用水、急功近利用水的错误观念，对于水资源的综合开发利用和保护是非常有意义的。尤其在当前的市场经济社会，水资源的价值观念必须建立，水资源实现商品化是未来社会的必由之路。诚然，在进行水资源的评价时，必须树立起这种水资源的价值观念，不仅做到未来的分质、分用途供水，更要做到对水资源的分质和分用途评价。只有这样，才能真正做到对水资源有科学认识，进行科学评价，从而指导水资源的开发和利用，指导生态环境尤其是水环境的优化和保护工作的正常和科学进行。

7.3.1.2 水资源的道德观

水资源的道德观表现在水资源对于社会的共有性质上。地球上的水资源属于人类与共生的生命以及周围的环境所共享，如果仅仅为了我们人类自身而忽视了其他，那么适宜的水资源也将远离我们人类而去。如果人类做到了与共生生命共享环境与资源，那么仅站在人类自身的角度上说，地球上的水资源与大气和阳光一样，属于全人类。与之相同，一个流域的水资源应该归属生活在这个流域的人们共同拥有，任何个人或小的团体都不拥有对自然界水资源的所有权和自我支配权。有了这样的基本出发点，就会产生如下的基本道德观念信条：

（1）自然界的水资源不能够据为己有，应该与大家共享。

（2）浪费水资源，等于伤害他人、伤害社会，包括伤害自己。

（3）污染水环境、破坏水资源，等于浪费水资源，同样是对社会和自己的不负责任。

（4）节俭用水、清洁环境，是一种高尚的行为，也是一种高尚的美德。

7.3.2 水资源的评价

7.3.2.1 水资源评价的目的任务

如前所述，以往的水资源评价都是为取水、用水目的服务的。尽管也提倡保护环境、防止污染、避免掠夺式、枯竭式开采，但是毕竟受了传统思想的影响，在评价时主要注重了水量的大小和保持一定水量开采利用的可能性，近年来注重水质的评价、注重生态和环境相协调的评价工作才开始逐步地得到推广。

综合现有的观念和技术手段，开展水资源评价的目的任务是：对评价区域的水的分布类型及不同类型水之间的相互关系及其动态变化趋势有深入了解的基础上，研究不同类型水的质量动态变化趋势并进行水质量类型划分，根据所建立的模型或采用一定的方法定量计算评价各类水的水量大小及保证程度，评价水环境现状和水资源承载能力，制定确保可持续发展的水生态水环境保护措施，为评价区的经济建设和社会发展服务。

7.3.2.2 水资源评价的原则

（1）要树立水资源的价值观和道德观，面向全局、面向社会、面向发展。

（2）开展水资源评价，进行水资源的开发利用，要尊重科学，打破行政区划、以流域为单位进行；如果必须开展行政区划或其他人为区域的水资源评价，也应该建立在以流域为单位的基础上进行。

我国由于部门分割，形成了以地表水资源评价为主和以地下水资源评价为主的两大传统水资源评价体系。从科学角度出发，水资源评价必须兼顾相互可以转化的大气水、地表水和地下水三种形式，实现综合水资源评价。

（3）注重水质量、注重水用途，实行水质量评价基础上的水资源量的评价，即实行分质水量评价。否则，水资源量的评价结果是没有保障的，也不利于水环境的保护。

（4）充分考虑生态环境和可持续发展，进行水资源的分质多类型综合评价。进行单一水类型的水资源评价，有时是没有意义的，因为不同类型水之间是相互转化相互影响的。

7.3.2.3 水均衡原理

地球上的水分循环，从长期的观点看，大体是不变的，海洋蒸发向陆地输送的水汽，经降雨以径流的形式又回到海洋。根据物质不灭定律，对于任何区域，在给定的时段内，各种输入水量（收入水量）等于输出水量（支出水量）与区域内储水量的变化之和，即水分循环过程中的收支平衡。这就是水量平衡原理，又称水均衡原理。根据此原理，可列出水量平衡方程式：

$$W_r - W_c = \Delta W = W_1 - W_2$$

式中：W_r 为在一定时段内输入平衡区各种水量之和（总收入量）；W_c 为在一定时段内输出平衡区各种水量之和（总支出量）；W_1、W_2 为均衡区内时段始、末的储水量；ΔW 为均衡区内时段始末储水量变量。

上式为水量平衡方程的一般形式，对不同地区和不同的问题，应具体分析水量的输入项和输出项的各个组成部分，写成相应的水量平衡方程式。但在不同的平衡区、不同的时段（如月、年、多年等）平衡方程中的数量是不相同的。对于小于某个水文年或多年的水文周期的时段，可能会出现不均衡现象。通常，水资源增多的称为正均衡，反之为负均衡。

7.3.2.4 水质评价

水质评价是水资源评价的重要组成部分，是水量评价的基础和前提，如果没有足够优良的水质做保证，水量再多也是没有用的，而且水质极差的水，不仅不能够被人们利用，反而成为周围水环境的污染源。作为污染源的水量越大，其对周围水环境的危害就越大。因此水质评价是水资源评价工作中非常重要的基础性工作。

在以往水资源评价中，水质评价是进行针对某些水质量标准的适宜性评价，它只能反映水质量的现状，对了解水资源的水质变化规律及其发展动向或趋势不利。一般水质评价或叫作水质研究，应该有两项内容：一是基于特定水质标准的水质量评价，通常是评价现状条件下的水质量状况，是进行其对某种用途的适宜性评价；为了规范人们的用水行为，国际国内或个别地方均制定了适合不同用途的水质量标准，这些标准就是开展该项工作的评价依据。二是基于评价区的背景值或污染起始值的污染程度评价和动态变化评价，该项评价内容既注重现状的污染程度、人类活动的干预程度，又注重水质的动态变化过程。由于该项工作没有具体的规范和依据，要靠长期以来的资料积累，往往可以揭示水质变化的原因或机理，其结果可为进行水质变化预测、水质改良和水生态水环境保护提供依据。

目前，用于水质评价的方法种类繁多，大体上可分为一般统计法、综合指数法、数理统计法、模糊数学综合评判法、浓度级数模式法、Hamming贴近度法等。各种常用方法的适用范围及其主要优缺点见表7.1。

表7.1　常用水质评价方法

名称	基本原理	适用范围	优、缺点
一般统计法	以监测点的检出值与背景值或饮用水标准比较，统计其检出数、检出率、超标率及其分布规律	适用于水环境条件简单、污染物质单一的地区，适用于水质初步评价	简单明了，但应用有局限性，不能反映总体水质状况
综合指数法	将有量纲的实测值变为无量纲的污染指数进行水质评价	适用于对某一水井、某一地段或时段水体质量进行评价	便于纵向、横向对比，但不能真实反映各污染物对环境影响的大小，分级存在绝对化
数理统计法	在大量水质资料分析的基础上，建立各种数学模型，经数理统计的定量运算，评价水质	前提是水质资料准确，长期观测资料丰富，水质监测和分析基础工作扎实	直观明了，便于研究水化学类型成因，有可比性。但数据的收集整理困难
模糊数学综合评判法	应用模糊数学理论，运用隶属度刻画水质的分级界限，用隶属函数对各单项指标分别进行评价，再用模糊矩阵复合运算法进行水质评价	区域现状评价和趋势评价	考虑了界限的模糊性，各指标在总体中污染程度清晰化、定量化，但可比性较差
浓度级数模式法	基于矩阵指数模式原理	连续性区域水质评价	克服了水质分级和边界数值衔接的不合理
Hamming贴近度法	应用泛函分析中Hamming距离概念，定量分析任意两模糊子集间的靠近程度	适用于需自定水质级别的情况，评价具有连续性，适用于区域性评价	便于根据实际情况确定水质分级标准，结果表达信息较丰富

目前实际所应用的水质评价方法比上表中所提到的还要多，对方法的适用范围、优缺点的理解可能更为丰富。由于水质评价具有如下特征：①系统中污染物质之间存在复杂关系，各种污染物对水质量的影响程度不一；②水质分级标准难以统一；③对水体质量的综

合评判存在模糊性。因此，从不同角度和目的出发提出的方法各异，但水质评价方法本身应具有科学性、正确性和可比性，既满足实际使用要求，又利于查清影响水质的因素，以便于水质的保护与水污染的治理。以下介绍一些常用而且较为简单的评价方法。

1. 水污染现状评价

凡是在人类活动影响下，水质量向着不利于人类利用的方向发展的过程及现象，统称为水质量污染，简称水污染。现状条件下，不被人类活动影响的场所或区域已经很难找到，因此不被污染的水体在自然界中是很难找寻到的。尤其是当今人为核放射行为和大量 CO_2 气体等有害气体的排放对大气造成越来越严重污染的情况下，除了南极冰盖以外，在地球表面及其浅部（地壳浅部）找寻到绝对没有被污染的水体几乎是不可能的。何况研究区大气质量较差、地表污染因素（比如农业污染等）众多，地表水及地下水遭受不同程度的污染是必然的，因此进行水质量污染评价是必要的和有意义的。

然而，迄今还没有一个具体的统一的方法来进行水污染的评价，因为污染程度是人为的界定，对于不同的用途和在不同的地区，对水污染的程度就会有不同的理解和界定。根据实际情况，可采用多因子叠加型综合污染指数方法，以下是具体评价步骤和评价结果。

（1）水污染起始值的确定。水污染起始值，也叫作水污染对照值、水质量背景值，因为是进行污染现状评价，所以还是称污染起始值更好，它是某一地区或区域在不受人为影响或很少受人为影响的条件下所获得的、原则上没有或很少受到人为污染的、具有代表意义的水质量成果值。它是天然或近天然状态的水质参数，也作为污染评价的基本依据。

污染起始值的确定方法很多，但是有的计算公式中含有诸如饮用水标准值之类的人为数据，所以是不可取的。其值的选取应该摆脱人为的影响，完全决定于原始资料的丰富程度和对初始状态的认知程度。资料来源的时代越早，就越能够代表初始的状态。对初始状态认知程度越高，所确定的污染起始值就越能够代表初始的状态。选取方法可以利用数理统计的办法获得，选取代表值；亦可以采取类比的办法，选取条件相近或相同的区域的值代替。

（2）污染现状评价因子。由于早期对水质检测的数据较少，因此只有目前水质检测数据中的很少一部分能够找到确定的污染起始值。实践证明，水污染存在许多方式，但是常规的水污染总是首先使水中常量组分的含量改变。研究发现，很多地区的水污染大都遵循这样的基本规律。所以可确定把诸如 NO_3^-、SO_4^{2+}、TDS、硬度和 Cl^- 等几项指标作为污染评价的因子。如果有更多的检测指标，应该尽量选取。可以对比的指标越多，该项工作的意义就越大。

（3）污染现状评价的方法。污染现状评价的方法很多，这里只介绍一种，用以说明其原理。在实际水资源评价工作中，可以根据评价区的具体条件选择其他的方法。

1）水污染单因子指数确定。水污染单因子指数（I）是衡量水质单个因子遭受污染的程度的量，其计算方法为

$$I=C_i/C_o$$

式中：C_i 为某组分的实测浓度；C_o 为某组分的污染起始值。

为了对比方便和便于对其遭受污染的程度做出定量的评价，对单因子指数的大小与污染现状的关系做了如下规定（在实际工作中，当然可以根据具体条件作出其他的规定），见表7.2。

表7.2　基于污染起始值的单因子指数评价结果表

I值	$I\leqslant 0$	$0<I\leqslant 1$	$1<I\leqslant 2$	$2<I\leqslant 3$	$I>3$
定性	未污染水	轻污染水	污染水	重污染水	严重污染水

2）水污染多因子综合评价。在确定了水污染单因子指数以后，进行水污染的综合评价就容易得多了。下面介绍的多因子叠加型综合污染指数方法是为了反映水污染的综合程度而设立的（在实际工作中，仍然可以根据具体情况选择合适的评价方法）。其计算的基本步骤是按 $I_i=C_i/C_o$ 得出水污染单因子指数 I_i 后，先取整，再进行加权平均。最后计算评分标准如下：

$$P_d=\frac{1}{n}\sum_{i=1}^{n}\mathrm{Int}(I_i)$$

式中：I_i 为 i 组分的污染单因子指数评分，无量纲；$\mathrm{Int}(I_i)$ 表示对 I_i 取整；n 为评价因子的个数。

据此 P_d 值的大小就可以进行水污染现状的综合评价。本次将水污染程度分为五级，具体如下：

未污染水（Ⅰ级水）：$P_d=0$，被评价水的化学环境受人类活动的影响很小或未受影响，没有任何组分超过其污染起始值。此时可确定为未污染水。

轻污染水（Ⅱ级水）：$0<P_d\leqslant 1$，在人类活动或其他因素的影响下，水中多个评价因子的综合评价结果为多个因子浓度超过其污染起始值的1倍，或其多个评价因子的浓度达到了其污染起始值的1～2倍。此时可确定该水为轻度污染。

污染水（Ⅲ级水）：$1<P_d\leqslant 2$，表示水中多个评价因子的浓度超过其污染起始值的2～3倍。

重污染水（Ⅳ级水）：$2<P_d\leqslant 3$，意义同前。表明人类活动对水影响显著，被评价水已经遭受较重污染，水中多个评价因子浓度超过其综合污染起始值的3～4倍，属于重污染水。

严重污染水（Ⅴ级水）：$P_d>3$，此时被评价水已经遭受严重污染，相当于多个因子的浓度经过综合评价达到或超过了其污染起始值的4倍，此时可判定该水为严重污染水。

2. 水质动态变化

水质动态变化也叫水化学动态变化，是指水质组分含量随时间的变化过程及其特征。实际上通过前面的水污染评价，已经可以了解水质组分含量多年来的总的变化情况，但是要想知道这种变化的过程及其影响因素，从而找到防治水污染变化或加强水净化的方法或措施，就必须进行水质动态变化的研究。该项工作依赖于长期动态监测资料的多寡。

图7.1所示的是某水源地地下水的主要水质指标20余年的长期动态检测结果的线柱图。可以看出，其主要水质组分含量是在不断地增加的。有了这样的图件，联系到该水源地多年来的开采现状及周围环境的发展变化情况，就可以较容易地确定其成因，从而为制

定有效的水环境优化措施提供了依据。

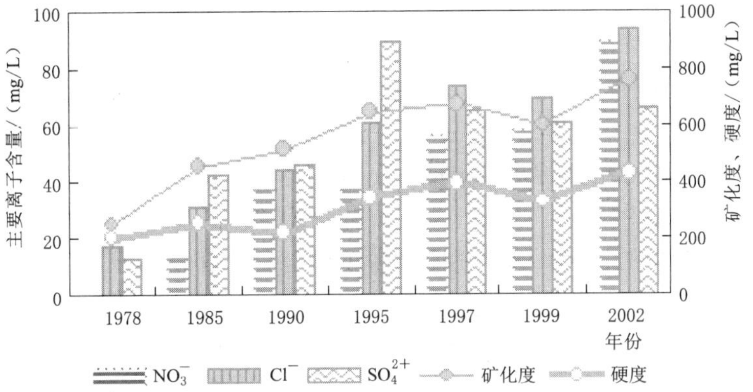

图 7.1 某水源地水化学指标动态图

3. 水质量现状评价

水质量现状评价，是基于现状水质组分的含量与相应的标准之间的关系来进行的。所以，一般要首先明确水质量现状评价所依据的标准。目前我国采用的评价饮用水的标准是2001 年 9 月开始执行的《生活饮用水水质卫生规范》（见第 5 章附件），该规范参照了世界卫生组织的一些标准和我国早期执行的《生活饮用水卫生标准》（GB 5749—2006），在早期标准的基础上增加了许多有机物检测指标；对地下水质量评价可以采用《地下水质量标准》（GB/T 14848—2017），现在有了新的标准，必须予以采纳。

进行水质量现状评价的方法也很多，但是归纳起来有两种类型，即单项因子（组分）评价和多项因子综合评价。这里也只介绍有代表性的个别方法供参考。

（1）水质单项因子评价方法。水质单项因子评价，即水质单项组分或指标含量与标准值的对比方法，是最简单的水质评价方法，它是用水质单项指标的实测浓度值与标准值进行对比后，相应地得出该单项指标根据标准中所规定的等级。这种方法虽然简单，但是非常有效，因为从国内外长期的实践中发现，水中的有害组分（元素或评价因子）存在一种时，即可以对人类造成伤害。如水中含有较高含量的氟（F）时，我们称之为高氟水，长期饮用水中含有超过 1mg/L 的 F 时，即可致人以疾病，即氟骨症。所以我国饮用水规范中规定，水中 F 含量不得超过 1mg/L。类似单项污染因子作祟的事实不胜枚举，最近有人证实，人们吸食高氮氧化合物水或食物会增加癌症的发病机会。所以单项因子评价方法既是最简单的，也是最为有效的。

（2）水质多项因子综合评价方法。对有些水体而言，经过了多项污染指标的综合性污染，多项组分或指标含量均发生了变化，而且没有某一个指标显得格外突出，在这样的情况下，如果在进行了单项因子的水质评价以后再进行多项因子的综合评价就显得尤为重要。

1）水质多因子综合评价方法的原理及步骤。该种方法出自《地下水质量标准》（GB/T 14848—2017）。采用该种方法进行水质评价，利用评价的指标数或组分数按照该标准中的要求应该不少于其中所规定的监测项目。但是由于通常在水质监测时很少能够将标准中要求的监测项目全部做完，所以一般应该尽量多地选用监测过的项目来完成。该方法的原理是，利用尽量多的水质因子，进行综合的相对于评价标准的质量级别评判，获得水的总体质量级别。实践证明，利用的评价因子越多，并不意味着评价的结果就一定越好，所以在评价水质时，应该多种方法并用，会对评价结果起到相互补充、印证的效果。具体评价的步骤如下。

首先，利用实测的数据与标准给定的数据进行各单项组分（因子）的评价，划分各单项组分所属的质量类型。

其次按照表7.3中的规定，分别确定各单项组分的评价分值 F_i。

表7.3　水中单项组分不同质量类型的评价分值赋值表

质量类别	Ⅰ	Ⅱ	Ⅲ	Ⅳ	Ⅴ
F_i	0	1	3	6	10

第三，要按照以下两式计算综合评价分值 F。

$$\overline{F}=\frac{1}{n}\sum_{i=1}^{n}F_i$$

$$F=\sqrt{\frac{\overline{F}^2+F_{\max}^2}{2}}$$

式中：$\overline{F}$ 为各单项组分评分值 F_i 的平均值；n 为参加综合评价的水化学组分的总项数；$F_{\max}$ 为各单项组分评价分值 F_i 中的最大值。

第四，根据综合评价分值 F 值的大小，按照表7.4中所规定的范围，确定水的综合评价质量级别。

表7.4　水质多项因子综合评价级别划分标准表

水质级别	优　良	良　好	较　好	较　差	极　差
F	<0.80	0.80～<2.50	2.50～<4.25	4.25～<7.20	≥7.20

需要说明的是，GB/T 14848—2017中关于该方法的说明中，特别指出利用该方法时不应该包括细菌学指标，可能是考虑了细菌学指标的环境变化性较大或降解能力较强，但是在制定该标准或在进行水质分级时并没有考虑这样的问题，而是利用同一的标准，因此在利用此方法时应予注意。

2）水质多因子模糊综合评判方法的原理及步骤。模糊综合评判方法，避免了非此即彼的一般认识理念，采用亦此亦彼、按照隶属度大小来判断单因素的属性，并按照一定的法则进行多因素综合评判，从而对事物的属性进行分类。比如地下水的铁含量，在五个类别中其含量是不同的，当小于等于0.1时为Ⅰ类水，当大于0.1而小于等于0.2时为Ⅱ类水。现在铁含量为0.13，按规定只能作为Ⅱ类水，但实际上它更倾向于Ⅰ类水，所以在进行多因子综合评判时，就取该水样的铁含量对Ⅰ类水的隶属度大些，为0.7，而对Ⅱ类水的隶属度小些，为0.3，这样就更加合理了。当然这里把Ⅰ类水和Ⅱ类水之间的过渡关系理解为最简单的线性关系来处理的，否则可能不是0.7与0.3的关系，而出现诸如0.75和0.25等。下面要介绍的评价计算方法就采用了这种最简单的线性关系处理办法（其他的办法可参照模糊分类方法）。水质多因子模糊综合评判，也是在对各个水质单项因子进行上述定量评判划分以后，采用一定的运算法则而进行的综合判断和分类。

设有待进行质量分级评价的 m 件水样样本，每件样本均有 n 项指标的实测结果，把第 m 件样本的第 n 项指标的实测浓度值用 $C_{m,n}$ 来表示，这些样本的所有实测结果即构成了一个 m 行 n 列的矩阵 $C_{(m\times n)}$。

$$C_{m\times n}=\begin{bmatrix} C_{11} & C_{12} & \cdots & C_{1n} \\ C_{21} & C_{22} & \cdots & C_{2n} \\ \vdots & \vdots & \vdots & \vdots \\ C_{m1} & C_{m2} & \cdots & C_{mn} \end{bmatrix}=(C_{ij}) \quad (i=1,2,\cdots,m;\ j=1,2,\cdots,n)$$

依据的标准中对以上 n 项指标均进行了 k 级分类，用 $B_{n,k}$ 来表示第 n 项指标的第 k 级标准值，那么所有要依据的标准值就可以构成另一个 n 行 k 列的矩阵 $B_{(n\times k)}$。

$$B_{n\times k}=\begin{bmatrix} B_{11} & B_{12} & \cdots & B_{1k} \\ B_{21} & B_{22} & \cdots & B_{2k} \\ \vdots & \vdots & \vdots & \vdots \\ B_{n1} & B_{n2} & \cdots & B_{nk} \end{bmatrix}=(B_{jr}) \quad (j=1,2,\cdots,n;\ r=1,2,\cdots,k)$$

上两式是进行水质量模糊综合评判的基础数据。接下来是对每一件水样样本建立模糊关系矩阵，其方法是利用单项实测浓度值，首先确定它在标准中的位置，即介于哪两个级别之间，从而确定各个单因子对不同级别水的隶属度。对第 i 件水样样本的第 j 项指标 C_{ij} 来说，首先判断其处在标准值中对应的第 j 指标的哪两个相邻级别的标准值之间，比如在 $B_{j,r}$ 和 $B_{j,r+1}$ 之间，然后选择合适的方法确定其对 k 个质量级别的隶属度 $A_{j,r}$。这时，有多种确定隶属度的方法，为了简便起见，把它们看作能够用线性函数来表达的关系，利用最简单的降半梯形公式或称作中值法公式来计算。

显然，一个浓度值只能隶属于 1 个或 2 个级别，而且其隶属度的和为 1，即 100%。对于水中含量越高越对人的利用不利的一般指标或组分来说，当实测浓度值低于标准中最小值对应的级别时，那么其对该级别的隶属度为 1，对其他级别的隶属度均为 0；当该浓度值高于标准中最大值对应的级别时，那么其对该级别的隶属度为 1，对其他级别的隶属度均为 0。当标准中有 k 个质量级别时，分三种情况：

①当 $C_{i,j}\leqslant B_{j,1}$ 时，$A_{j,1}=1$，$A_{j,r}=0$，其中 $r=2$，3，…，K；

②当 $C_{i,j}\geqslant B_{j,k}$ 时，$A_{j,k}=1$，$A_{j,r}=0$，其中 $r=1$，2，…，$K-1$；

③当 $B_{j,k}<C_{i,j}\leqslant B_{j,k+1}$ 时，先按照下式计算 $A_{j,k}$

$$A_{jr}=\frac{B_{j,r+1}-C_{i,j}}{B_{j,r+1}-B_{j,r}} \quad (i=1,2,\cdots,m;\ j=1,2,\cdots,n;\ r=1,2,\cdots,k-1)$$

而 $A_{j,k+1}=1-A_{j,k}$，其中 $r=1$，2，…，$K-1$；$A_{j,h}=0$，$h=1$，2，…，k，但是 $h\neq r$，$h\neq r+1$。

对于浓度值越高对人类的利用越有利的指标或组分来说，计算隶属度的办法与上述正好相反。同样利用降半梯形公式，也分三种情况：

①当 $C_{i,j}\geqslant B_{j,1}$ 时，$A_{j,1}=1$，$A_{j,r}=0$，其中 $r=2$，3，…，K；

②当 $C_{i,j}\leqslant B_{j,k}$ 时，$A_{j,k}=1$，$A_{j,r}=0$，其中 $r=1$，2，…，$K-1$；

③当 $B_{j,k+1}<C_{ij}\leqslant B_{jk}$ 时，上式转换为下式，先计算 A_{jk}

$$A_{jr+1}=\frac{B_{j,r}-C_{i,j}}{B_{j,r}-B_{j,r+1}}\quad (i=1,2,\cdots,m;\ j=1,2,\cdots,n;\ r=1,2,\cdots,k-1)$$

而 $A_{j,k}=1-A_{j,k+1}$，其中 $r=1,2,\cdots,K-1$；$A_{j,h}=0$，$h=1,2,\cdots,k$，但是 $h\neq r$，$h\neq r+1$。

对于浓度适中才有利于人类利用的指标或组分比如 pH 来说，要单独进行判断和赋给对各个质量级别的隶属度。

完成以上工作，就可以建立对某个水样样本的模糊关系矩阵 $A_{n\times k}$，有多少件要评价的水样样本，就有多少个模糊关系矩阵。

$$A_{n\times k}=\begin{pmatrix} A_{11} & A_{12} & \cdots & A_{1k} \\ A_{21} & A_{22} & \cdots & A_{2k} \\ \vdots & \vdots & \vdots & \vdots \\ A_{j1} & A_{j2} & \cdots & A_{nk} \end{pmatrix}=A_{jr}\quad (j=1,2,\cdots,n;\ r=1,2,\cdots,k)$$

然后，就求解并建立参与评价因子的权数矩阵。求解评价因子的权数利用实测浓度超标加权法，即指数超标方法来完成。为此，须先求出每个评价因子的不同级别标准值的平均值，即 $\overline{B}_j$ 按照下式计算：

$$\overline{B}_j=\frac{1}{k}\sum_{r=1}^{k}B_{jr}\quad (j=1,2,\cdots,n;\ r=1,2,\cdots,k)$$

每个评价因子的权数由下式计算得来：

$$R'_{ij}=\frac{C_{ij}}{\overline{B}j}\quad (i=1,2,\cdots,m;\ j=1,2,\cdots,n)$$

对每一个水样样本来说，其评价因子的权数之和一般不等于 1，通常都需要进行归一化处理，使得每一个水样样本的所有评价因子的权数之和为 1。

$$R_{ij}=\frac{R'_{ij}}{\sum_{j=1}^{n}R'_{ij}}\quad (i=1,2,\cdots,m;\ j=1,2,\cdots,n)$$

最后，利用该式中所求出的权数行矩阵和水样样本实测浓度值的模糊关系矩阵进行模糊复合运算，就得出最终的模糊综合评价结果 G_{mk}。即对于第 i 个水样样本来说，其最终的模糊综合评判结果为

$$G_{ir}=R_{ij}oA_{jr}=(R_{i1},R_{i2},\cdots,R_{in})o\begin{pmatrix} A_{11} & A_{12} & \cdots & A_{1k} \\ A_{21} & A_{22} & \cdots & A_{2k} \\ \vdots & \vdots & \vdots & \vdots \\ A_{nk} & A_{j2} & \cdots & A_{nk} \end{pmatrix}=(G_{i1},G_{i2},\cdots,G_{ik})$$

式中：i 为样本数；j 为评价因子数；r 为质量级别数。

把所有的水样样本的综合评判结果均求得以后，即可输出成果，并根据评判的结果，确定每一个水样样本的质量级别归类，完成综合评判工作。最终综合评判结果的矩阵表达形式为下式。

$$G_{ir}=\begin{pmatrix} G_{11} & G_{12} & \cdots & G_{1k} \\ G_{21} & G_{22} & \cdots & G_{2k} \\ \vdots & \vdots & \vdots & \vdots \\ G_{n1} & G_{n2} & \cdots & G_{nk} \end{pmatrix} \quad (i=1,2,\cdots,m;\ r=1,2,\cdots,k)$$

对于每一个样本，都可以得出其评判结果。其结果对于哪个级别的隶属度大，就可以综合评判为属于哪个级别。

4. 不同供水目的的水质评价标准

除了对地表水和地下水统一制定了国家标准、对专供人们饮用的饮用水制定了统一严格的国家规范以外，根据一些特殊行业的用水要求，分别制定了相应的水质标准，有的还推荐了评价的方法。由于在实际工作中经常遇到，所以在这里简单做一些介绍。

(1) 工业锅炉用水的水质评价。在工业用水中，锅炉用水构成供水的基本组成部分。因此，对工业用水的水质进行评价，要首先对锅炉用水进行水质评价。蒸汽锅炉中的水处在高温高压条件下，成垢作用、起泡作用和腐蚀作用等不良的化学作用，会严重影响锅炉的正常使用。因此应分别予以评价。

1) 成垢作用。水煮沸时，水中所含的一些离子、化合物可以相互作用而生成沉淀，依附于锅炉壁上形成锅垢，这种作用称为成垢作用。锅垢厚了不仅影响传热，浪费燃料，而且易使金属炉壁过热熔化，引起锅炉爆炸。锅垢的成分通常有 CaO、$CaCO_3$、$CaSO_4$、$Mg(OH)_2$、$MgSiO_3$、Al_2O_3 和 Fe_2O_3 及悬浮物质沉渣等。这些物质是由溶解于水中的钙、镁盐类，胶体的 SiO_2、Al_2O_3、Fe_2O_3 和悬浮物沉淀而成的。锅垢的评价公式如下：

$$H_0=S+C+36rFe^{2+}+17rAl^{3+}+20rMg^{2+}+59rCa^{2+}$$

式中：H_0 为锅垢的总浓度，g/m^3；S 为悬浮物浓度，mg/L；C 为胶体浓度（$SiO_2+Al_2O_3+Fe_2O_3+\cdots$），mg/L；$rFe^{2+}$、$rAl^{3+}$、$rMg^{2+}$、$rCa^{2+}$ 为离子浓度，离子的化合价×m，mol/L；式中的系数是按所生成的沉淀物摩尔质量计算出来的。

锅炉用水按锅垢总量进行的分类见表 7.5。

锅垢包括硬质的垢石（硬垢）及软质的垢泥（软垢）两部分。硬垢主要是由碱土金属的碳酸盐、硫酸盐以及硅酸盐构成，附壁牢固，不易清除。软垢由悬浮物质及胶体物质构成，易于洗刷清除。因此，在对水的成垢作用进行评价时，还应采用硬垢系数对硬垢进行评价。其评价公式为

$$K_n=H_h/H_0,\text{其中}\quad H_h=SiO_2+20rMg^{2+}+68(rCl^-+rSO_4^{2-}-rNa^+-rK^+)$$

式中：K_n 为硬垢系数；H_h 为硬垢总浓度，mg/L；SiO_2 为二氧化硅浓度，mg/L；其他符号意义同前。

如果括号内为负值，可略去不计。具体评价标准见表 7.5。

2) 起泡作用。起泡作用主要是指水沸腾时产生大量气泡的作用。如果气泡不能立即破裂，就会在水面以上形成很厚的极不稳定的泡沫层。泡沫太多时将使锅炉内水的汽化作用极不均匀和水位急剧升降，致使锅炉不能正常运转。这种现象的产生是水中易溶解的钠盐、钾盐以及油脂和悬浮物受炉水的碱度作用发生皂化的结果。起泡作用可用起泡系数 F 来评价，起泡系数按钠、钾的含量计算：

$$F=62rNa^++78rK^+$$

利用上式计算的起泡系数评价水的起泡程度，具体评价标准按表 7.5。

3）腐蚀作用。由于水分子中氢置换铁使炉壁受到损坏的作用称为腐蚀作用。氢离子可以是水中原有的，也可以是由于炉中水温增高，从某些盐类水解而生成的。此外，溶解于水中的气体成分，如氧气、硫化氢及二氧化碳等也是造成腐蚀作用的重要因素。温度增高以及增高后炉中所产生的局部电流均可促进腐蚀作用。随着蒸汽压力的加大，水对铜的危害也随之加重，往往会在蒸汽机叶片上形成腐蚀。腐蚀作用对锅炉的危害极大，它不仅能减少锅炉的使用寿命，尚有可能引发爆炸事故。水的腐蚀性可以按腐蚀系数 K_k 进行定量评价。

对酸性水（pH＜7.0）：$K_k=1.008(rH^+ + rAl^{3+} + rFe^{2+} + rMg^{2+} - rCO_3^{2-} - rHCO_3^-)$

对碱性水（pH＞7.0）：$K_k=1.008(rMg^{2+} - rHCO_3^-)$

根据上述公式所得到起泡系数对水的分类见表 7.5。

表 7.5　一般锅炉用水水质评价指标

成垢作用				起泡作用		腐蚀作用	
按锅垢总量（H_0）		按硬垢系数（K_n）		按起泡系数（F）		按腐蚀系数（K_k）	
指标	水质类型	指标	水质类型	指标	水质类型	指标	水质类型
＜125	锅垢很少	＜0.25	有软沉淀物	＜60	不起泡	＞0	腐蚀性
125～250	锅垢少	0.25～0.5	有中等沉淀物	60～200	半起泡	＜0，β＞0	半腐蚀
250～500	锅垢多	＞0.5	有硬沉淀物	＞200	起泡	＜0，β＜0	非腐蚀
＞500	锅垢很多	注：$\beta=K_k+0.0503Ca^{2+}$					

（2）其他工业用水水质评价。不同的工业部门对水质的要求不同，其中纺织、造纸及食品等工业对水质的要求较严。水的硬度过高，对肥皂、染料、酸、碱生产的工业不太适宜。硬水妨碍纺织品着色，并使纤维变脆；皮革不坚固；糖类不结晶。如果水中有亚硝酸盐存在，会使糖制品大量减产。水中存在过量的铁、锰盐类时，能使纸张、淀粉及糖出现色斑，影响产品质量。食品工业用水首先必须考虑符合饮用水标准，然后还要考虑影响生产质量的其他成分，等等。

（3）农田灌溉用水、渔业用水水质标准。为了保障水产品质量，我国于 1989 年制定了《渔业水质标准》(GB 11607—89)，作为渔业用水的水质评价标准。为了保护农田土壤、地下水源（防止灌溉水入渗，尤其是污灌水入渗污染地下水水源）以及保护农产品质量，使农田灌溉用水的水质符合农作物的正常生产需要，促进农业生产，保障人民身体健康，并结合检测水平、生态环境变化等现代条件，我国的相关标准经常进行补充、修订。2021 年 1 月 20 日，生态环境部发布、于 2021 年 7 月 1 日起实施的《农田灌溉水质标准》(GB 5084—2021)。

以上各类单项用途的水质评价工作，均可以参照前面谈到的方法来进行。具体采用何种方法，应该视评价工作的对象及要求合理选择，或采取以往类似工作证明有效的方法。

7.3.2.5　水量评价

水资源评价主要是在水质评价基础上的水量评价，即在满足水质要求的前提下，确定（或评价）适于不同用途的水资源的可利用量或可开采量的大小及其保证程度。目前对土壤水的水量评价做得不多，以下就大气水、地表水和地下水的水量评价的基本原理和基本方法分别做简要介绍。

1. 大气水的水量评价

通常用大气的湿度来衡量大气中含水多少的指标。然而，湿度再大，如果不能够形成降水，就很难为人类所利用，尽管大气湿度对植被生长发育有很强的影响作用。大气水分由于温度差异变化可形成凝结水，对地下水有补给作用，是地下水的一项补给来源，有的地区如山区和干旱地区，凝结水对地下水的补给作用占有重要位置，近年来成为了人们研究的热点。但是迄今尚未见有关根据大气湿度的大小来评价地下水的凝结水补给量大小的工作。因此，大气水的水量评价仍然是对大气降水量的评价，可以分为某点的大气水量评价和某区域的某个面积上的大气水量的评价两个部分。其主要原理和方法有两种。

（1）某点的大气降水量评价。主要进行时间系列的降水量分析研究，即大气降水量的时间系列特征，利用长期的降水量动态监测资料，进行各种统计分析，寻找各种统计特征。主要评价结果包括：多年平均降水量、最大年降水量、最小年降水量、不同概率条件下的年降水量、年降水量的极差、统计方差、服从的概率发布类型等。由于降水频率、降水强度、当地植被发育程度等要素不同，会使得同样降水量大小的年份，其形成的能够被人类直接利用的地表水径流和地下水径流量差别很大。所以，通常还要对降水时间分配、降水强度、降水持续时间等要素进行统计分析和综合研究，如最大雨强、最大单次降水量等。

（2）区域降水量评价（降水量时空分析研究）。根据不同站点降水量的观测和历年资料，通过插值等方法勾画出区域的单次降水或年降水量等值线曲线，然后依据等值线曲线计算区域降水量的大小，一般用 mm 表示。当然在这项计算中，也要对降水时间分配、降水强度、降水持续时间等要素进行统计分析和综合研究，做出科学评价。

因此，大气水量的评价主要评价其年最大最小降水量、多年平均年降水量、在不同保证率（年降水量概率）情况下的年均降水量等。这些方法，人们开始考虑周围环境的变化对降水量的影响，甚至考虑整个地球气候的变化因素，因此偏重于纯数学的统计评价方法。由此提出的若干年不遇的概念，在基础数据观测年份少的情况下得出的结果显然是不准确的，也造成很多误判，酿成灾害。

今后应该考虑周围环境的变化，特别是极端天气对降水的影响，做出对未来降水量的科学估计，并在可能的情况下，对影响降水量的因素做出客观评价，以寻求增加降水量的途径。另外，结合前面所谈到的分别水质进行水量评价的原则，应该将不同水质的降水量分别做出评价，以衡量未来降水质量及降水量对地表水以及地下水环境的影响。

近年来，遥感方法用于降水的监测、降水量的估算和评价，取得了很好的效果。相信在不久的将来，随着科技的进步，会有很多现代化的手段、方法会应用起来。

2. 地表水量评价

地表水量的评价一般都是针对某一条河流或某一个流域或某一个行政区进行的，其计算水量的方法就是基于降水量的资料和实际径流量的观测资料，进行不同保证率条件下的核算。不同保证率就是根据多年的观测资料进行概率分析以后所得出的概率值。对处理径流量的多年调节和水源分配有很多处理的方法，都是一些质量守恒即基于水均衡的理论基础上的方法。

目前地表水资源量计算基本分三步走，即地表水资源量评价、地表水可利用量评价、生态需水量评价。前两项是传统的水资源计算与评价的内容，难点是生态需水量的确定，有人称之为生态环境需水量。生态需水量要考虑生态及环境问题，有人利用枯期河道基流量作为维持生态健康运行的最小流量，也视其为生态需水量。但是北方的河流，特别是一些源短流急的小流域，在其上游修建了水库塘坝后，很多天然条件下的常年流水河道变成现在的干河道，甚至已经断流多年，在计算这样的流域的地表水资源量时，仍然假设了河道的通流，显然是不符合生态和环境需水要求的。因而地表水量的计算机评价也还是一项远未解决的课题。

3. 地下水量评价

由于地下水埋藏于地下，受控于地质构造及岩性条件，因而地下水量评价是个复杂问题。通常地下水量的评价，是在掌握了评价区水文地质条件和当地降水资料以及地下水开采情况以后，要计算地下水的综合补给量、地下水的允许开采量和地下水的储存量等。

（1）地下水的综合补给量：在确定的开采条件下，通过各种途径（包括大气降水、地表水和灌溉水的入渗、区外地下水的径流补给、上下含水层的越流补给等）对评价开采含水层的地下水总补给量之和。以下仅介绍地下水径流补给和降水入渗补给的计算方法。

1）地下水径流量计算：

$$Q=KIBM$$

式中：Q 为地下水径流量，m^3/d；K 为渗透系数，m/d；I 为水力梯度；B 为计算断面的宽度，m；M 为承压含水层的厚度，m。

2）地下水降水入渗补给量的计算：

$$Q=F\alpha X/365=\mu F\sum\Delta h/365$$

式中：Q 为降水入渗补给量，m^3/d；α 为降水入渗系数；X 为年降水量，m；μ 为潜水含水层的给水度；$\sum\Delta h$ 为年内每次降水后地下水位升幅之和，m。

（2）地下水储藏量的计算。

对于潜水：

$$W_1=\mu V$$

式中：W_1 为地下水储存量，m^3；μ 为潜水含水层给水度；V 为潜水含水层体积，m^3。

对于承压水：

$$W_2=F\mu^* h$$

式中：W_2 为地下水弹性储存量，m^3；F 为含水层的面积，m^2；μ^* 为弹性释水系数；h 为承压含水层自顶板算起的压力水头高度，m。

（3）地下水的允许开采量的计算。地下水允许开采量也叫地下水可开采资源量，是指满足下列要求的地下水开采量：①取水方案在技术上可行、经济上合理；②在整个开采期内地下水动水位不超过设计值，出水量不会减少；③水质、水温的变化不超过允许范围；④不发生危害性的环境地质现象和影响已建水源地的正常生产。

地下水可利用量评价的方法很多，见表 7.6。在此仅对几种方法的原理作简单介绍。

表 7.6　**计算地下水允许开采量的主要方法**

评价方法分类	主要方法名称	所需资料数据	适用条件
以渗流理论为基础的方法	解析法	渗流运动参数和给定边界条件、起始条件；一个水文年以上的水位、水量动态观测或一段时间抽水流场资料	含水层均质程度较高，边界条件简单，可概化为已有计算公式要求模式
	数值法（有限元、有限差、边界元等），电模拟法		含水层非均质，但内部结构清楚，边界条件复杂，但能查清，对评价精度要求较高，面积较大
	泉水流量衰减法	泉动态和抽水资料	泉域水资源评价
以观测资料统计理论为基础的方法	水力削减法	需抽水试验或开采过程中的动态观测资料	岸边取水
	系统理论法（黑箱法），相关外推法，$Q-S$ 曲线外推法，开采抽水试验法		不受含水层结构及复杂边界条件的限制，适于旧水源地或泉水扩大开采评价
以水均衡理论为基础的方法	水均衡法，单项补给量计算法，综合补给量计算法，地下径流模数法，开采模数法	需测定均衡区内各项水量均衡要素	最好为封闭的单一隔水边界，补给项或消耗项单一，水均衡要素易于测定
以相似比理论为基础的方法	直接比拟法（水量比拟法），间接比拟法（水文地质参数比拟法）	需类似水源地的勘探或开采统计资料	已有水源地和勘探水源地地质条件和水资源形成条件相似

注　引自房佩贤、卫中鼎、廖资生主编的《专门水文地质学》，1996 年地质出版社。

解析方法即是在将水文地质条件概化为公式要求的条件以后，按照上一章中的内容，采用裘布依和泰斯公式计算出水量。

以观测资料统计理论为基础的方法是基于统计学理论的方法，与大气水和地表水一样可以计算出地下水的允许开采量。由于是基于长期的动态监测资料，所以是较准确的。

数值方法是基于渗流理论为基础的方法。它把一个任意的计算域按照一定的规则进行分解，使之在每一个被分解的小单元或计算域里均符合达西定律的要求，然后应用达西定律和质量守恒定律以及由此导出的地下水运动微分方程，在冻结条件的约束下，即可计算出每个小单元的出水量；再根据叠加原理将重复的计算量去掉，就会得出比较接近实际的地下水允许开采量。

水均衡方法是最有效的方法，尤其是对较大的区域进行地下水的可开采资源量的计算时更是这样。虽然比拟方法显得笨拙和直接，但是如果条件允许的话，其计算出来的值是很有用的。

4. 水资源综合评价

水是在不断地运动着的，时刻不停地参与着地球上的水循环过程，因而任何一个地区的水量是随着时间在变化的。如果气候条件稳定，且周围的环境变化不大，某个区域的水资源的量也是较为稳定的；反之亦然。显然对于陆地某一区域的淡水而言，其量值的变化随着气候的变化是显著的，并不是简单地将地表水与地下水的量加和值，还要考虑降水的变化值及其在不同时间的分布差异，因而是个极其复杂的问题，在现有的无法控制气象条件的情况下，人们无法获得水资源量的精确解，因而只能做出近似的评价。

传统的依据降水情况进行的保证率条件下的地表水资源量的计算与评价方法，不利于有效的管理，所以在评价某个地区或流域单元的总的水资源量，尤其评价总的可利用量的时候，建议采用传统的地下水资源量评价的方法，最终提出一个经地表、地下协调合理的水量，即使遇到干旱年份，也是可以保证持续地利用的水量。

7.4 水环境评价

通常，水环境评价指的是对水质量的评价。与通常所进行的水环境评价不同，在这里的水环境的评价是指对自然界水的形成、运动和变化所处的环境的评价，包括物理的、化学的和生物的环境评价等。之所以提出这样做的原因，是由于水的质量的优劣取决于其所处的各种环境的状况，水质量的优劣除了与污染源的存在有直接关系以外还与污染源与所评价水体之间的时空关系有关。另外，对任一流域来说，其水量分配在时空分布的均匀程度直接影响流域水资源的量和质，人类活动强烈地改变着它。这些都是水环境评价所要解决的问题，但是目前尚未形成局面，水资源的评价仍然局限于只对水质量优劣和水量大小的评价。以下通过两种情况来说明开展综合评价的优点，同时也提供一个进行水环境评价的思路。

7.4.1 流域水量时空分配差异对水质量的影响

在一个流域中，目前可供人们直接应用的地表水和地下水大部分是来源于大气降水的补给，仅在个别地区接受地球深部内生水的少量补给。所以大气水环境对流域的影响是显著的，也就是传统所谈的气候的影响。除此之外，人工蓄水、引水、排水构筑物的建设以及流域内植被发育等生态建设情况，也对地表水和地下水的形成及其质量起到控制作用。

7.4.1.1 降水补给的时间分配

降水在时间上的分配是极不均匀的，无论是从年周期还是从月周期甚至是日周期来看都是这样。在我国华北西北地区，降水量的年际变化很大，最小和最大年降水量的值一般为4～5倍，有的可达到8倍以上。所以这种降水势必造成地下水尤其是地表水量的严重差异。降水可以清洁空气的质量，把空气中的颗粒物质携带到地面甚至地下，降水后形成的洪水不仅在量上对地表水和地下水形成了补给，同时在径流过程中也对所流经的地面及地下环境进行了“清洗”。所以从某种程度上说，降水是对环境的净化过程。经常性的降水，可以使环境乃至地表水及地下水保持较优的状态，而长时间的降水间断，势必造成环境中污染物质的积聚。减小时间尺度以后的情况与之相同。因此除了降水量大小和降水质量会对地表水和地下水质量具有重要影响以外，降水持续时间及降水强度也将直接影响地表水和地下水的质量。在进行一个地区或者是一个流域的水资源评价时，应该首先对大气水环境作出评价；而在考虑大气水环境时，不仅注重降水的质与量，还应该注重降水在时间上的分配模式。

7.4.1.2 人工水构筑物对流域水环境的影响

在蓄水供水方面，人工的作用在许多地方已经远远地超过了天然的作用。比如黄河，其中上游修建的大大小小的水库及引水工程，已经超出了其产出水的能力。在正常情况下，如果这些工程都满负荷运转，那么黄河下游大部分时间里都将是干涸的。所以在经济发达及人口众多的地区，人工水构筑物已经对流域的水资源的分配起到实际的控制。即控制了水在流域内的空间展布格局，它不仅影响水量的利用，同时对水质量的影响是显著的和深远的。

如图7.2所示，某城市位于某一流域的下游。天然条件下，在四季分明、降水集中在夏暑季节的地区，如华北地区，到了每年的枯水季节，上游山区干旱形势是十分严重的，甚至在一些中小流域的中游地区，这种枯季干旱的局面也是经常发生的。而在城市所处的下游或中下游地区，经常是水源丰沛，常年无水旱困扰。然而，当在上游的几个支流分别建立了水库，而对水的利用是又处于无秩序状态时，那么城市及其下游地区就要遭受水旱之苦了，上游却库水绵绵、常年流水不断。这就是我国大部分地区由20世纪50年代到80年代以后的真实写照的缩影：流域上下游水形势发生了倒转，即所谓使"缺水区搬了家"。兴修水库，只解决了洪水的问题，却没有从根本上解决缺水问题，还衍生了一系列其他水环境问题，如下游缺水（表现为地表水断流、地下水位下降，甚至个别地区出现了土壤的沙化）、下游沃土区减产、下游水污染加重、中上游引水区由于引水过多还会出现土壤次生盐渍化等。

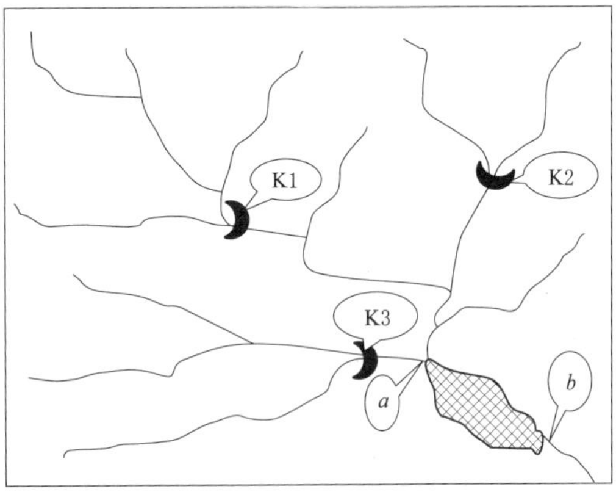

图7.2　流域示意图（网格部分表示城市）

天然条件下，城市旁边的河流承纳流域之水，一年四季水流不断，只是表现出雨季多水而枯季少水。在城市规模较小（人口规模和工业规模均较小）的时候，城市排污量小，对城市下游河道的污染轻微，甚至在枯季河水量达到最小时，河流仍然是清澈的。然而，随着城市规模的扩大，城市用水量和污水（包括工业废水）排放量急剧增加，一方面使城市出现了缺水，另一方面使城市下游河道遭受严重污染，尤其是在枯季，河水的污染程度更重。兴建了上游水库以后，上游引水用水加大，城市附近河道的径流量减小，或者上游清洁水的供给量为零，城市下游污染的情况就会更加严重。由于缺水，当不得已引上游水库水进入城市时，确实增加了城市供水，但是在没有提高污水处理能力的前提下，结果是下游污水越来越多，污染越来越重，形成了恶性循环。这是20世纪90年代到21世纪初的基本局面。现在由于污废水处理能力增强，乱排滥排被制止了，但是很多地方的基本面没有改变，城市下游河道流淌着的都是污废水处理后的水，而直接源于城市上游的清洁水几乎为零。

修建水库本来是好事，因而称作水利事业。按照多年平均水平，假设天然条件下在城市上游 a 处的河流最大径流量为 W_{max}，最小径流量为 W_{min}。最大径流量往往形成洪水，造成灾害，所以水库最大的功能就是蓄洪；但是最小径流量是城市发展的基础。然而修建水库后，人们往往缺乏整体意识，只顾当前利益，争抢用水引水，致使水库水大多就近消耗，洪水是没了，同时正常的径流量也变得小了，在枯季下游出现断流的机会增多了。显然城市下游的河段几乎成了城市的排水沟，即 b 处成了污水沟。事实上在许多华北中小城市，特别是一些村镇下游均出现了类似的现象。如果污水处理能力跟不上，那么城市从上游或其他流域引来的水越多，城市下游的污水就越多，对下游的危害就越大。因此兴修水利设施以后，如果利用不当，反而会造成流域整体水环境的恶化。因此科学有效管理水环境，合理开发利用和分配水资源，是面临的严峻课题。

7.4.2　地下水与污染源的水力联系对水质量的影响

地下水遭受严重污染的前提是污染源高于地下水水位，当污染源处于地下水的排泄场所的时候，地下水是遭受不到严重污染的。如图 7.3 所示，河 A 和河 B 之间的河间地块，地下水属于潜水，雨季直接接受大气水补给，使地下水水位抬高，地下水向两侧河流排泄。此时，两河的水质对地下水是没有影响的，恰恰相反，这时的地下水的水质对两条河水的水质具有影响：如果河水水质较差，那么地下水的补给会使两条河流的地表水质得到稀释和提高；如果河水水质优，但是地下水中含有较高的有害物质的含量，这时，地下水对河流的补给会使河水质变差。这是相辅相成的。到了枯水季节，地下水位下降，由于河 B 的地势较低，地下水接受河 A 的补给，而仍然向河 B 排泄。此时的情况与雨季发生了变化，地下水水质已经不再对河 A 产生影响，只对河 B 产生影响；与之相对应，河 A 的水质将直接影响地下水质量，间接地对河 B 造成影响；而此时河 B 的水质对地下水基本上是没有影响的。这里没有给出地下水强烈开采时的情况。实际上，当地下水大量开采时，地下水的流场会发生改变，与图 7.3 所示的相差很多。人工开采成了地下水的主要排泄方式后，地表水可能会成为地下水的补给来源，而没有了获得地下水补给的机会。当今的华北很多地下水开采严重的地区，都已经出现了上述局面。甚至有些地区，地下水的开采，包气带厚度加大，失水干裂导致地面产生裂缝，雨季不再有地面的流水，河道要么被耕地占用，要么就成为容纳弃水（污废水或污废水处理后的水）的排水沟。

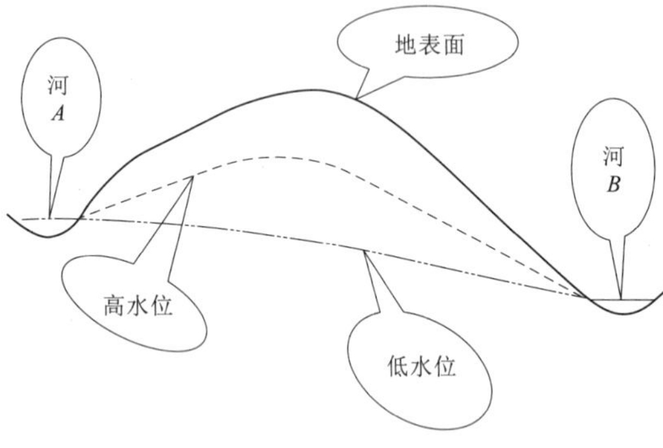

图 7.3　地下水与地表水关系示意图

7.4.3　生态环境与水环境的关系

生态环境优化以后，使水环境同时得到优化。水环境的优化过程，本身也是生态环境优化的过程。主要表现在使流域的水的产出效率增加，水质量提高等许多方面。

生态环境的优化，有利于降水量增加和空气质量的改善，因而优化了大气水环境。经验证明，沙漠化地区降水量逐年减少，而在森林植被覆盖率增加地区的降水量具有逐年增加的趋势。同时植被的增加会使降水在时间尺度上的分配也更加合理，增加了降水的概率。

生态环境的优化，使地表水的产出率增加、径流期延长和枯期径流量增大。根据有关监测、实验等结果研究表明，在原来基岩裸露的山区，实行人工栽培绿化后，植被（森林）覆盖率逐年不断增加，使地表水径流量与降水量的比值不断增长，尤其是枯水期的地表水径流量得到了明显的增长。经过统计计算，山区流域森林覆盖率与枯水期地表水径流量增量具有显著的正相关关系，其相关系数达到了0.9左右。对不同的中小流域统计计算的结果得出了同样的结论。枯水期地表水径流量的增加，对流域水质量的提高起到了积极的作用，因为使其枯水期环境容量得到了提高。显然，生态环境的优化，使地表水环境得到了优化；同时水环境的优化也刺激了生态环境的进一步改善。

7.4.4 建立水环境优化及水资源评价的新思维

由上知道，保持水环境的优良是保障水资源可持续利用的前提，所以必须重视水环境的优化。水环境优化是通过人工或天然方法改善自然界水的形成、运动所处的环境，使之不断得到优化，以达到在同样的时空内产出数量更多、质量更优的水的过程。所以水环境的优化措施的制定及其实施，应该成为水资源评价的重要内容。增加植被覆盖度，污废水及固体垃圾的集中深度处理，减少污染物排放，是优化水环境的必由之路，特别是在严重缺水的干旱半干旱地区，做到这一切既保障了水环境优良，又有利于水土保持。

水具有自净能力，但是其自净能力是有限的。任何地区人类的活动过于强烈，排污量大于水的自净能力时，水就会被严重污染而不能自清。最近有人研究了粤港澳大湾区的珠三角九市情况，由于粗放且剧烈的人类活动造成了严重的水环境污染，恶化了水资源使用条件，靠水而居却无水可用的窘境成为制约人类社会可持续发展的重大瓶颈。研究发现，由于污染物大量排放，导致大湾区珠三角九市损失13.8%的地表水资源，广州和深圳等经济相对发达的网河区六市的地表水资源损失比例高达34.1%。研究认为要显著降低地表水资源损失量，污水收集处理率至少要提高到90%以上，且需要提高污水处理后的出水标准。

第8章 水事活动

自然界水的运动和变化统称为水事事件，简称水事；人类参与的自然界中的水事事件称为人工水事，或称为水事活动。即人类有意识地改造自然界水环境和为了满足生存生活需要所必须进行的有意识和无意识地对水环境造成影响的一切行为都是水事活动；或者说，一切与人类有关的、对自然界水环境造成影响的行为及结果，都称作水事活动。水利开发、水电工程建设、引水工程、污水排放等，直接造成了水环境的变化，属于水事活动；灌溉、生活排污和污水处理也是水事活动；生活排放废气如烟尘排放、工厂排气等，虽然对当地的水环境或许没有造成影响或破坏，但是可能对排烟及废气能够到达的地区的水环境产生影响，有时甚至是严重影响，也可称作是水事活动；经水输运传播的核放射、核渗漏等是水事活动；城市基建、道路施工建设、植树造林、农耕开荒、湿地保护、公园建设等，都与水环境有关，都可以称之为水事活动。所以水事活动是广义的概念，必须在这样广的意义上来评价所有水事活动，才能够正确地判断其中任何水事活动的是非曲直。正如前所述，任何基于特殊目的、小范围的水环境的评价都是多少具有片面性的。因为作为资源的自然界中的水是全人类的共同财富，它不仅具有资源属性，也具有社会属性，所以任何本来可以避免而又不去努力避免、从而造成对水环境的破坏的行为都是不道德的。

人类是智能动物，是地球上改造自然的生命中最具有威力和创造力、唯一具有主观的改造自然的能力的动物！很多穴居的动物具有挖穴或筑穴的能力，很多动物能够筑巢、简单地利用自然物品作为工具获得食物和御寒防热，但都是天然的、生理的功能来支配的，是由其生存和生活的习性造成的，通过遗传和简单的训练就可以获得这些生存或生活的技能。然而，人类通过语言文字，能够把认识自然的经验和知识积累起来并传承下去，通过学习、训练，能够创造性地制造工具，开发和利用自然物质的属性为自己的生存和发展服务。水作为地球上的主要物质材料，人类在利用水的方面可以说发挥到了极致，且历史悠久，早在人类文明产生的早期，就能够利用水的习性来达到生存发展的目的。以下主要总结介绍人类在水的功能应用方面的应用方式，主要涉及人类是如何利用水的性质来为人类的生存及生活服务的。有关人类对水的利用的成就和效果等方面的内容，限于篇幅，本书不做赘述。下面将从六个方面对水的水事活动予以总结和阐释。

8.1 水利用与水开发

人类的水利用行为是多种多样的，以实现不同的用水目的。随着生产力水平的提高，人们从完全依赖天然水，到有意识地利用水。人类利用水的过程或现象的出现及演变，凝聚了人类的智慧和劳动。人类最初利用水，是汲取清洁水饮用、洁身，冷却和引水灌溉；后来用于运输及交通，利用水能制造水车等；再后来就是凿渠引水、建坝蓄水等。进入20世纪，人类用水的势能来发电。可以说目前人类对水的利用五花八门、形式多种多样，没有了水就没有了人类现代生活的一切。能够预测，随着科学技术的进步，人类对水的利用的方式和利用水的途径还会越来越多、越来越广泛，人类对水的利用是永无止境的。

人类对水的利用，很多情况下要通过一定的工程措施，改变自然界水的天然存在和运动状态，以适应利用需要。在这里我们把人类对水的利用及利用企图的行为统称为水开发活动，简称水开发，它是一类水事活动。通过水开发活动，人类获得对自然界水的控制能力。人类对水开发的最初设想都是善意的，即通过一系列的水开发活动，期望获得在水利用及水害防治方面的益处，因而人们把水开发活动通常都称为水利（活动）。然而，实践证明，许多水开发的效果是与人类最初的期望相背离的。实际上，一些水开发活动，可能在表面上实现了人们的某个或某些目的、满足了某些人们的愿望，却在很大程度上损害了更多的利益或更多人的希望；有时一些水开发活动起初是具有意义的，但是长期效果就差得多，或者有害。所以水开发并不一定就有利，当然这是针对人类或环境以及长期发展而言的，任何水开发活动都会在某些或某个方面使某些人在一定时间域内取得益处。

历史上的水利用从来就是与水开发密切联系在一起的。大禹治水、李冰凿建都江堰、京杭大运河的开挖通航等，都是人类早期水开发的典范。从目前来看，水开发活动应该包括蓄水、引水调水、污水处理即净化水、人工降水等。

在此说明两点：第一，对自然而言，修建水库进行蓄水是人类的一种自私的行为，因为要把水储藏起来用，违背了自然的法则或规律，而且蓄水多是首先为了满足人类的需要，其次才是照顾自然环境。第二，远距离调水是解决地区型缺水的措施，而不是从根本上解决全人类缺水的途径。因而，人类必须学会适应自然，在山水林田湖草生命共同体理念指导下，基于减灾避祸的最低目的，做到科学管理水，好好利用水。

8.1.1 人工蓄水

通过人工构筑物，使自然界水汇集起来的行为及结果，就叫作人工蓄水，简称蓄水。蓄水的目的是利用。人工蓄水包含了人类的劳动，所以蓄水是人为作用下的产物；没有经过人类劳动的天然集水洼地的汇水过程，称之为天然汇水。主要的蓄水构筑物有水库、水窖、非天然力量构筑的蓄水设施等。人工蓄水可分为多种类型，根据蓄水的来源或对象，可分为大气降水蓄水、地表水蓄水、地下水蓄水，也可以通过一定的收集装置存蓄空气和包气带中的凝结水，可称作凝结水蓄水，等等；根据蓄水设施在空间的位置，可以将人工蓄水分为空中蓄水、地表蓄水和地下蓄水，通常所说的水库是指位于地表的对地表水或大气降水的蓄水设施，其主要构筑物为蓄水大坝，用于拦水，抬高排泄基准面和地表水位，从而起到蓄水的目的。另外一种主要的蓄水形式是地下水库，它是通过必要的位于地表面以下隐伏的阻水“大坝”对地下水径流的拦截，使地下水位抬高，从而实现对地下水的储存和蓄积的效果。

8.1.1.1 地表水库的等级划分及基本参数

在地表面用坝闸堤堰等筑成拦挡水坝，用以蓄水并起径流调节作用的水体，称为地表水库，简称水库，又称人工湖泊。拦河筑坝形成的水库称堤坝式水库，利用天然湖泊在其出口处筑坝和控制闸门而形成湖泊水库。水库大者称库或湖，如三峡水库、千岛湖（又叫新安庄水库），小者称作池或塘，或池塘、水塘。人工形成的改变自然水流状态、起到拦挡蓄水作用的主要构筑物称作坝，如三峡大坝。一般把蓄水体积（总库容）在10万m^3以上的称作水库，小于10万m^3的称为池塘。为便于区别和管理，我国按照总库容大小将水库划分为五级（表8.1）。

表8.1 水库等级划分表

工程等级	一	二	三	四	五
工程规模	大（1）型	大（2）型	中　型	小（1）型	小（2）型
总库容/$10^8 m^3$	>10	1～10	0.1～1	0.01～0.1	0.001～0.01

水库的基本参数包括各种特征水位和库容，特征水位有死水位、正常高水位、设计洪水位等，库容包括总库容、死库容、兴利库容、防洪库容等，如图8.1所示。

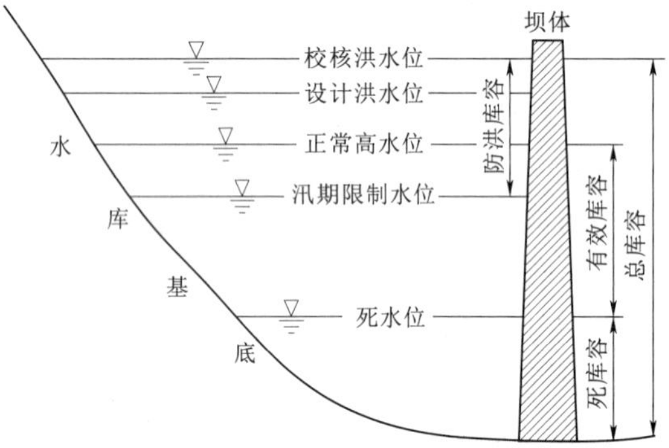

图8.1 地表水库基本参数示意图

1. 特征水位

水位是相对于某一基准点的水头高度。在正常运行条件下，为了维持最小发电水头，或控制灌溉高程，或满足最小通航水深及养鱼等需要，允许水库消落的最低水位称为死水位；汛期为调蓄洪水预留足够的库容而限制的蓄水位称为汛期限制水位，通常在汛期来临之时把水库中蓄积的高于汛期限制水位的水体提前放掉；水库长期允许维持的最高水位称为正常高水位，在这个水位时的水库蓄水是最佳的，水库总体也是最安全的；当水库遇到设计洪水和校核洪水时，短期达到的最高水位分别称为设计洪水位和校核洪水位，此时的水位是为了防止下游遭受洪水袭击而临时准许的蓄洪水位。

2. 库容

库容是指水库的容积，用体积单位表示。死水位以下的库容称为死库容或垫底库容。通常在死水位以下的水是不能够直接通过水库的排水闸（阀）排出水库的，所以死库容越大，说明水库的给水效益越差。死水位与正常高水位之间的库容称为有效库容或兴利库容，汛期限制水位与校核洪水位之间的库容称为防洪库容。水库总库容指校核洪水位以下的全部库容。

8.1.1.2 水库的用途

自然界中降水量分配在时间上是不均匀的，造成天然河流流量季节变化很大：汛期容易形成洪水泛滥，导致洪灾；而在旱季枯水，甚至在上游河道出现河流断流，形成干旱旱灾。修建水库即可以控制河川径流，在时间上重新分配河川径流，并按需水要求泄放流量；同时修建水库还可以把天然河道分散的落差集中起来，利用较大的集中水位落差，进行河流的水能资源开发利用。水能是一种洁净的无污染能源，目前具备较大水位落差的较大型水库均配建有水力发电设施，为人们的生产生活提供了大量的电能资源。修建水库有的是为了引水的方便，提高水位以后，可以大量地从高水位处直接引水。

水库的用途还很多，除了引水灌溉、防洪、发电以外，还有航运、防凌、渔业、旅游和水上运动等作用。不同的用途对水库有不同的要求，灌溉要求在作物生长期供水；水力发电要求足量的水量和一定的落差；城市给水和工业供水除要求长期持续提供足量的水量外，对水质也有严格的要求；防洪要求水库预留足够的库容，以调蓄洪水；旅游等则要求有良好的水质和良好的生态环境等。

人们修建水库一般都怀有几个目的，“最大限度”地发挥水库的作用。但是这些目的大多都是为了获得水的现实效益，比如灌溉、城市供水、工业供水、水产养殖、水力发电等等，很少看到或照顾到远期效益，比如生态环境的保护用水、保持下游河流径流量的用水等。这种急功近利的做法，使得许多水库的下游河段，在水库修建之前为常年流水河流，而在水库修建之后变成常年无水的“干沟”，仅在汛前或汛期为了防洪和泄洪，水库放水使河道中出现流水现象。这种做法使得许多类似地区水环境彻底改变，洁水补给减少、污水补给增多、水污染逐渐加重，从而导致生态环境恶化，严重影响了可持续发展的进程。

在修建水库实现防洪泄洪目的的基础上，不应该把水库只作为用以生产和生活的取水需要，还应该满足河流的基本需要，即径流。河流的正常径流可以保障河流生态环境的持续发展，可以对沿河的排污进行稀释，给河流以足够的自净能力，从而遏制污染。就是说，河流的上游修建水库，不仅是防洪泄洪，蓄水也不是仅仅为了水库当地的人们的用水需要，而是为了全流域的人们以及一切生命更好地得到水的保障，因而，应该把蓄水划分为几个重要的部分。首先是滞洪，汛期洪水来临时水库起到临时聚水的作用，减缓洪水对下游的压力，减少洪水的危害；其次是充分利用好蓄水的功能，满足供水发电的需要；第三则是保障河流不出现洪水险情的情况下，也不出现干涸，保持河流“细水长流”，满足河流生态环境的维系和发展。当前，人们往往忽视了第三点，因为它不能够带来直接的效益，看似对宝贵水资源的浪费，实际上这是保持水库所在河流流域长期稳定持续发展的基础。

8.1.1.3 地下水库

地下水库是指通过人工改造或者投入了人工劳动的地下水库工程。在许多石灰岩分布地区，岩溶极其发育，往往可以形成地下暗河，在其向地表的排泄点即岩溶水大泉出口处，经过人工改造，提高其排泄的基准高度，就能够形成相当规模的地下水库；同理，在岩溶水径流的任一点，垂直于岩溶水径流方向，通过修筑人工构筑物，形成对岩溶水流的阻隔，也可以构成地下水库；进一步说，在地下水径流途径上，垂直于地下水径流方向修筑人工构筑物后，都可以起到抬高地下水位的作用，从而增加地下水的储存量，形成地下水库。然而，由于在许多情况下，地下水的流动呈面状流形式，进行地下水库阻挡坝的修筑的代价太高，致使这种工作在这些地区是不适用的。比如冲洪积松散沉积物中的孔隙水的径流就是面状流，与河流的水力关系往往是沿着河流呈线状展布，如果进行地下水库建设，必须平行于河流方向修筑地下坝，成本是很高的，经济上很不合算。当遇到特殊情况时，这样做才有意义。如在海滨，由于对陆地淡水的大量汲取，使地下水位下降，形成大面积的地下水位降落漏斗，当漏斗延伸到大海中的时候，就形成海水的倒灌（也叫海水入侵，使陆地地下水被海水侵占）。目前制止海水入侵的最好最有效的方式就是在漏斗范围

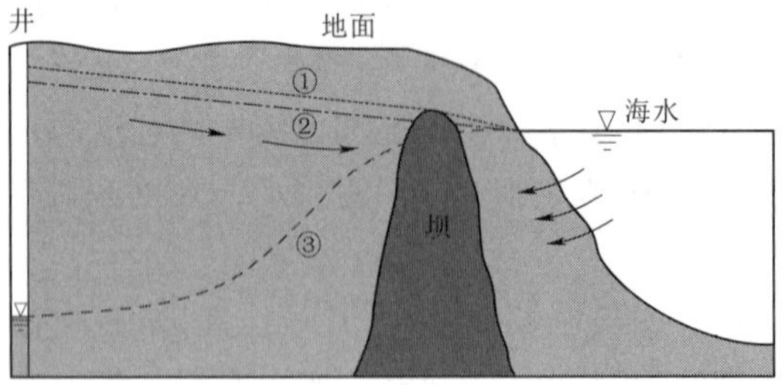

图8.2 海岸带地下水坝阻挡海水入侵大陆示意图

修筑连续的地下拦挡坝，把海水阻挡于外，从而保护陆地淡水资源（图8.2）。图中②处为天然条件下（海滨地区地下水开采较少的情况下）陆地淡水的水位，此时地下水（淡水）不断地向海水排泄；③处是在陆地淡水大量开采后形成了降落漏斗，地下淡水水位低于海水面，从而引起海水的补给，形成海水倒灌或海水入侵。通过人工修筑连续拦挡坝以后，阻止了海水对陆地地下淡水的补给，即阻止了海水入侵。实际上，当拦挡坝高出当地天然地下水位面时，拦挡坝不仅能够在淡水开采形成降落漏斗时阻挡海水的入侵，如果有足够的水源补给，比如丰水期的雨季，地下水库充满甚至溢出（①处），则可以增加地下水的储存量或可开采量。

通常所说的地下水库建设，除了实施以上工程以外，一般都要进行对地下水的回灌：人工把汛期的洪水在地表拦挡，减小地表水的排泄速度，从而可增加地下水的补给量；或者通过钻井，向井内注水，实行人工回灌，也可以增加地下水的补给量。

地下水库的功能主要有以下两点：蓄水功能，这是其主要功能，通过地下水库的建设，可以增加对地下水的补给量，从而增加地下水的储存量；优化地质环境功能，地下水库建设以后，可以抬升地下水位，对由于地下水的开采引起的环境地质问题如地面沉降、地面塌陷、海水入侵及地下水污染等，起到抑制或防治作用。

8.1.2 人工汲水

天然条件下，自然界水的流动途径及流动方向是纯自然行为，即由能量高处向能量低处运动。人类为了实现利用水的目的，除了修筑蓄水构筑物以储存水、缓解水的流动速度以外，更重要的是如何利用水。水产养殖、航运和水上运动是基于水体本身的对水的利用，而一切供水活动（包括灌溉）都是通过引水、调水或采水行为完成的，我们把这些行为统称为人工汲水，它是人们有目的地改变水的位置的过程。

1. 地表水引用

地表水的引用一般都是借助于地势的高差，通过引水渠道从水库或河流中引水。但是当地势较高的区域引用地表水时，则需要借助于汲水设备如水泵等来完成。在很早以前，人们就学会利用水流的动能驱动水车汲水，把低处的水引向高处。

2. 地下水开采

对地下水的利用历史几乎和对地表水的利用的历史一样久远，传说中的尧舜时期，就有了通过挖井汲取地下水的经历，迄今还有当时的古井被保存下来，如济南的舜井。井是人工从地表向地球深部挖凿形成的垂向或斜向的、呈筒状或其他形状的汇水与集水空间，目前通过回转钻机施工完成的井呈圆柱筒状，直径一般较小，在10～150cm；人工开挖的井一般不太规则，但是口径较大，一般在100cm以上，有的甚至挖掘成多面体状、长沟状等。在新疆等干旱地区，长期以来靠坎儿井汇集地下水，就是利用了长廊式的汇集方式，垂直于地下水径流方向横截地下水形成的。由前面的讨论知道，井的地下水涌水量大小与井的直径是成正比的，所以坎儿井比筒状井的汇水集水能力要强。

人们汲取地下水的方式很多，起初是利用盛水容器如植物果壳（瓢、葫芦）、陶具、金属容器等来汲水，辘轳就是我国人民沿用了几千年的汲取地下水的工具。现在则是利用机械设备抽水，其原理一是使井管内形成负压真空，依靠大气压力将地下水汲取出来，如压风机、深井泵等；一是靠涡旋产生压力，使地下水从井管内被挤出地表，如潜水泵等。由于受到设备材料及驱动力的限制，各种汲水泵体都有一定的扬程（即最大扬水高度）或吸程（即最大吸水深度），所以当地下水位埋藏于地下很深时，一般都需要几次抽水才能完成汲水过程。

3. 引水渠道

无论是利用地下水还是利用地表水，从汲水到用水之间只有通过一定的输送方式才能实现。通常把连接汲水点和用水点之间的、呈连续性输送水的人工或天然设施，称为引水渠道。引水渠道可以是天然的沟谷，也可以是人工开挖的沟谷，如京杭大运河；可以是人工架起的高出当地地面的输水廊道，如红旗渠以及各地丘陵山区的引水渠，还可以是由金属、混凝土或塑料等原材料制成的密闭管道，如各地下水水源地向城市的供水管道，以至通到各家各户的供水管道等。

跨区域、大范围的供排水网络建设，是解决地区间水资源分配不均匀的有效方法。迄今我国已经建成的各类引水设施，都在不同程度地发挥着推动社会良性发展的重大作用。但是人们应该谨慎地开展这样的工作，要确定好引水的量，确保引水的质，最后要确保引水的效益的最大化，所以节水仍然是根本。

8.1.3 人工降水

人工降水是一种水开发的形式。它是通过人工在空中播撒颗粒物，使大气中的气态水围绕颗粒物凝结成水滴，尔后在重力作用下克服空气的悬浮力，降落形成降水。

人工降水具有几个作用：首先是解除冰雹的危害。当人们发现容易酿成冰雹的积雨云时，就可以通过人工降水的方法，及早使水降落下来，避免冰雹形成及危害。其次是解除旱情。在四季分明的北方，枯水季节较长，尤其是干旱年份的枯水季节，旱情都会十分严重，为了缓解旱情，在遇到可以形成降水的云层飞过时，就可以实施人工降水的办法，促使降水形成。另外，降水可以净化空气，通过人工降水可以使污浊的空气暂时得到净化。

然而迄今在有关的记载和报道中，只有通过人工降水使某某地区或区域暂时获得了降水量的多少的数据，缓解了当地的旱情等，而缺乏在经常运用人工降水措施的地区或区域的年降水量增加了多少的数据。这就使人们对通过人工降水方式增加降水量的企图产生了怀疑：它只能解除冰雹危害、缓解当地枯水期旱情，不能够增加当地的总降水量。所以建议今后应该在经常进行人工降水的地区进行研究和观测，以确认人工降水可以使地区或区域的总降水量得到有效的提高的证据。否则的话，在许多地区进行的人工降水似乎就没有了意义。

8.1.4 海水开发与利用

广义的海水开发与利用是非常广泛的，几乎涉及人类生产生活的各个方面。海洋是个巨大的宝库，它比地球上的任何物质实体或空间单位都广阔，具有可开发和利用的价值及意义。除海水养殖外，海浪及海风发电、海水潮汐发电等，前景广阔，潜力巨大。

海水蕴含着巨大的能源。海水的潮汐运动、洋流、温差和波浪运动均包含了巨大的可资开发利用的能量。利用海水潮汐发电已经成功，我国在广东、上海、浙江、福建、山东等沿海省市建成小型潮汐发电站数十处，总装机容量在1万kW以上。浙江温岭的江夏港潮汐电站为我国第一座双向潮汐电站（涨潮落潮均可发电），年可发电600万kW·h。可以预见，大规模的潮汐发电只是时间的问题。可用来利用波浪能发电的波轮机的发明，为海水波浪能利用奠定了基础。

海水是矿产资源的宝库。海水中富含人类可资开发利用的大部分资源，如几乎所有的沉积矿产、一些只有海水中才具有的稀有元素等。海水中含有近80种化学元素，每一立方千米海水中含有3750万t化学物质，价值在10亿美元以上。由此可见海水中矿产资源的开发潜力有多么巨大。

海水可以直接得到利用。海水主要在工业用水、生活用水和低盐度海水灌溉农作物三个方面直接得到利用。可以直接作为电力、化工、橡胶、纺织、机械、印染、制药、制碱及海产品加工等行业的生产用水，特别是工业冷却用水占海水直接利用量的90%以上。日本工业用水量的80%是直接利用海水，而且大部用作冷却水。日本电力工业使用海水在1995年时就超过1200亿t。美国工业用水的三分之一是海水。我国沿海城市的电厂冷却水已大量采用海水。海水直接原来作为生活用水，是指除饮用、沐浴、洗衣服以外的冲厕、消防用水等。香港设有完全独立的海水供应系统，为市区和新市镇供应冲厕用海水，节约了大量淡水。咸水灌溉在我国早有先例，国内外都在积极推广咸水灌溉。我国直接利用海水的量在2000年时达到150亿m^3，近年来更得到快速发展。

海水的淡化是未来可期的事业。我国自1958年开始研究海水淡化技术，到20世纪80年代，成熟的电渗析技术应用于实践，在西沙群岛建成日产淡水200t的海水淡化器；尔后研制成功了利用太阳能进行海水淡化的装置，在浙江嵊泗列岛上使用，每台装置日产淡水300kg，水质完全符合国家饮用水卫生标准，掀开了向大海要淡水的第一页。由于总体海水淡化成本较高，目前仅限于远离陆地的轮船（包括航空母舰等）职员、海岛居民（如边防军等）生活用水通过海水的淡化获得。近年来，随着科技进步，海水淡化作为一项产业得到了迅猛发展。以青岛市为例，2020年的海水淡化规模22.4万t/d，全年实际海水淡化量达到3700万t。据统计，全国2020年的海水淡化规模约150万t/d。按照国家发展改革委和自然资源部的规划，到2025年全国海水淡化总规模将达到290万t/d以上。

8.2 水排放

8.2.1 生活污水排放

世界上一切生命的活动都是需要水的参与才进行和完成的，所以生命的延续必然就有水的吸收与排泄过程。因此，人类的生活必然伴随着污水的排放。随着人们生活条件的提高，对用水的质量要求不断提高，同时用水量也在不断增加（图8.3）。从另外一个角度来看，由一个地区或国家的人均生活用水量的多少，可以衡量这个地区和国家的生活水平的高低，尤其是在人口不断增多、人均水资源越来越少的未来，用水多少将成为生活标准的重要指标。

8.2.2 工业废水排放

工业生产离不开水。水在工业生产中既可以是冷却剂，也可以是工业生产的原材料。

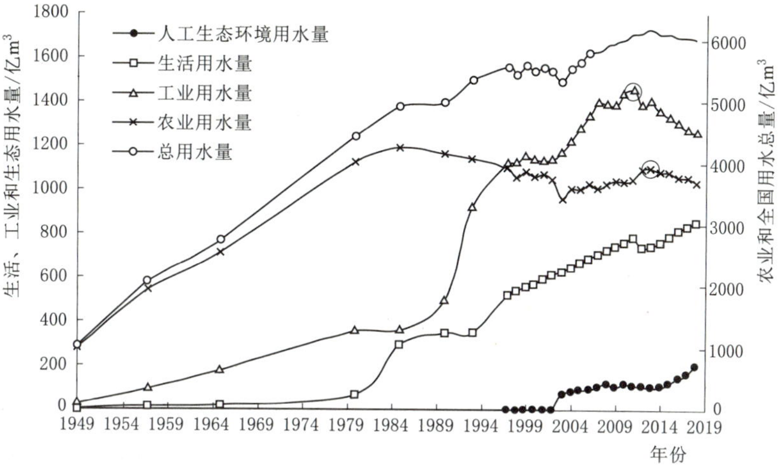

图 8.3　分行业用水量变化

因此工业废水的排放是必然的，尤其是一些耗水工业（如造纸、制革、化工等），都会有大量的废水被排放出来，如果不进行有效的处理，就会对环境造成极大的污染。由于工业废水中含有大量对人体有害的物质，所以长期以来工业废水的排放、工业废水的处理等成为人们关注的焦点。

8.2.3　矿井水排放

在进行矿产资源开发过程中，凡是人们不得已深入到当地潜水面（或侵蚀基准面）以下作业的矿山，都必须连续不断地把涌入矿井中的水排放出来，通常把这个量叫作矿井涌水量。无论这个水量有多么大，矿山都必须这样做，否则就只能停产待业。如果矿井排水没有得到有效利用（以前通常是这样的），就会造成水资源的巨大浪费，甚至由于矿山排水中有时含有大量有害物质或元素，对周围环境造成极大的危害。所以矿产资源的开发，通常是以巨大的水资源的浪费和环境的劣化为代价的。尤其在水资源严重匮乏的地区，进行一些小型矿山的建设，有时是很得不偿失的。多年来围绕矿井水的处理、矿井水的综合开发利用做了许多的研究和探索，并取得了可喜的成就，如山东的某些金矿山就实现了水的零排放。

8.2.4　其他

其他形式的水排放有：①工程建筑场地对地下水的排放，该类排放的水量总体衡量是较少的，但有时在施工场地遇强含水层时，也会出现地下水排放量较大的情况。在城市建设、工业基地建设中都会遇到类似的排水问题，所以加强工程建设前的对场地周围水文地质条件的调查和评价是这样的，当发现有强含水层时，要制定好的防水阻水措施，以使对地下水的排放量达到最低限度，保护地下水资源。②娱乐及保健用水的尾水排放，如游泳池、热矿水洗浴场所等尾水排放。游泳池水一般比较洁净，其排放所造成的危害较小，甚至在一些缺水且污水排放较多的地区，游泳池尾水可以用来对污废水排水沟渠进行清洗。然而由于其用来作为人们洗浴用水，必然会存在一定的不良细菌等，在排放时也应该进行处理。热矿水是含有一定特殊组分、对人体具有某些保健作用的、具有一定温度的地下水，以泉水形式出现的如西安的华清池等各地的天然温泉。热矿水都含有某些特殊的组分或者某项常量组分的含量特别高，这些组分可能对人体的肌肤具有良好的医疗保健作用，但可能不能作为饮用水使用，因而其排放往往会对环境有负面的影响。天然条件下热泉水与自然界其他水体混合后向下游排泄，一般对下游环境造成负面的影响。如在石膏富集的地区形成的“臭泉”，含有大量的 H_2S 气体，会使下游水环境中富含 S。在人工条件下往往将热矿水引入固定的场所，比如城市中的宾馆等，其洗浴后的尾水排放有时对周围环境的危害也比较大。目前由于环境保护的力度加大，水排放对环境的危害越来越小，但是稍有疏忽，仍然会对环境造成危害。

8.3 主要水问题

基于以人为本的原则，这里所谈到的水问题是指对人类的生存和日常生活具有不利影响的一切自然界中的水行为，有的具有直接的危害，如洪水、水污染、矿井突水等；有的则可能具有潜在的威胁，如干旱、缺水等。归纳起来可以根据形成原因，将主要水问题分为自然因素引起的和人为因素引起的两种类型。但是从大的方面来看，人类所面临的主要水问题不外三个方面：首先是水短缺，洁净淡水资源的短缺，有自然因素的影响，但是更多的是人为因素造成的，如超采地下水、不合理的地表水的调配和利用等；其次是水污染，随着人类活动的加剧，人为对水环境的影响越来越显著，陆地淡水资源的质量下降，会直接或间接地影响到人类的生活乃至生存基础，因而危害极大；最后就是水浪费，过去大家对水的理解沿用了自古“取之不尽、用之不竭”的错误思想，所以用水很大度。尽管水资源与地球上的其他资源相比具有优越性，即具有可再生性，但是在一定范围和一定时间段内，水资源是有限的和易污染、易枯竭的。其他的水问题就是自然形成的和人为的水灾害事故。

8.3.1 主要自然水事件

在漫长的生产力水平较低的、工业化时代以前的人类社会的大部分时间里，人类所面临的主要水问题几乎都是自然力量造成的，人们最初要控制自然界水运动的源动力就是为了消除这些水问题所造成的危害，造福于人类。直到今天，人类尚不能够驾驭自然，自然力量形成的水问题依然不断。在这里，把由于自然因素形成的危害或者威胁人类生存及生活的水问题称为自然水事件。这样的事件很多，且多与气候，尤其是与降水有关，如干旱、水涝等都是持续的严重水事件。以下仅介绍洪水、海啸和冰雹。

8.3.1.1 洪水

地球上的水循环是改造地球表面面貌的主要力量，其主要形式就是通过剥蚀、搬运和沉积作用达到“削高填低”的效果，力求使地球表面变得平坦、光滑。这些作用最主要形式就是洪水，其剥蚀、搬运和沉积的效果显著、威力巨大。因而自古以来，洪水就是对人类危害最大的自然灾害之一。它是由大的降水过程造成的，更多的时候是由于暴雨或强暴雨形成的。在山区丘陵，由于地形坡度大、沟壑发育，易于汇水，所以降水后容易形成流速很大的洪水，破坏力很强。当遇到可以被搬运的大量颗粒物质时，就容易形成泥石流。泥石流夹杂有岩土颗粒物质，密度比普通水大，所以其流速更快、危害更大。洪水危害不仅在山区，也会影响到山前及平原。尤其是在人类高度集中定居在平原的前提下，河流在平原区受人为的作用沿着固定的河道发育，久而久之在平原区就形成了高于当地地表面的河堤，使河床悬起，形成“悬河”。如今长江、黄河的很多河段的河底已经高于河两岸当地地表面，形成“悬河”。这样洪水对平原的危害就格外加重。

8.3.1.2 悬河

平原是在自然力量下形成的。河流把由山区剥蚀掉的物质搬运到山前，由于地势变得平缓，河水流速减小，使挟带的物质沉积下来，从而抬高河床。当新的洪水来临，冲垮原来形成的河岸，沿着地势较低处形成新的河道。如此河道来回地摆动，不断地沉积，便形成平原。因而在人工条件下使河道固定是不符合自然规律的，有人略带夸张地说，成为悬河的长江、黄河是悬在中华民族心头上的两把利剑，需要悉心呵护、严加防范，才能确保久安。

8.3.1.3 海啸

通常是由于地震、火山活动引起的、瞬间引起陆地遭受巨大海水侵害的水事件。地震或火山活动发生后，在深海引起海水产生波速高达每小时700～800km的波浪，由于波高很小，波长很大，不易被人们察觉。但是当它传播到陆地时，由于能量集中，波高显著增大，有的达数十米，形成含有巨大能量的“水墙”。因其来势凶猛，能量巨大，因而可瞬间摧毁堤岸、建筑，夺走生命财产，破坏力极大。海啸通常只在靠近深海的陆地发生灾难。

8.3.1.4 风暴潮

受强风影响，局部海水异常升降，当与天文潮叠加时，可形成高涌浪，波及陆地，形成危害。风暴潮对于具有大陆架的浅海的沿岸危害较大。

8.3.1.5 冰雹

随着人工降水技术的推广和应用，在一定程度上对冰雹具有了一定的防范能力，但是它仍然是目前危害较大的自然灾害之一，其危害的重点是农业和林果业，对野外的行人危害很大。

8.3.2 人为水问题

在当前生产力水平较高的时代，人力作用已经在很大程度上影响了自然的进程，特别是对自然界的水循环及水环境的影响，在有些地区，人力已经超过了自然力占有了主导位置。如黄河流域的大中型水库的总库容已经超过了黄河的径流总量，仅8座大型水库的库容就达到501亿m^3，超过了黄河全年的径流总量500亿m^3。就是说，如果这些水库充分蓄水的话，黄河下游将永远是干涸的，断流是很自然的事。生态破坏和环境污染都会造成水的污染。随着人类改造自然的能力增强，人为的水问题会越来越多，有的可能会越来越严重。

8.3.2.1 水枯竭

1. 地下水枯竭

这里指的是部分浅层含水层中的地下水的枯竭。地下水的人为开采，其开采量超过了其获得的补给量时，地下水位就会出现持续的下降，久之就能够造成该层地下水的枯竭；有时地下水的枯竭是间接造成的，如图8.4所示，由于深层地下水的开采，深浅层地下水之间的水力关系发生倒转，浅层地下水被深层地下水袭夺，引起浅层地下水的枯竭，在隐伏石灰岩岩溶发育地区，容易引起地面塌陷的产生，形成灾害。

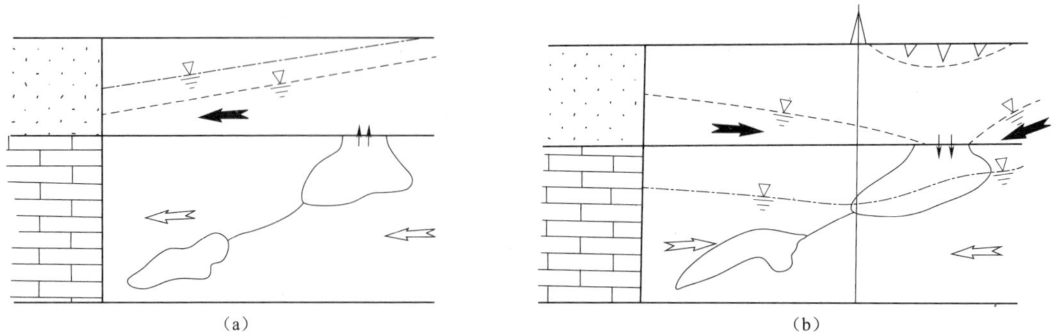

图 8.4 岩溶地面塌陷的形成及地下水补排关系转化示意图

第四系孔隙水水位 岩溶水水位 孔隙水流向
岩溶水流向 两类水转化方向 岩溶洞穴

2. 地表水枯竭

由前所述可知，所谓“井水不犯河水”是有条件成立的，一旦地下水减少或枯竭，造成地下水的水位下降，势必引起当地地表水的渗入量加大。人为大量开采地下水的情况下，原有的泉水干涸，大气降水入渗补给地下水量增大，地表很难形成径流，所以很多干旱半干旱地区大量开采地下水的农村，几十年来不再见到沟满河平的景观，很多旧有的河道都逐渐地萎缩，甚至变成了良田。天然条件下流水河道枯竭，除了与地下水开采量加大有关外，上游水库塘坝截流也是主因。

这样的变化，对生态环境的保护是不利的。地表水枯竭直接造成的危害是沿河生态环境的衰退或者恶化，其进一步衍生的问题是这种生态环境的退化趋势随时间的延续，将不断地向河道两侧延展。因而它不仅造成沿河线状的生态环境退化，也可以导致区域性的生态环境的退化。如果这些正常河水干涸的河道充进污废水，就成为名副其实的污水沟了。前些年这种状况出现较多，近年来随着城乡环境意识的增强，污废水处理率逐年增加，使得原本的臭水沟都变成了清水河，是近年来环境保护成就的显著标志。

8.3.2.2 土壤盐渍化

与上述水枯竭危害正好相反，由于某些地区的无序非限量引水，致使当地的地下水位逐年抬高，地下水位埋深小于当地的毛细上升高度，蒸发作用强烈，使地下水中的盐分（化学成分）不断地在地表蓄积，从而引起土壤的盐渍化，即形成人为盐碱地。这在大量引用地表水进行灌溉的干旱地区已经出现，应该引起高度重视。因为这种无序的引水，不仅造成了当地的土壤盐渍化，也造成了水浪费，使被引水的河道的下游遭受干旱之苦，是双重的危害。

8.3.2.3 水污染

今天的水污染是家喻户晓的事了。我国重视经济发展忽略环境保护的年代，造成了水污染验证的局面。在世纪之交前后的几年间，无论是走在城市的街道还是走在工业较发达的乡村的道路上，几乎都会看到水污染的痕迹、感受到污水废水的危害：原来的清水河变成了污水沟，散发出股股难闻的臭气。然而经过 10 多年的整治，城市乡村面貌一新，现在看到的是清水一片，再加上水岸绿树成荫，花草芬芳，增加着生活清新的气息。

然而，表水清新，并非万事大吉。农业的过度施用化肥和农药对土壤水、地下水的污染在持续加重。尤其是北方农村大棚蔬菜种植区，解决了蔬菜供应难题，增加了人们的生活质量，却严重污染了地下水。据监测发现，山东某些大棚蔬菜种植区的地下水中的氮含量达到了数百毫克每升（NO_3^- 含量达到了近 2000mg/L），已成为名副其实的“肥水”，丧失了其作为饮水的价值，当地居民只能购买饮用人工纯净水。甚至在局部区域，还出现了严重的次生盐渍化。

燃煤、汽车等排放烟尘造成大气污染而引起的降水污染，是大面积区域性面状水污染的根源；一些违法者还在偷偷地向地下排放污废水。总之，水污染形势依然严峻，水污染防治是大家共同的责任和义务。

8.3.2.4 水控制造成的水均衡的破坏

由于人们不科学地对自然界水的控制，造成了水均衡的严重破坏。前面所谈到的许多问题都是与之有关的，如地下水超采、水库蓄水引水等等。20 世纪后半叶，新中国成立以后，中国的水利建设突飞猛进，从 1950 年只有 8 座高 15m 以上的水库，世纪之交时即已发展到大中小型水库 8.5 万座，其中大型水库就有 355 座，大中型共计 3300 余座，全国水库总库容 5200 多亿 m^3。

从 20 世纪 60、70 年代开始，钻井技术的普及，使得地下水取水井点“遍地开花”，尤其是在广大的农村，为保障农业供水，几乎在每块田地都钻掘了水井；居民地和工业区，迅猛发展起来的各种矿山企业也都纷纷施工自己的水井，大家竞相无序地开采，随即在 80 年代末 90 年代初，出现了几乎全面的水资源告急。

从理论上讲，修建水库、打井取水没有错，尤其是水库建设，既可以蓄水防洪和发电，又可以引水和控制河水流量，完全可以保障“有水慢流”和“细水长流”，使水库发挥蓄水和调节的功能。但是人们缺乏节水意识和水的资源观念，近似掠夺式地利用水的方式，致使不能够使水库发挥其应有的功能。如大部丘陵山区的水库区周围，能得到库水灌溉的地区几乎都是大水漫灌的“挥霍式”的用水，而远离库水的下游地区则只能靠深凿水井取水，勉强维持。如此则使得原有的水均衡、水分布模式发生了变化，即这些流域的下游由原来的富水区变为缺水区，库水周围则成了富水区。

这种水均衡的破坏不仅表现在量的失衡，也表现在质的改变，即对于某个具体的区域来说，可供利用的“洁水”少了，有害于环境和人类的“脏水”却多了。因而这种由人为控制造成的水均衡的改变，若不能够实现流域均匀分配水资源的话，就会带来很多负面的危害。

8.3.2.5 其他

人为的水问题还有很多，给人们的生产生活所带来的灾难也很大。如矿井突水，直接威胁着矿井工人的生命安全，近年来陆续出现的矿井突水（透水）事故给国家和人民的生命及财产安全造成了极大的危害。矿井突水事故的发生的主要原因有二：①对矿井的水文地质条件认识不够；②存在侥幸心理，要么不愿意投资堵水防水，要么急功近利式地采掘危险矿体如预留的矿柱等。矿井突水造成人员伤亡、财产损失，同时会造成水资源的巨大浪费，因为一般都要采取措施将水抽（排）出继续生产；更重要的是破坏了当地乃至较大区域的水均衡，致使当地地下水位剧烈下降，导致泉水干涸等。所以矿产资源的开采防治水工作异常重要，这项工作做好了，既可以避免人员伤亡和财产损失，又可以保护地质环境，促进生态环境的良性发展。

8.4　主要水策略

在这里不讨论诸如海啸等自然水事件的对策，只讨论与人类活动影响有关的、经过人们努力可以解决或者避免的突出水问题，如由于人为水开发调配形成的水短缺、由于工农业生产及生活对污水排放所造成的水污染等。

纵观我国目前水短缺的现实可以看出，许多地区不是由于缺水而缺水，而是由于开发和利用水的方式不当造成的，即很多地区的水危机或者水紧张状况大多是由于人为影响造成的，归根结底是水思想和水管理的问题。主要水问题表现在用水浪费、取水过度和随意的污水排放。行政区块管理为主的管理方式，助长了“抢水”意识，使“富水”地区无节制用水、“贫水”地区遭受无水干旱之苦。如一个区域，需水量或用水量很大，污水的排放量也很大，如果当地供水出现紧张，在多数情况下人们都是想办法去寻找新的水源，不管是在所处流域的什么位置，甚至跨出流域去寻找水源，而很少会想起启用自己身边的水源——将污水处理后加以利用，因为后者需要花费很多的精力和财力。然而这样就出现了严重的问题：就近的水环境不断遭受进一步的污染、新鲜的水源要借异地之水供给，这是一种很危险的用水排水模式。俗话说“远水不解近渴”，长距离调水能够解决问题固然很好，但是随着经济的发展和对生态环境的重视，地球上任何一块陆地上都会感觉到水的不足。目前认为水资源丰富的地区，不会很久就会感受到水的短缺。引水再多，不治污，就是不作为；引水越多，不治污，会祸害越大。因此这里主张解决主要水问题的基本策略是以就地解决水问题为基本原则。所谓就地，是指一个完整的流域，而不是说某个流域的某个部分。因为正如前面已经讨论过的，自然界水以流域为单元形成较完整的水系统，流域自然界水属于整个流域，所以水的开发利用必须建立在流域的基础之上。原则上的水策略不外三点：节约用水、防治污染与环境保护、统一管理和流域化管理。

8.4.1　节约用水

节约用水和治污保洁是未来社会永恒的话题。因为从人类发展的角度看，缺水（新鲜淡水）已经成为不争的事实。无论采取什么手段，都改变不了人类缺水的事实。随着人类生活质量的提高，对水的需求是水质越来越好、水量越来越多，人们消耗、拥有的水越多，证明他们生活的质量越高，对生活的享受程度就越高。在很多地方，好水成为奢侈行为。这将是未来社会对生活标准的衡量态度改变的目标之一。越是在这样的情况下，越是应该大力节约用水。今后的节约用水不应该仅仅是提倡，而是要强制执行。不负责任或者有意地浪费水就是犯罪，至少是从道德上对其他人、对社会的犯罪。

实际上，我国节约用水的潜力还是很大的。工业用水，仍有节水空间。农业节水，潜力巨大，尤其是在可以实现打水漫灌的河套、河边地区，改变灌溉模式、实行节水灌溉，是必由之路。如当前我国积极推广的滴灌、喷灌、渗灌、地膜等先进技术，在农业林业方面的应用，必将大大减少单位农林产量的用水和耗水量，提高农林业的水利用效率。

在日常生活中，浪费水的现象也是很严重的。家庭生活的洗衣、卫生等耗水太多；尤其在学校等卫生间公共区域，还存在长流水现象。如果大家仔细算来，看似很小的长流水，比实际冲厕和洗刷用水都要多。因此节约用水不仅仅是政府行为、经济行为，更是社会行为，需要社会的每一分子都积极参与，努力节约用水，才能取得好的效果。

从我国目前的用水结构来看，农业用水仍然是最大的，但是近40年来呈现出减小的趋势，工业用水不断增长，但近年来稳中有降，生活用水在持续增加（图8.3），尤其是进入21世纪以来，生态环境用水不断增加，这说明用水结构正在向好的方向发展，工农业的节水步伐在加快，人们的生活质量在逐渐提高。但是节约用水是永恒的话题，时刻都不能放松，目前做得还很不够。

8.4.2 防污治污与环境保护

排放污水是环境污染的重要形式，每个城市目前每年排放的污水量相当于其供水量的80%以上，只有很少的部分在使用过程中被消耗掉。由于处理率低，所以城市下游大部分形成了污水横流的污水河道，对环境造成了严重的污染。进行环境的保护，必须首先进行污水的处理，防污治污是环境保护的前提。

8.4.2.1 污废水资源化

污废水资源化既是一种环境保护的措施和技术，又是一种水开发活动，是经过一定形式的处理把污废水变成可资利用的水资源的过程及其结果。以下是污废水处理的基本方法介绍。

1. 城市污水的处理

城市污水以生活污水为主，其中含有一定的固体物质成分，占0.03%～0.06%。城市污水的生化需氧量（BOD_5）一般在75～300mg/L。根据对污水的处理程度，城市污水处理可以划分为一级、二级和三级处理。

（1）一级处理，为初级处理，该级处理一般是由筛滤、重力沉淀和浮选等方法（过程）串联组成，可去除污水中的大部分粒径在100μm以上的大颗粒物质。筛滤过程可去除较大物质；重力沉淀过程可去除无机成分的粗粒和比重略大于1的有凝聚性的有机颗粒；浮选过程可去除比重小于1的颗粒物（如油类等），往往采取压力浮选方式，在加压下溶解空气，随后在大气压下放出，产生细小气泡附着于上述颗粒上，使之上浮至水面而去除。城市污水经过一级处理后，一般达不到国家规定的污水排放标准，需进行二级处理。

（2）二级处理，常用生物法和絮凝法。生物法主要是用来去除一级处理后废水中的有机物；絮凝法主要是去除一级处理后废水中无机的悬浮物和胶体颗粒物或低浓度的有机物。

生物法是利用微生物处理废水的方法，主要是用来去除一级处理后废水中的有机物。通过构筑物中微生物的作用，把废水中可生化的有机物分解为无机物，以达到净化目的。同时，微生物又用废水中有机物合成自身，使其净化作用得以持续进行。生物法分为好氧生物处理和厌氧生物处理两大类。好氧生物处理是在有氧情况下，借好氧或兼性微生物的作用来进行的，目前主要采用好氧生物处理方法，它包括生物过滤法和活性污泥法两种。在生物过滤法中滤料表面有发达的微生物膜，在活性污泥法中有大量微生物存在于表面呈高度吸附活力的絮状活性污泥中。处理时，污水中的有机物先被吸附到生物膜或活性污泥上，然后通过微生物的代谢把有机物氧化分解和同化为微生物细胞质，微生物细胞质自身进一步氧化分解从而被去除掉；最后经过沉淀与脱落的生物膜或活性污泥分离，得到净水（二级处理水）。好氧生物处理方法中污水有机物氧化分解的最终产物是诸如 CO_2、H_2O、NO_3^-、NH_3 等的无机物。

絮凝法主要是去除一级处理后废水中无机的悬浮物和胶体颗粒物成低浓度的有机物。通过加凝聚剂破坏胶体的稳定性，使胶体粒子发生凝聚，产生絮凝物，并发生吸附作用，将废水中污染物吸附在一起，然后经沉降（或上浮）而与水分离，常用的絮凝剂有硫酸钴、明矾、硫酸亚铁、硫酸铁、三氯化铁、聚合氯化铝 $[Al_2(OH)_{6-n}Cl_n]_m$ 等无机凝聚剂和有机聚合物凝聚剂。后者通常按其分子链上活性基团在水溶液中呈现的电荷，分为非离子型、阴离子型和阳离子型三类。凝聚剂的选择和用量要根据不同污水的性质、浓度、pH、温度等具体条件而定。选择的原则是去除效率高、用量少、易获得、价格便宜、絮凝物沉降快、体积小、容易与水分离等。

经过二级处理后的水，一般可以达到我国目前的农灌标准和污水排放标准。但是水中还存留一定的悬浮物、生物不能分解的溶解性有机物、溶解性无机物和氮、磷等富营养物，并含有病毒和细菌。在一定的条件下，仍然可能造成天然水体的污染。

（3）三级处理，目的是控制富营养化或达到使污水能够重新回用，是二级处理水的深度处理过程。三级处理所采用的技术通常也分为物理法、化学法和生物处理法三大类。如曝气、吸附、化学凝聚和沉淀、离子交换、电渗析、反渗透、氯消毒等。污水的三级处理所需处理费用较高。

2. 废水处理基本方法

废水一般指工业废水，主要是工业生产弃水，大都含有大量的有害物质。但是不同的工业废水，其有害成分是不同的，因而废水的处理方法有所不同。废水处理的目的就是对废水中的有害物质（污染物）以某种方法分离出来，或者将其分解转化为无害的稳定物质，从而使废水得到净化。一般要达到的目的是：防止毒害和病菌的传染，避免有异臭和恶感的可见物，以满足不同用途的要求。

废水处理相当复杂，一般都要根据废水的水质和数量、排放废水的接纳水体或未来水的用途、废水处理过程中所产生的污泥、残渣的处理利用和可能产生的二次污染问题，以及絮凝剂的回收利用等，来综合考虑处理方法的选择。具体的废水处理方法的选择取决于废水中污染物的性质、组成、状态以及对处理后水质的要求。与城市污水的处理方法一样，废水的处理方法大致可分为物理法、化学法与生物法三大类。

（1）物理法。利用物理作用处理、分离和回收废水中的污染物。例如应用沉淀法去除水中相对密度大于1的悬浮颗粒的同时回收这些颗粒物；浮选法（或气浮法）可去除乳状油滴或相对密度近于1的悬浮物；过滤法则可去除水中的悬浮颗粒；蒸发法用于浓缩废水中不挥发性的可溶性物质等。

（2）化学法。利用化学反应或物理化学作用处理回收可溶性废物或胶状物质。例如，中和法用于中和酸性或碱性废水；萃取法利用可溶性废物在两相中溶解度不同的“分配”，回收酚类、重金属等；氧化还原法用来除去废水中还原性或氧化性污染物，杀灭废水中的病原菌等。

(3) 生物法。利用微生物的生化作用处理废水中的有机污染物。例如，生物过滤法和活性污泥法用来处理有机生产废水，使有机物转化降解成无机盐而得到净化。

以上方法各有其适用范围，必须取长补短，互为补充，往往很难用一种方法就能达到良好的治理效果。一种废水究竟采用哪种方法处理，首先是根据废水的水质和水量、水排放时对水质的要求、废物回收的经济价值、处理方法的特点等，然后通过调查研究，进行科学试验，并按照废水排放的指标、周围的环境情况和技术的可行性而后确定。

8.4.2.2 水的综合利用

水的综合利用是目的。污废水经过处理之后随意地排掉，仍然是个浪费。应该根据处理后的水质情况，酌情开发利用。比如室内便厕冲洗、城市中的街道冲洗等，一般并不需要很高的水质，经过三级处理后的水完全可以充分利用。一些工业企业的生产工艺用水，也可以利用污废水经过处理后的净水，如有些造纸行业就可以利用三级处理后的水作为水源。

成功的经验说明，土地对污废水的处理效率是很高的。我国目前建造了许多污水土地快速处理系统，国外的经验更加成熟。通过土地快速渗滤处理，污废水中 98%的悬浮固体可以去除掉，BOD 可去除 85%以上，COD 的去除率也在 50%以上，总磷的去除率达 70%～90%，大肠杆菌和病毒的去除率在 98%以上，对许多微量有机物的去除率超过 90%，而对微量金属的去除率可达 100%，对总氮的去除率也在 48%～80%，是非常有效果的。只是微量金属吸附后在土壤中形成永久性积累，需要许多年后才会再改做农田，因而对含有大量金属物质的污废水的处理需要谨慎。利用间断性淹水与落干的办法可以提高或保持土地的污废水处理功能。地质矿产部水文地质工程地质技术方法研究所在河北保定实地进行的污废水土地快速处理示范工程的结果令人鼓舞，处理后净化水优于一般污水处理厂的二级出水标准，但其建筑投资和处理运行成本仅为传统污废水处理同量二级污水的 6.5%和 19%。该快速污水处理场地为一废弃的砖厂取土坑，处理污废水量由初期的 1.7 万 t/d，到后来的 0.6 万 t/d，前后历时半年，处理前后 pH 由 6.73 变为 7.43，其他主要污染物指标的去除率均在 95%以上，分别是：悬浮物 98.6%，COD98.5%，BOD599.5%，色度 98.4%，凯氏氮 95.8%，总磷 98.0%。很显然，处理效果非常显著。

这项处理技术（系统）因投资少效果好而受到普遍重视，目前美国在运行中的该类处理系统已经有千余处，最大的美国 Olando 工程和以色列的 Dan Region 工程每天可处理生活污水达 19 万 m^3 和 17 万 m^3。该类系统工程的运行使用期一般较长，美国的 Calumet 系统和 Geoge Lake 系统始建于 1887 年和 1937 年，至今仍然在良好地运转。在南非西海岸荒漠化工业城市 Atlantis 就是靠了这种污废水处理系统实现了对地下水的人工补给，才保障了为该城市提供优质充足的水源，同时保证了地下水的正常排泄，避免了海水入侵。

8.4.3 实行水的统一管理和流域化管理

人类的一切有意识活动的效果的优劣都取决于管理环节的科学性和有效性。按照我国目前的管理模式，城市建设规划部门管理城市供水、污废水处理及城市节水工作，水利部门负责区域水规划和农业用水管理以及水资源费的征收，生态环境部门负责污废水的排放管理，自然资源行政部门负责地下水的资源管理职能，气象部门则负责大气水的预测预报等。这些分工与传统的工作性质和原来的工作分工有关，但是却反映了对水的管理的不科学或者混乱，造成了政出多门、管理权限扯皮和管理效益低下的状况。事实上，自然界水是统一的、相互联系的有机整体，地球水圈是巨大的系统。无论是生活污水还是工业废水，只要排放于自然界中，就成为自然界水的一部分，它们与降水等自然因素形成的水体一起构成统一的自然界的水系统，相互影响、相互补充、共同存在，因此一切水活动都应该归于同一管理监督之下，才能有效地将水问题解决好、把水策略落实好。

流域是在自然力作用下形成的、自然界水的汇流区域，是自然界水循环的基本单位。流域有大小和分级，一个较大的流域可以包含着多个较小的流域，若干个较小的流域构成一个较大的流域。在天然条件下一个流域的水与另外流域的水之间，除了通过大气水发生部分交换以外不发生水力联系，因而流域间的水之间通常不能够相互影响，尤其是不会发生水质量之间的联系或影响。两个或者多个同一较大流域中的较小流域，可以在相汇处联系在一起。在这里主要讨论没有相汇之前的情况。人为条件下可以跨流域调水，使流域之间水交换成为可能，因而流域间水的影响产生，并随着流域间水交换量的增加，这种影响越来越强烈。

一个流域中的水属于这个流域里的每一个生命体，因而流域内水的开发和利用都应该建立在这样的前提之下。目前所出现的严重的水问题，往往忽视了这一点，而是建立在“近者优先、行政第一”的观念之上的，缺乏统一的调配，形成了某种程度的乱开发，使天然条件下的“上游缺水下游丰”改为“下游缺水上游丰”，出现了“干旱搬家”；使中上游修建水库的蓄水成了“当地的自家水”，忽视了下游与之相同的流域水所有者的用水需要。然而通常城市、发达的工农业等都是集中在中下游地区，因而不科学的、无序的引水用水出现了水利用倒置的结果：大量引水用水者不知水贵、浪费水现象严重，需水者难寻水源、穷其源有水即引即用，城市及工业区下游只有污水横流、污染严重。这是一幅十分可悲的图景。正确的水开发利用模式应该是，兼顾全流域各种需水要求，统一分配流域的水源，先流域生态用水和生活用水后工农业生产用水、先节水后供水、先有水后引水。“先有水后引水”的意思是水不够，先采取措施增加水的可供量（见下节中的“水承载力问题”），然后取水引水用水。实行水行政区管水，难以去除人为因素和感情因素，不宜形成统一管理水的局面，违背水的自然属性。所以应该积极推行水的流域化管理。鉴于此，建议行政区划尽量按照地势地貌、水的流域为单元，以便更好地推行水的流域化管理。

8.4.4 进行地下水的保护

人类的一切活动都离不开占用土地，但是可以有选择地使用土地。针对一些地区由于地表环境的污染和地下水的大量开采，使地下水遭受污染、水质急剧劣化的局面，作者从优化水环境保护水资源的角度，提出了进行地下水保护的措施和方法。实践证明，自然界水具有自净能力，透水的岩层也具有抗污染能力，即吸附、过滤、净化污废水的能力，尤其是对金属污染物质和有机磷。因而可以根据地下水与污染源之间的透水岩层的岩性、厚度等，划分地下水的保护分级，以有的放矢地规划城市及工业的布局，尽量减少对地下水的污染危害。

为了定量地描述岩层对污染物的去除能力或岩层抵御（抗）污染的能力或程度，特引入岩层的“抗污染指数”的概念。岩层的抗污染性与岩层的透水能力和岩层的厚度有关，即与岩层的透水能力成反比，与岩层的厚度成正比。由于地下水的运动方向在许多情况下都不是沿着垂直岩层的方向进行的，因此在进行岩层的抗污染性分析时，岩层的厚度是指地下水在该岩层中的运动路径的长短。即

$$C_{kw}=\alpha L/K$$

式中：C_{kw}为透水岩层的抗污染指数，d；L 为污染物在该岩层中的运动距离，岩层近水平时指岩层的厚度，m；K 为岩层的透水能力的指标，用渗透系数表示，m/d；α 为系数，无量纲，取岩层有效孔隙度的倒数。

从上述定义可知，岩层的抗污染指数越大，其抗污染的性能就越强。对于完全不透水的岩层来说，其抗污染指数是趋于无穷大的。当不同岩性的岩层同时存在时，由于它们的抗污染性是具有叠加性的，因而其总的抗污染指数是各种不同岩层抗污染指数的和，即

$$C_{kw}^{总}=\sum\alpha_i(L_i/K_i)$$

$C_{kw}^{总}$为总抗污染指数，量纲为时间单位。当评价一个地区或区域的目的含水层的岩层抗污染性时，应该用总抗污染指数来进行衡量。

与岩层的抗污染性正好相反，地下水的受污染性是指地下水可能遭受污染的难易程度。当某一含水层作为保护对象时，其补给区范围即是受保护的范围。在补给区范围内，含水层至补给源之间的岩层的抗污染性是要评价的对象，它们之间的水力联系更为重要，即当被保护对象（地下水）不接受污染源补给时，讨论地下水的保护就没有意义。因而被保护对象（地下水）遭受污染的可能性的大小（在此称之为地下水的受污染性）是重点。为此，再引入地下水污染指数（$\&_{w}$）的概念，即

$$\&_{w}=\beta H/C_{kw}^{总},\text{其中 } H=H_{w}-H_{d}$$

式中：$\&_{w}$ 为被保护地下水污染指数，m/d；H 为污染源与被保护地下水之间的水位差，m（当地下水为岩溶水，并由承压转为无压时，由于岩溶含水层储水空间以溶洞为主、抗污染性低，因此该值取污染源水位与岩溶水含水层顶板之距）；H_{w} 为污染源标高，m；H_{d} 为被保护的地下水的水位标高，m（与 H 同，当岩溶水由承压转为无压时，该值取石灰岩顶板之标高）；$C_{kw}^{总}$为被保护地下水含水层与污染源之间的总岩层抗污染指数，d；β 为了不致使地下水的污染指数过大或过小，而需要追加的系数。

不难看出，地下水污染指数越大，其遭受污染的可能性就越大，反之亦然。由此可知，根据岩层的抗污染指数或地下水污染指数能够确定目标区的地下水保护级别；对区域工作来说，可以通过圈定两种指数等值线的方法，划分地面被保护的级别及其区域的大小。

8.4.5 地下水警戒水位

在大江大河防汛中经常听到警戒水位这个名词，是指将要出现险情的最高河水位。在这里提出地下水警戒水位的概念，它是指能够保障地下水安全开采的最低地下水位。建立这种概念非常有用，既能提醒人们水的急缺性，同时唤醒人们切实从节约用水入手，减少对地下水的掠夺式的开采。

很多地区地下水是唯一水源，视水量定发展，节水、提高用水效率确保民生，是未来

的必由之路。所以今后应该在对地下水进行开采量评价的同时，提出地下水警戒水位，以保障地区的用水安全。

8.4.6　跨流域调水

跨流域调水是由一个流域向另一个流域调水以解决缺水地区水资源需求的一项措施。由于天然降水时空不均，造成不同流域间的水量丰沛与紧缺程度不同，使得缺水地区的经济社会发展与居民生活等都受到严重影响。为解决缺水地区水资源需求，可以通过修建跨越两个或两个以上流域的引水（调水）工程，从丰水流域调入部分水量以调节缺水地区的用水，以丰补歉，从而实现经济社会平衡发展、可持续发展。

世界著名的调水工程有：美国的中央河谷、加州调水、科罗拉多水道和洛杉矶水道等远距离调水工程及澳大利亚的雪山工程、巴基斯坦的西水东调工程等。

最早实现跨流域调水的当属始建于春秋时期、贯穿中国东部南北的京杭大运河，始建于战国时期的都江堰、郑国渠，秦朝修建的灵渠等，都是我国古代劳动人民在生产力水平低下的情况下修建的发挥引水与通航等重要作用的跨流域引水（调水）工程，2000 多年来给当地人民带来了巨大的实惠。新中国建成的红旗渠、新世纪开始修建并通水的南水北调工程，都取得了可观的社会与经济效益。南水北调工程可解决京、津、冀、苏、鲁、豫、皖等七省（直辖市）的缺水现状，受益人口 4.38 亿人。截至 2022 年 5 月 13 日，南水北调东线和中线工程累计调水量达到 531 亿 m^3。

跨流域调水受制于行政管理，不同的政治实体之间很难实现。被调水流域须水源充足，调水后不致引起缺水状况。调（引）水工程沿线，须保持地质环境的安全。尽管跨流域调水受制因素较多，但是在大一统的国度里开展跨流域调水、实现水资源的合理利用、优化分配，是具有重大社会和经济价值的大事。相信未来红旗河工程的实施，必将为西北广大干旱半干旱地区的工农业及城市发展起到积极的助推作用。

8.5　主要水课题

8.5.1　生态用水问题

近年来，随着对可持续发展必要性的认识，基于生态环境的不断劣化和水污染加剧的现实，人们开始注重讨论生态用水的问题。迄今对生态用水概念的定义很多，但是很不统一。作者基于自己的理解和在实践中的认识，对生态用水问题做以下讨论。

为什么要保障生态用水？从很多知识中知道，地球上任何有生机的区域之所以有生机，就是因为有无数的生命在这里繁衍生息，这些生命中就包括我们人类。人类的生存依赖于优良的环境，若想实现人类持续繁荣发展，必须学会与环境协调友好相处，保证环境中的其他生命形式的存在，即保持环境的生物多样性。没有了人类的其他生命“伙伴”，就会使人类自身走向毁灭。可持续发展战略要求首先是发展、其次是必须确保发展，其最终目的也就是确保人类自身的持续繁衍和发展。为了确保上述目的的实现，就必须有足够的水供给，以确保所有生命形式的存在和延续，因为水是生命之源，任何生命的活动都离不开水的参与。所以，保障生态用水，就是保障人类自身的持续繁衍发展，是确保人类生存发展的前提，这就是保障生态用水的重要性之所在。

那么什么是生态用水呢？人类要与其他生命共同发展，就必须与区域中的其他生命形式共同拥有所有的资源，包括水资源。水资源的共有对于所有生命而言都是至关重要的。生态用水就是保障生态环境良性发展所必需的最小水量。拿一条河来说，天然条件下是一条常年流水的河流，多年来已经形成了其独有的生态环境。在人为条件下，上游修建了水库，人类的目的是消除汛期洪水带来的危害和更方便地利用这些水，以确保常年的生产和生活，原本的意思是要使这些水一年四季“更均匀”地流淌，但不是要使这条河断流。然而，人们往往截断河流修建水库以后，肆意大量引水用水，并不考虑河流中有没有水。这样在水库的下游就出现了断流，如果有城市或集中使用水的企业存在，势必迫使它们开采地下水，如果还不够，就远距离向上游的水库引水。这时，如果该城市或者企业的污废水不经处理或者处理不够任意地排放，它们的下游就会遭受污废水的危害，而且这种危害会越来越严重。因为下游对地下水的大量开采，受危害的不仅是地表水环境，还有地下水环境。由此形成水环境的劣化的恶性循环，从而导致生态环境的恶化。在这样的情况下，如果城市或者工业企业从它处跨流域调水，那么其下游的污染会更加严重。怎么办呢？正确的做法应该是：在修建水库以后，要保持常年一定的放水量，起码也要使河流中的水流量保持在未修建水库以前的最小水量，这看似无用的河流最低水流量就是这条河的生态用水量，以确保这条河是一条河，而不是一条“常年无水”的沟。然后，根据所能够提供的水量，向沿河各需水用户或单位提供水量；同时对城市污水和工业废水进行有效的处理。如果供水不足，就要考虑节水，然后考虑启用污废水处理后的净水作为水源。利用污废水处理后的净水越多，水重复利用率越高，水的综合利用率就越大。

8.5.2 水承载力问题

在人们缺乏水危机思想以前，人们总是在水的利用问题上采取“以需定供”的方式，即根据用水的需要确定供水的规模。这时还很少会遇到缺水的问题，或者尽管在缺水地区，在水的资源观、价值观以及道德观没有建立起来以前，人们把引水来用作为天经地义的事情，至于是否采取了节水措施、是否会对下游造成危害并不考虑。然而，出现水危机以后，迫使人们改变“以需定供”的方针，不得不用“以供定需”思想来取代旧的用水方式。这里就遇到供水能力的问题。一个地区到底能有多少水可以供给，这就是水承载力的问题，即一定范围一定时间内水资源可承载的最大能力称作水承载力。

通过前面的讨论知道，为了可持续发展，任何地区必须首先满足生态用水，之后才是生活用水、农业用水、工业用水等。显然，水承载力是有限的，除去人为的因素，天然条件下自然界的水承载力是较为固定的，即其在时间上的变化规律与降水量的多年平均变化有许多相似之处。然而，用天然条件下的某区域的水承载力这个值作为该区域的水承载力，并把它作为固定的值来对待是错误的。如此会把人们从“过量引水”一端引向“剩余引水”一端，两者都是不科学的，因为按照天然条件下得出的水承载力是最低水承载力，经过人们的努力，可以把水承载力提高。人的最大优势就是通过思维总结经验来改造自然。人们可以通过污废水处理后的回用，提高一个区域的水承载力的大小。污废水的处理程度越高、水的重复利用率越高，水承载力就越大。可以用下式来表示：

$$f_w=\sum_{k=0}^{M-1} f_0(1-N)^k$$

式中：f_w 为水承载力，可以用供水量表示，m^3/d；f_0 为天然条件下的水承载力，m^3/d；N 为水耗散率，用百分数或小数表示，无量纲，数值上等于排水量（Q_{OUT}）与供水量（Q_{IN}）的比值，即 $N=Q_{OUT}/Q_{IN}$，视地区不同气候和不同的水利用方式而有不同的值；M 表示水的重复利用次数。

由此看出，水承载力并非固定不变的定值，而是会随着人们对污废水处理率、水的重复利用率的不断增加而增加。这就给人们以充分努力的空间。但是由于水耗散率的存在，水重复利用的量是越来越小的。也就是说，理论上水承载力是随着人们的努力而无限增长的，但是增长的量呈指数递减，并随着水耗散率的增大而递减的速度也逐渐增大。

水的耗散率，也叫用水消耗量，指在输水、用水过程中，通过蒸腾蒸发、土壤吸收、产品带走、居民和牲畜饮用等各种形式消耗掉而不能回归到地表水体或地下含水层的水量。我国目前用水的耗散率较高，根据1997—2001年的统计资料显示（表8.2），总水耗散率达到55%左右。需水特性和用水方式不同，其水耗散率（消耗水量占用水量的百分比）差别较大。全国各地的地理位置、气候因素、水源条件、用水组成及管理水平各不相同，故其综合水耗散率差别也较大。据统计：松辽片为58%，海河片为67%，黄河片为57%，淮河片为63%，长江片为50%，珠江片为49%，东南诸河片为64%，西南诸河片为70%，内陆河片为72%。

表8.2　我国近年来水耗散率统计表　%

年　份	1997	1998	1999	2000	2001
城镇生活	26	26.1	25	26	26
农村生活	84	87.7	80	86	87
工业	25	24.7	25	26	25
农业	66	65.5	63	63	64
总用水	57.10	56.3	54.2	54.8	54.8

8.6　水管理

8.6.1　水的系统化科学化管理

水是地球上仅次于大气的流动性最强的物质，水的这种流动性叫作地球上的水循环，地球上的水循环时刻也不会停滞。这就决定了对作为资源的水的管理应该是动态的而不是静态的。人们迄今对自然界水的利用局限于对液态和固态的水的利用，对气态水的利用是很少的，而且人们通常所说的水资源是不包括气态水的，因为它难以驾驭、不好开发与利用。自然界水形成一个大系统即水圈，而液态的固态的水是以流域为单位自成系统，所以水管理应该是统一的、系统的，不能够多头分散管理；由于系统的层次性和结构性，因此水管理也具有层次性和结构性，比如大流域嵌套小流域。因而水管理是一个包含层次和结构的动态的系统管理，是一项极其复杂的科学工作。

由前面的讨论知道，水管理必须实行统一的流域化管理。水的行政区块管理是落后的水管理方式，它会在利益驱动下助长地方保护主义和地理优势论思潮的蔓延，对水的科学开发利用、优化水环境、保护水资源、确保可持续发展是十分不利的。在这里，借鉴国内外成功的水管理经验，提出自然界水的理想化管理模式。

自然界水的管理实行统一的流域化管理，同时还要兼顾最广大人民的利益，充分发挥民主和法制的作用，利用好水的价值优势，采取行政管理与经济管理相结合的公司制管理。比如一个流域，在政府引导下、经过流域内全体居民投资、选举产生流域水管理机构，它也是一个股份制经济实体，拥有开发水资源、处理污废水、调配水利用量的责任、义务和权利，并负责协调解决水争议、处理水事故、制定水规划等，对一些触犯法律的纠纷或事故交由司法机关审判。对排放污水而又不承担处理污废水义务和不采取节约用水的部门即停止供水。水规划（水开发利用、防洪抗旱、污废水处理、水分配原则）的制定及实施以及在每一项重大的水事活动开展之前，该组织必须征得流域内大部分居民的同意和授权，同时须征得上一级水管理部门的许可。该组织具有随时向主管上级和流域内居民报告水事水情的责任和义务，并实行年度改选制度。如此的管理模式可避免官僚作风，有利于充分发挥民主和经济杠杆的作用，高效地保障流域的水环境优良及水资源的永续利用。

8.6.2 河长制

为了适应保护水资源、防治水污染、改善水环境、修复水生态的要求，加强水管理，目前我国全面推行河长制，全面建立省、市、县、乡四级河长体系，构建责任明确、协调有序、监管严格、保护有力的河湖管理保护机制，为维护河湖健康生命、实现河湖功能永续利用提供制度保障。

“河长制”，即由各级党政主要负责人担任“河长”，负责组织领导相应区域河湖的管理与保护工作。河长制工作的主要任务包括六个方面：加强水资源保护落实，加强河湖水域岸线管理保护，加强水污染防治，加强水环境治理，加强水生态修复，加强执法监管。

河长制是 2003 年由浙江省长兴县兴起的。2016 年 12 月，中共中央办公厅、国务院办公厅印发了《关于全面推行河长制的意见》，并发出通知，要求各地区各部门结合实际认真贯彻落实。截至 2018 年 6 月底，全国 31 个省（自治区、直辖市）已全面建立河长制，目前河长制已经落到了实处。

8.6.3 地下水的管理

党中央、国务院高度重视地下水管理工作。地下水具有重要的资源属性和生态功能，在保障我国城乡生活生产供水、支持经济社会发展和维系良好生态环境中具有重要作用。

近年来，随着经济社会发展，我国地下水开发利用程度不断加大，部分地区地下水超采和污染问题突出，并由此引发一系列生态环境问题。随着《地下水管理条例》的颁布实施，对地下水的调查、勘查、开采及保护等都有了明确的规定，有利于进一步加强地下水管理工作。主要体现在以下 5 个方面。

（1）规范地下水状况调查评价与规划编制。县级以上人民政府应当组织水行政、自然资源、生态环境等主管部门开展地下水状况调查评价工作，根据地下水状况调查评价成果，统筹考虑经济社会发展需要、地下水资源状况、污染防治等因素，编制本级地下水保护利用和污染防治等规划。

（2）强化地下水节约和保护。实行地下水取水总量控制和水位控制制度。明确用水过程的节约用水要求，强化用经济手段调控地下水节约和保护，明确地下水水资源税费的征收原则。除特殊情形外，禁止开采难以更新的地下水。

（3）严格地下水超采治理。规范地下水禁止开采区、限制开采区的划定。除特殊情形外，在禁止开采区内禁止取用地下水，在限制开采区内禁止新增取用地下水并逐步削减地下水取水量。要求各省、自治区、直辖市编制本行政区域地下水超采综合治理方案，明确治理目标、治理措施、保障措施等内容。

（4）完善地下水污染防治措施。建立地下水污染防治重点区划定制度。强化对污染地下水行为的管控，禁止以逃避监管的方式排放水污染物，禁止利用无防渗漏措施的沟渠、坑塘等输送或者储存含有毒污染物的废水等行为。细化防止生产建设活动污染地下水的制度。细化防止土壤污染导致地下水污染的制度。

（5）加强监督管理。县级以上人民政府水行政、自然资源、生态环境等主管部门应当依照职责加强监督管理，完善协作配合机制。加强地下水监测站网和监测信息共享机制建设，完善对地下水取水工程的监督管理，强化对需要取水的地热能开发利用项目的管理。

第9章 水科学未来

水是地球上人类最宝贵的财富。尽管人们时刻离不开水，时时需要水，但是对水的认识还远没有达到完满的程度。如同其他科学一样，水科学也面临着发展、创新、再认识、可持续利用与保护等一系列问题！当前，“绿水青山就是金山银山”和“山水林田湖草生命共同体”理念的逐渐深入人心，使得水科学发展有了理论保障，呈现出勃勃生机。以下即是作者的一点展望。

本章内容将基于人类所面临的水问题，在“两山”论和“生命共同体”理念的指导下，提出一些不成熟的想法或建议，也对水科学未来的发展做出一点展望。

9.1 深入人水关系研究

随着科学技术的进步，人类的劳动强度逐渐降低，生活的舒适程度进一步加强，特别是对于自身的特点和适应性有了深入的了解，对于人类疾病的防治会得到大踏步的提高，包括通过置换人体部分器官或组织来延长人的生命，这样势必会促进人类数量的不断增加。正如前面所谈到的，人口不加限制地增加，是与地球上的资源的有限性相矛盾的。人类必须学会控制自身数量与自然界的协调及稳定性，改变目前的人口无序的持续增长势头，为了提高人类的生活质量，应该使人口数量逐步地减下来，以达到与自然界的协调和平衡；否则只会走向混乱，甚至会造成灾难。

作为人类的生活必需物质，水的有限性决定了人类不能够无限制地增长下去，必须进行科学合理的控制。它不仅单单是个科学问题，更是一个社会问题，甚至是关乎人类生存大计的问题。在当前的世界里，它也是一个政治问题。研究人水关系，必将成为水科学和人类学、社会学以及政治学等学科集中研究的新课题，必将放在重要的议事日程上。

9.1.1 水资源承载力问题

既然水资源是有限的，那么必然就存在一个度的问题。以前建立在水资源的无限性或者对水的需求是无偿性使用的前提之下的观念是，某某地方要上一个工厂或企业，或者要使城市规模扩大，等等，通过计算需要多少水，就要在附近寻觅水源，然后付诸开发水源，而且是尽可能地最大限度地开发这个水源，而不顾及由于这个水源的极度开发会给周围环境所造成的危害以及可能危及的其他事物。这就是所谓的“因事引水”观念，它引导人们只顾取水来用，不管用后清洁。这样就难免争水、抢水、盗水现象常常发生，使得城市及企业下游污水横流，环境告急。经验教训之一就是必须学会“因水定事业”，即在确保环境和生态用水（保障生态环境持续发展而不退化的最低限量的水）的前提下，合理确定可供城市发展、工农业发展所利用的水资源的量，即所谓的水资源的承载力。然后根据承载力水平，进行合理规划，使工农业布局、城市布局更趋合理，以有效使用这些有限的水资源量，并逐步提高人们生活条件。显然，水资源承载力的确定是关键。目前有关水资源承载力的问题的研究较多，不同环境条件下的水资源承载力的确定方法及原则，必然会成为今后一段相当长的时期内的研究焦点问题。

当然，在确定水资源承载力问题时应该注意两点：第一点是评价水资源承载力必须以流域为单元，建立在以流域化管理的基础上的水资源承载力才是有意义的；第二点就是必须考虑污水废水的处理能力的提高和水的重复利用率的问题，当水的重复利用率提高以后，必然会提高一定区域的水资源的承载力，正如第7章中所谈到的那样，一个流域的水资源承载力并不是固定不变的，而是随着人们对污水废水处理能力及重复利用能力的提高而不断提高的。所以，在确定一个流域的水资源承载力的时候，要区分天然水资源承载力和在人为加大了污废水处理率及水的重复利用率的条件下的水资源承载力，否则就低估了人类在水资源开发利用方面的力量，水资源承载力显然是随着生产力水平的提高而不断提高的。

9.1.2　节水技术

节约用水是未来人类的永恒的话题，与治污保洁一样，将随着我们人类的发展而永恒存在。重复利用水资源，是节约用水的一种途径。远距离调水包括跨流域调水，只解决地区性的缺水和暂时性的缺水问题，而不能从根本上解决全人类缺水的问题。因为生活条件不断地在改善，卫生意识在不断地得到加强，人们在不断地延长着自己或者全人类的寿命，因而地球上的人口在不断地增加，对水的消耗也在不断地增加。未来人类衡量生活质量提高的一个重要方面就是拥有和消耗的清洁水量的多少，“流动”的水已经不再是起初的纯自然现象，而是人类的财富的象征和社会的共有物，它将与“固定”的土地一起构成人类的对地球资源所拥有的权利。从这个角度来看，节水是一种全社会的高尚的道德行为，它已经不单单是经济和环境问题。

节约用水是最好的治理环境污染的措施之一。日常生活和生产节约了水，留给自然的和生态的用水量就多了，因而改善了环境，增加了环境的承载能力，所以从根本上说，节约用水也是一种治污的措施。

目前我国在农业节水、工业节水、城市节水中的潜力还很大，比如在钢铁生产这个环节，与用水量较少的法国和日本相比，就还有很大的节水空间；农业节水空间更大，目前与以色列农业用水效率相比，差别还很大；随着城市化水泡提高和人们生活条件的提高，城市生活直接用水量只会提高、不会降低，因而分质供水势在必行！洗漱用水可以利用目前的自来水，饮用水可提倡利用优质的天然水，每家每户接入新的饮用水管线；而冲厕用水则可以利用回用中水：某个小区或社区，都可以建立自己的中水回用机构，实现节约用水。

9.1.3　强化污水废水处理再利用及处理技术

如前所述，治污和节水一样，将是人类未来永恒的主题。节水再多，不进行污水的有效治理，确保水资源的有效供给就是一句空话！因为水资源是量和质的统一，没有了质量保障的水量将化为乌有，是没有任何意义的，甚至在很大程度上是害源，污水的水量越大，对周围的危害就越大。在没有解决好自己的污水废水的处理与整治之前，仍然大量排放污水废水而污染下游的情况下，只注重从外地调水解决当地的缺水问题，从某种意义上说是不负责任的做法，它只会使问题更糟糕，因为调来的水（大部分对于当地来说是清洁的）越多，排污水废水的量将越大，对周围尤其是下游的污染将越重，所造成的对社会和自然的损害就越大，这是一个恶性循环的结果。用水问题是个社会问题，是个全局的问题。如果不认识这一点将是一个重大的错误。有了这样的认识，是彻底进行污水废水处理再利用的前提。因为只有这样，才能够使人们认识到，解决污水废水的处理和再利用问题，不仅仅是生态环保部门的事，而是全社会的事，是人们自己的事、个人的事，少排污就是最好的“治污”；只有这样，才能够动员全社会的力量来共同做这件事情。必须站在这样的高度来对待污水和废水的处理问题，才能把水环境的优化工作做好，才能使人们生活的条件真正地得到改善和提高，才能够确保水资源的永续利用，才能够保障可持续发展战略的实施，才能够真正实现可持续发展的社会目标。

因此如何提高污水废水处理再利用率是关键问题，而处理技术则是难关，因为目前的一般污水废水的处理成本很高，工序很复杂，在经济基础薄弱的发展中国家，如我国，尤其是欠发达地区，进行彻底的污水废水的处理，目前是有很大难度的，主要原因是处理技术的落后和进行污水废水处理的代价的高昂，使许多企业望而却步。因而污水废水的廉价高效处理技术的研究将是未来攻克的重点，新技术新材料和生物技术的迅猛发展及推广应用，为解决污水废水处理的难题将提供重要的支持。

9.1.4 建立新型水管理模式

从根本上说，水问题既是一个社会问题，就一定是人们对水的认识问题，是水道德水观念水意识问题。但是每一个社会的道德观念意识问题，都是从自发到规范的过程才能够形成的，规范就需要管理，因而水问题归根结底是管理问题。水的最大的自然属性就是可流动性，在重力作用下由高处流向低处，因而在地球凹凸不平的表面才能够形成河流、湖泊、海洋等水的汇合体。在适合人类生存的陆地上，在地形地貌的控制下，就形成了大大小小的流域。尽管人类的集水工程在很大程度上改变了天然水的运动状态和形式，但是从跟不上还不可能完全突破自然的属性，即使是跨流域调水也是如此，何况跨流域调水所带来的各流域内部和之间的水环境问题至今仍然没有很好地解决。所以在水管理上应该突出流域的属性，实行彻底的流域化管理，尤其在国家权力的统一管理区域之内，更应该加强流域化水的管理。鉴于水资源的社会化和资源化属性，目前沿用的以行政区块管理为主的做法是不妥当的。地方区块管理自然倾向于地方，而偏离于全局；必然体现出对水资源的占有欲望，从而导致节水意识的淡泊和抢水意识的增强，在很多地方实际上在一定程度上呈现出霸水的意识，甚至上游的人们衍生出治污的懒惰心理和不负责任的排污思潮。由此造成了水资源利用的不均衡，出现了流域上游水的利用宽松、下游短缺且无奈应对污染的局面……

新型的水的流域管理模式，必将代替旧的不适宜社会发展的行政区块管理模式，这是社会发展的必然结果。河长制的推广，势必总结出越来越科学的水管理模式。

9.1.5 重视生态用水

长期以来，人们只顾自己生活条件的提高和工农业发展及城市建设的需要，对水资源实行了近似掠夺式的开采，使许多地区的生态环境因此遭受了巨大的破坏，干旱沙漠化、土壤盐渍化、水污染加重、地下水位下降甚至地下水资源枯竭、生物的灭绝导致生物多样性的失衡，等等，严重影响了人们的正常生活，给社会的未来发展造成了不良的后果。因而近来人们才开始清醒地意识到，要为生态环境保障有一定的水量的供给，维持生物的多样性，保持生态环境的优良性，才可以确保人类生存环境的优越性。

生态用水是新概念，但也已经提出几十年了对其含义以及量的大小的确定方法目前仍很不统一。总之它是与承载力计算一样重要的参数，是保障生态环境不致退化甚至恶化的最小用水量。无论采取何种观点来理解生态用水的概念，其根本目的是确定保证生态环境的协调性而需要的最低用水，因而在重视生态环境保护的今天以及未来，生态用水已经越来越得到了人们的重视。尤其是在山水林田湖草生命共同体理念指导下，把加强生态环境保护放在首位，必将带来欣欣向荣的新局面。即在满足工农业发展、城市发展的用水需求之前，必须首先考虑生态用水，因为只有这样，才是可持续的，才可以确定经济社会发展能取用的水量。

9.1.6 水质量与人类健康的关系

这是一个古老的话题。人类与地球上的其他物质和生命一样，本质上具有使自己存在的愿望。人追求健康的体魄、追求长生不老，是很久以前就有的思想和行为。当科学证明人不可能永生的时候，人们追求健康和长寿，其中饮食就是非常重要的环节。饮的是水或水为主的水溶液，食物也都含有水，食物的质量也都取决于它们成长过程中的水环境，因此水的质量对于人类健康的关系就显得至关重要。饮用水与人类健康的关系正如前面已经谈到的是非常重要的，但是作为食物生长过程中的水质量以及生活空间当中的水质量，于人类的健康也是密切相关、至关重要的。然而，这种关系有时是明显的，有时却是不明显的，需要观察试验才能得到。这就需要进行研究，这也是人水关系的重要组成部分。

9.2 拓展水学科领域

综合性的水科学的兴起和发展是未来社会的需要，也是未来的发展方向，没有哪一个现有的独立的分支学科可以解决水的问题。只有学科间相互配合、共同努力，才能够解决水问题，才能确保水的永续利用、保障社会的可持续发展。

9.2.1 环境变化下的水循环

自然环境不断地发生着变化。在人为影响越来越显著的情况下，自然环境变化的方向与其天然条件下的变化方向发生了偏离。人们总是力图使其向着人们意想中的、有利于人类需要的方向发展，但是实际情况往往事与愿违，除了表面上的事实可能暂时表现出顺从意愿以外，自然环境总是在人为影响之下向着人们意想的背离的方向发展着，而且许多已经危及人类自身的安全和生存条件。这种自然环境的变化，很大程度上影响着地球表面水的分配状况和运动规律，影响着正常的水循环进程。实践证明，这种使水循环状况及发展方向的改变，严重影响着水资源量分布的长期变化，而且观察发现，这种变化很少是向着有利于人类期望的方向发展的。所以研究环境变化下的水循环规律，寻找如何使水循环变化方向向着有利于人类需要的方向发展，是未来水科学的重点问题之一。

9.2.2 水环境演化的趋势

如前所述，随着人类科技进步，人们控水、用水的能力增强了，但同时也改变了地球表面的环境，尤其是在水质量方面，如酸雨的出现，会影响地表水的环境，也会对地下水的环境造成影响。当前，随着氮肥的大量施用，农业发达区的氮污染加剧，在短期内难以找到有效的、廉价且快速的解决方案，势必会随着地下水向深部迁移，而不断改变地下原有的地下水的环境，俗称地下水的地质环境，由此衍生的在地下水的排泄区可能带来的危害值得做深入和超前的研究，尽可能地提出相应的解决问题的预案，有利于人类的长期发展。

9.2.3 水的循环深度

众所周知，赋存在大气与地球表面及地下浅层的水，都在参与着地球上的水循环过程，由此造成地球上的水的永恒的运动及更新交替。然而，水循环深度到底有多大？至今是个悬而未决的问题。通过近年来地下水流系统理论的推广，有关地下水循环深度问题成为探索的焦点，因为循环深度的加大意味着地下水流系统的规模的扩大。迄今人类所揭露的地壳深度内，都有水的赋存，说明人类尚未找到水赋存的底限。有研究表明，长白山天池水部分来源于青藏高原，水流通道是深大断裂带。到底如何，值得期待，值得探索。

9.2.4 水与成矿作用

人类的日常生活除了水、粮食、肉类及部分其他蛋白及脂肪外，还离不开矿产资源的衍生品。这些依赖于矿产资源的产品，有的是可食用的或进入人体内的，如药物和保健品，有的是生活的工具、娱乐品等，尤其是金属制品，其原材料均来源于矿产资源。矿产在地下多呈团块状或条带状或片状等形式存在，是在地质历史时期（数百万甚至上亿年）形成的。一些矿产的聚集过程，只能借助于流动的地下水输运、汇集在一起，固体物质的迁移是很难实现的。比如所谓的热液成矿，实际上这里的热液就是地下水，是热液将有用的物质从它处带过来在这里聚集起来才成为矿的。这样的问题只有矿床学家在做，今后应该有水科学的专业人员加入进来，对于找矿和采矿，都是很有价值的。了解到成矿的模式，就可以指导采矿的模式，至少可以为采矿时消除水患提供理论指导服务。

9.2.5 海水开发利用

海水的开发利用是大课题，广义的理解可以指海水的各种用途，包括海产资源以及旅游开发等，在此仅考虑其代替淡水的途径。海水是地球上最大的水体单元，占了地球水量的绝大部分，但是由于其具有较高的盐度，在很多情况下不能够被人类直接应用，如饮用、农业灌溉等，所以目前只把海水用来作为冷却用水等为数不多的方面。在严重缺水的今天，沿海又正是各个国家最发达的地区，淡水的需水及用水量最多，因此沿海地区也是淡水供需矛盾最紧张的区域，在取水无着的情况下，淡化海水成为一种不错的解决途径，因而投入科技力量，实现经济可行的海水的淡化是未来最有前途的事业之一。

9.2.6 研究第四纪气候演变规律，预测今后气候发展方向

第四纪是指地球发展历史中最新的一个世纪，它开始于距今 180 万～320 万年（不同的资料和不同的学者研究结果所得出的结论是不同的，有的认为开始于 400 万年），目前我们仍然生活在这个世纪里面。从地球的整个历史时期（约 46 亿年）来看，第四纪是短暂的瞬间，但对于人类来说则是产生和发展的时期。从地质历史时期的气候条件变化情况的分析可以得出，我国大陆第四纪以前的第三纪时期是个非常炎热干旱的时期，我国东部的许多盆地内都沉积了巨厚的含盐含膏地层就说明了这一点。从第四纪开始气候变冷，进入了冰期时代，之后出现了几次气候转暖又转冷的变化，地质历史上称作冰期（冷）与间

冰期（暖）的转换。人类的出现与第四纪冰期的开始是一致的，因此第四纪也称作“冰川的世纪”和“人类的世纪”。第四纪气候的演变规律，对我们人类的生存和发展是至关重要的大事。气候转暖，或者使陆地上的冰川全部融化，就可以使海平面抬高 70m，将使我们人类丧失大部分赖以生存的肥沃的土地；气候转冷，冰川增加，虽然陆地面积可以增加，但是可能会造成农作物的歉收；总之，气候的变化都会给人类带来不必要的麻烦，即便一些微小的气候的波动，都会给全球带来极大的危害，如厄尔尼诺现象等。更重要的是，气候的变化势必影响水量分配在全球范围内的调整，直接影响生存和发展所需要的水资源的保障程度。

9.2.7 大气水文学是未来发展的重点

地球上自然来源的淡水资源大都是靠大气水补给的，所以无论怎样进行水资源的评价，或者无论怎样有计划有秩序科学合理地利用水资源，如果没有大气水的不断补给，都将会“坐吃山空”，把水消耗殆尽的。所以研究大气水的形成运动规律的大气水文学必将从目前的气象学中奋勇发展起来，成为一门欣欣向荣的学科。指导人们更好地认识和利用大气水资源。

在这方面的一些尝试性努力已经取得了很大的进展。如根据研究，得出湿绝热大气的含水量与地面温度的关系式是：含水量 $W=9.8\exp(t/11.43)$（其中 t 是 10^5Pa 处的摄氏温度）。空气柱的含水量与地面水汽压力有简单关系，含水量 $W=1.7e$（e 是地面水汽压力），并对传统的水滴凝结模型和水汽在大气中的热扩散效应原理提出了质疑等。

9.2.8 宇宙水文学的研究是未来人类向宇宙挑战的前沿性课题

随着科学技术的进步，人类探索和征服太空乃至宇宙的进程加快。然而，载人航天器中人类生活的用水问题不能够解决，尤其是当飞行的时间足够长时，在宇航器储藏足量的水是不可能的，从而限制了人类“长途跋涉”去探索宇宙的努力。所以在太空或宇宙中寻找具有可供人类使用的水源的宇航中转站，获得水源的补充，对宇航事业无疑是大有益处的；另外，从宇宙空间的稀微的水分中截取、收集供宇航员们使用的水源，也不失为一种解决的办法。这些都需要对宇宙的水文状况做较深入的了解。如果从地球或宇宙的起源的探索方面来考虑，或者从生命起源的角度来考虑，对宇宙水文进行研究都是必需的。现在知道火星上有水、彗星里含有水，但是这些水如果人们饮用了会否有害？或者需要进行哪些处理才能够为人类所饮用，也都是值得探索和研究的课题。尤其是随着天文学的发展和当今宇宙地质学的兴起，对宇宙水分分布及其（对人类）可利用情况的了解探索，将是今后的一大发展方向。

9.3 探索新的水性质与水用途

9.3.1 水的特性的进一步认识

正如人们对世界其他事物认识的规律一样，对水的特性的认识也是在不断地发展并得到提高的。随着科学技术的进步，对水存在的其他的一些特性的认识可能会得到提高。比如为什么温水会比凉水结冰更快？1969 年，一名坦桑尼亚大学生艾拉斯托・穆宾巴首先提出了这个问题，因而也称为“穆宾巴效应”。据说，1969 年盛夏，艾拉斯托・穆宾巴想亲手制作冰激凌，他把一杯由牛奶和糖水等物质相混合的、还没有放凉的温热液体放进了冰箱冷冻室，结果他惊讶地发现，这次液体结晶得比以往任何一次都快，他很快就吃到了自己亲手制作的冰激凌。这个有趣的发现激发他深入研究的欲望。艾拉斯托·穆宾巴相继做了很多次实验，写了很多篇研究报告。然而迄今对这个问题仍然没有得出满意的解释。看来在温水冷冻过程中肯定还有一个至今未被人们认知的机理。

另外，在不同的条件下的水的结冰方式的差异性，也是未来需要解开的谜底之一。当今由于这种差异的存在和机理的不确定性，让人们不禁产生了神秘的猜想，甚至进行了神化，赋予了其所谓“灵性”。因而加强研究，进一步认识水的特性是值得期待的。

9.3.2 超临界水性质及其开发利用

地球上的水很多，需要达到超临界状态，以前看起来很难，在现有的科学技术发展状态下，实现水的超临界条件已经是一件十分容易的事情了，相信在不久的将来，或接下来的近年内，超临界水的研究将成为水科学的主题。

受试验条件的限制，以往研究超临界水是件不容易的事，因而对超临界水的基本性质，包括其基本的物理性质和基本化学性质是怎样的？与现在我们通常认识到水的性质相比到底存在哪些差异？这些性质，对人类的生产和生活有哪些影响？在自然界里，超临界水对矿物质的解析、迁移、富集、成矿等地质作用有无影响？是怎样影响的？人们清楚，在2500m以下的空间内的地下水，只要附近的温度达到相应374℃的高度，水就处于超临界状态了，那么更深处呢？在地球的深部，水到底是以什么形式存在的呢？目前内生水的成因问题一直是个谜，这既是一个内生水的起源的问题，也可能帮助人类解开地球、甚至太阳系及宇宙起源与演化的问题。

参 考 文 献

[1] 比契叶娃. 水文地球化学 [M]. 北京：地质出版社，1981.

[2] 蔡建元，林祚顶. 水文水资源译文集 [M]. 北京：地质出版社，2002.

[3] 蔡五田，高宗军，王庆兵，等. 济南岩溶水系统水力联系研究 [M]. 北京：地质出版社，2013.

[4] 陈葆仁. 地下水动态及其预测 [M]. 北京：科学出版社，1988.

[5] 陈建生，江巧宁. 地下水深循环研究进展 [J]. 水资源保护，2015，31 (6)：8-17，66.

[6] 陈崇希，裴顺平. 地下水开采：地面沉降数值模拟及防治对策研究：以江苏省苏州市为例 [M]. 武汉：中国地质大学出版社，2001.

[7] 陈鸿汉，张永祥，王新民，等. 沿海地区地下水环境系统动力学方法研究 [M]. 北京：地质出版社，2002.

[8] 陈家琦，王浩，杨小柳. 水资源学 [M]. 北京：科学出版社，2006.

[9] 陈效速. 自然地理学 [M]. 北京：北京大学出版社，2001.

[10] 陈载璋，胡中为. 天文学导论 [M]. 北京：科学出版社，1983.

[11] 陈兆炎，苏文智. 煤田水文地质学 [M]. 北京：煤炭工业出版社，1987.

[12] 成建国. 水资源规划与水政水务管理实务全书 [M]. 北京：中国环境科学出版社，2012.

[13] 程雨菲. 地表水资源量评价方法研究 [D]. 济南：山东大学，2019.

[14] 地质矿产部《地质辞典》办公室. 地质辞典 [M]. 北京：地质出版社，1986.

[15] 杜锦婷. 茂县大骨节病病区水文地球化学研究 [D]. 成都：成都理工大学，2011.

[16] 房佩贤. 专门水文地质学 [M]. 北京：地质出版社，1996.

[17] 冯士筰，李凤歧，李少菁. 海洋科学导论 [M]. 北京：高等教育出版社，1999.

[18] 高宗军，宋满升，李平兰. 江汉盆地下第三系钾盐矿床的水化学特征及其演化规律 [J]. 地质地球化学，1993 (4)：69-73.

[19] 高宗军，高洪阁，李白英，等. 污染河水对地下水化学环境的影响 [J]. 中国地质灾害与防治学报，2002 (1)：91-95，99.

[20] 高宗军，武强，张富中. 地下水保护区划分方法及其意义 [J]. 中国地质灾害与防治学报，2004 (4)：91-95.

[21] 高宗军，田红，张春荣. 水环境评价概述 [J]. 山东科技大学学报（自然科学版），2007，26 (1)：20-22，48.

[22] 高宗军，庞绪贵，王敏，等. 山东省黄河下游部分县市地氟病与地质环境的关系 [J]. 中国地质，2010，67 (3)：627-632.

[23] 高宗军，王世臣，李佳佳，等. 均匀渗透流场中地下水运动差异性沙槽试验研究 [J]. 水文，2014，34 (1)：14-19.

[24] 高宗军，张福存，安永会，等. 山东高密高氟地下水成因模式与原位驱氟设想 [J]. 地学前缘，2014，21 (4)：50-58.

[25] 高宗军，徐军祥，王世臣，等. 济南岩溶水微量元素分布特征及其水文地质意义 [J]. 地学前缘，2014，21 (4)：135-146.

[26] 高宗军，陈晨. 基于库尔洛夫式和舒卡列夫分类原则的水化学分类表示方法 [J]. 地下水，2018，40 (4)：6-11.

[27] 高宗军，房绍艳，张洪英，等. 不同条件下土壤 CO_2 浓度及地下水化学特征研究 [J]. 人民长江，

2020，51（2）：142－146，178.

［28］高宗军，徐海龙，夏璐. 地下水人工回灌含水介质微生物堵塞试验研究［J］. 水文地质工程地质，2020，47（3）：8－16.

［29］郭纯青，方荣杰，代骏峰. 岩溶地区地下水与环境的特殊性研究［M］. 北京：地质出版社，2009.

［30］郭雪宝. 水文学［M］. 上海：同济大学出版社，1990.

［31］何锦，安永会，贾小丰，等. 阿坝州饮水中硒和氟元素与大骨节病关系研究［J］. 地下水，2012，34（2）：9－10.

［32］何庆成，段永侯，张进德，等. 黄河三角洲海岸带综合管理：从地学角度展望21世纪［M］. 北京：海洋出版社，1999.

［33］何燧源，金云云. 环境化学［M］. 上海：华东理工大学出版社，1996.

［34］胡晓华. 生命之水［M］. 呼和浩特：内蒙古人民出版社，2006.

［35］黄本胜，李深林，邱静，等. 脏盆理论——一种基于河湖水质影响的地表水资源评价新方法［J］. 水利学报，2021，52（2）：150－157.

［36］黄子杰. 预防医学［M］. 上海：上海科学技术出版社，2001.

［37］S. J. Inglis. 行星　恒星　星系［M］. 李致森，等译. 北京：科学出版社，1979.

［38］姜建军，穆丽霞，沈伟志. 饮用水与矿泉水文化［J］. 国土资源科技管理，2006（3）：1－3.

［39］姜文来. 水资源价值论［M］. 北京：科学出版社，1998.

［40］蒋小伟，万力，王旭升. 区域地下水流理论进展［M］. 北京：地质出版社，2013.

［41］József Tóth. 重力驱动地下水流系统理论及其应用［M］. 张人权，梁杏，靳孟贵，等译. 北京：地质出版社，2015.

［42］堀部纯男. 海水化学［M］. 崔清晨，郁伟军，译. 北京：科学出版社，1983.

［43］李昌静，卫钟鼎. 地下水质及其污染［M］. 北京：中国建筑工业出版社，1983.

［44］李传谟，康凤新. 岩溶水资源及增源增采模型［M］. 济南：山东科学技术出版社，1999.

［45］李端生. 低氟与大骨节病［M］. 长春：吉林科学技术出版社，2009.

［46］李广贺，刘兆昌，张旭. 水资源利用工程与管理［M］. 北京：清华大学出版社，1998.

［47］李文鹏，康卫东，刘振英. 西北典型内流盆地水资源调控与优化利用模式［M］. 北京：地质出版社，2010.

［48］李振基. 生态学［M］. 北京：科学出版社，2000.

［49］梁永平，韩行瑞. 中国北方岩溶地下水环境问题与保护［M］. 北京：地质出版社，2014.

［50］林秀光. 生命之水：富氢水排毒［M］. 宫本龙，译. 北京：人民军医出版社，2014.

［51］刘成武. 自然资源概论［M］. 北京：科学出版社，1999.

［52］刘培桐. 环境学概论［M］，北京：高等教育出版社，1995.

［53］刘震. 水土保持监测技术［M］. 北京：中国大地出版社，2004.

［54］Olle Selinus. 医学地质学［M］. 郑宝山，等译. 北京：科学出版社，2009.

［55］齐清兰. 水力学［M］. 北京：中国水利水电出版社，1998.

［56］青岛市水利局. 青岛市水利统计年鉴［M］. 北京：中国统计出版社，2011.

［57］山东省地矿局. 山东省环境地质文集［M］. 北京：地质出版社，2007.

［58］山东省地矿局. 济南泉水［M］. 济南：黄河出版社，2003.

［59］邵爱军，彭建平. 土壤水盐运移数值模拟［M］. 北京：地质出版社，2007.

［60］沈照理. 水文地质学［M］. 北京：科学出版社，1985.

［61］孙作为，李鹏九. 物理化学［M］. 北京：地质出版社，1979.

［62］汪新文. 地球科学概论［M］. 北京：地质出版社，1999.

［63］王国安. 水文定理、定律和假说初探［M］. 郑州：黄河水利出版社，2002.

[64] 王凯雄. 水化学 [M]. 北京：化学工业出版社，2001.

[65] 王焰新. 地下水污染与防治 [M]. 北京：高等教育出版社，2007.

[66] 王宇，朱春林，李燕，等. 红层地下水勘查开发的理论及方法 [M]. 北京：地质出版社，2008.

[67] 吴爱民，文唐章，万继涛. 区域地下水与开发规划研究 [M]. 北京：地震出版社，2000.

[68] 吴季松. 现代水资源管理概论 [M]. 北京：中国水利水电出版社，2002.

[69] 吴志亮. 环境地质学 [M]. 重庆：重庆大学出版社，2001.

[70] 武选民，文冬光，郭建强，等. 西部严重缺水地区人畜饮用地下水勘查示范工程 [M]. 北京：中国大地出版社，2006.

[71] 夏邦栋. 普通地质学 [M]. 北京：地质出版社，1995.

[72] 肖明葵. 水力学 [M]. 重庆：重庆大学出版社，2001.

[73] 谢小康. 水资源问题与区域研究 [M]. 北京：地质出版社，2007.

[74] 徐道一，杨正宗，张勤文，等. 天文地质学概论 [M]. 北京：地质出版社，1983.

[75] 徐恒力. 水资源开发与保护 [M]. 北京：地质出版社，2001.

[76] 徐军祥，康凤新. 山东省地下水资源可持续开发利用研究 [M]. 北京：海洋出版社，2001.

[77] 徐军祥. 山东省重大水文地质问题：理论技术创新与应用 [M]. 济南：山东科学技术出版社，2014.

[78] 徐向阳. 水灾害 [M]. 北京：中国水利水电出版社，2006.

[79] 薛碧颖，陈斌，邹亮. 我国海洋无碳能源调查与开发利用主要进展 [J]. 中国地质调查，2021，8 (4)：53-65.

[80] 薛禹群，吴吉春. 地下水动力学 [M]. 北京：地质出版社，1997.

[81] 杨诚芳. 地表水资源与水文分析 [M]. 北京：水利电力出版社，1992.

[82] 杨培岭. 土壤与水资源学基础 [M]. 北京：中国水利水电出版社，2005.

[83] 杨志峰，刘静玲，孙涛，等. 流域生态需水规律 [M]. 北京：科学出版社，2006.

[84] 野岛尚武. 生命之水：微量元素水 [M]. 宫本龙，等译. 北京：人民军医出版社，2009.

[85] 叶天齐. 高等地下水水力学 [M]. 北京：地质出版社，2017.

[86] 俞誉福，毛家骏. 环境污染与人体保健 [M]. 上海：复旦大学出版社，1985.

[87] 张保祥，Geiger W F，王明森. 滨海地区水资源综合管理方法 [M]. 北京：中国水利水电出版社，2013.

[88] 张兵兵. 中国用水结构优化研究 [D]. 杭州：浙江大学，2017.

[89] 张福存，文冬光，郭建强，等. 中国主要地方病区地质环境研究进展与展望 [J]. 中国地质，2010，37 (3)：551-562.

[90] 张光辉，聂振龙，申建梅. 区域地下水功能可持续性评价理论与方法研究 [M]. 北京：地质出版社，2009.

[91] 张丽. 水资源承载能力与生态需水量理论及应用 [M]. 郑州：黄河水利出版社，2005.

[92] 张勤文，徐道一. 天文地质学进展 [M]. 北京：海洋出版社，1986.

[93] 张人权，梁杏，靳孟贵，等. 水文地质学基础 [M]. 北京：地质出版社，2018.

[94] 张永波，杨钦，叶思源. 地下水三维可视化系统开发与应用 [M]. 北京：地质出版社，2008.

[95] 张宗祜，沈照理，薛禹群，等. 华北平原地下水环境演化 [M]. 北京：地质出版社，2000.

[96] 赵冰梅，尹德涛. 辽河三角洲湿地保护与湿地旅游研究 [M]. 北京：地质出版社，2008.

[97] 赵勇，李海红，刘寒青，等. 增长的规律：中国用水极值预测 [J/OL]. 水利学报：1-13 [2021-01-29].

[98] 《中国大百科全书》编辑部. 中国大百科全书 [M]. 北京：中国大百科全书出版社，1987.

[99] 中国地质调查局. 华北平原地下水可持续利用调查评价 [M]. 北京：地质出版社，2009.

[100] 周龙. 中国古代水准仪的研究 [D]. 呼和浩特：内蒙古师范大学，2016.

[101] 周训，胡伏生，何江涛，等. 地下水科学概论 [M]. 北京：地质出版社，2014.

[102] 周仰效，李文鹏. 地下水监测信息系统模型及可持续开发 [M]. 北京：科学出版社，2011.

[103] 朱大奎，王颖，陈方. 环境地质学 [M]. 北京：高等教育出版社，2000.

[104] 朱琰，klaus - dieterblake. 水与发展：Ⅱ [M]. 北京：地质出版社，2004.

[105] 左其亭，陈曦. 面向可持续发展的水资源规划与管理 [M]. 北京：中国水利水电出版社，2003.

[106] APPELO C. A. J.，POSTMA D. Geochemistry，groundwater and pollution [M]. Balkema，2005.

[107] Gao Zongjun，Liu Jiutan，Xu Xingyong，etc. Temporal Variations of Spring Water in Karst Areas：A Case Study of Jinan Spring Area，Northern China [J]. WATER，2020，12，(4).

[108] Gao Zongjun，Liu Yonggui. Groundwater Flow Driven by Heat [J]. Journal of Groundwater Science and Engineering，2013，(3)：22 - 27.

[109] Gao Zongjun. The Experimental Investigations on Motion Features of Groundwater Flow near the Pumping Well [J]. Journal of Groundwater Science and Engineering，2014，2 (1)：1 - 11.

[110] Ishii T.，Yasuhara M.，Groundwater Environment in the Cities - Its Past and Present [M]. CCOP Technical Bulletin，2000，28：1 - 10.

[111] Parsons R. L.，Pease J. W.，Bosch D. J.，Simulating Nitrogen Loses from Agricultural Land：Implications for Water Quality and Protection Policy [J]. Water Resources Bulletin，1995，31 (6)：1079 - 1086.

[112] Schnabel R. R.，Urben J. B.，Gburek W. J. Hydrologie Controls in Nitrate，Sulfate，and Chloride Concentrations [J]. Journal of Environmental Quality，1993，22：589 - 596.

[113] Stuart M. A.，Rich F. J.，Bichop G. G. Survey of Nitrate Contamination in Shallow Domestic Drinking Water Wells of the Inner Coastal Plain of Georgia [J]. Ground Water，1995，33 (2)：284 - 290.

[114] Tóth，J. Ground water as a geological agent：an overview of the cause，process，and manifestations [J]. Hydrogeology Journal，1999，7 (1)：1 - 14.

[115] Jay W，Scott B. Essential environment，the science behind the stories [M]. Pearson New International Edition，2010.

[116] Wright A.，Toit I.，Artificial Recharge of Urban Wastewater，the Key Component in the Development of an Industrial Town on the Arid West Coast of South Africa [J]. Hydrogeology Journal，1996，4 (1)：118 - 129.